科学的错觉

SCIENCE DELUSION

[英]鲁珀特·谢尔德雷克（Rupert Sheldrake）◎著

马百亮◎译

目　录

导　　读 / 01
推荐序一 / 07
推荐序二 / 15
中文版序 / 21
修订版序 / 25
初版序 / 27
作者前言 / 41
作者导言 / 45

第一章　自然是机械的吗？

从活的有机体到生物机器 / 003
机械自然之神 / 008
当自然再次焕发活力 / 010
进化女神 / 012
生命摆脱了机械隐喻 / 015
有机哲学 / 019
当宇宙作为一个发展中的有机体存在时 / 022
这有什么区别吗？ / 024
给物质主义者的问题 / 025
总　　结 / 025

第二章　物质和能量的总量总是恒定的吗？

物质、力和能量 / 027

永恒的原子 / 027

固体物质的溶解 / 030

能量守恒 / 032

物质凭空出现 / 033

暗物质 / 036

暗能量 / 037

永动运动和热力学第二定律 / 037

替代能源技术 / 039

生物体内的能量守恒 / 041

能量守恒是可测试的吗？ / 042

辟　谷 / 044

这有什么区别吗？ / 048

给物质主义者的问题 / 049

总　结 / 049

第三章　自然法则是固定不变的吗？

永恒的数学 / 051

"基本常数"有多恒定？ / 054

多重宇宙 / 059

进化的习惯 / 061

形态共振 / 064

结晶的习惯 / 066

习惯与创造力 / 068

这有什么区别吗？/ 070

给物质主义者的问题 / 071

总　结 / 072

第四章　物质是无意识的吗？

否认自己实在性的思想 / 075

意识物质 / 078

物理和感受 / 081

体验的场合 / 084

意识体验和大脑活动 / 087

意识和无意识 / 088

这有什么区别吗？/ 090

给物质主义者的问题 / 091

总　结 / 092

第五章　自然是没有目的的吗？

生物体的目的 / 094

动物行为 / 098

吸引子 / 101

蛋白质折叠 / 105

还原论的失败 / 107

进化有目的性吗？/ 110

未来的引力 / 111

复杂性和多样性 / 113

神和人的目的 / 113

意识的进化 / 115

这有什么区别吗？ / 116

给物质主义者的问题 / 117

总　结 / 117

第六章　所有的生物遗传都是物质性的吗？

非物质形式 / 119

前成形说与后生说 / 121

基因为什么被高估了 / 123

分子生物学尚未兑现的承诺 / 126

"遗传性缺失问题" / 128

投资者的分子黑洞 / 132

表观遗传学与获得性性状的遗传 / 134

基因组赌约 / 138

形态共振和形态发生场 / 140

双胞胎 / 144

模因和形态场 / 146

扩展进化综论 / 147

这有什么区别吗？ / 148

给物质主义者的问题 / 149

总　结 / 149

第七章　记忆是以物质痕迹的形式储存的吗？

逻辑和化学问题 / 152

脑损伤和记忆丧失 / 153

难以捉摸的记忆痕迹 / 154

重新尝试寻找记忆的物质痕迹 / 157

记忆痕迹理论的更多问题 / 159

虽然神经系统被重塑，但记忆依然很稳定 / 160

神经连接组 / 162

全息图和隐卷序 / 164

跨越时间的共振 / 165

习惯化和敏感化 / 166

共振学习 / 169

识　别 / 170

回　忆 / 171

实验检验 / 172

这有什么区别吗？ / 175

给物质主义者的问题 / 176

总　结 / 176

第八章　心智仅局限于大脑吗？

扩展心智 / 179

视觉是如何工作的？ / 179

身体外的图像 / 183

察觉别人的目光 / 186

实验性测试 / 189

心智在时间上的延伸 / 190

这有什么区别？ / 192

给物质主义者的问题 / 193

总　结 / 193

第九章　心灵现象是虚幻的吗？

一个思想开放的科学家如何打开了我的思维 / 197

实验室里的心灵感应 / 198

动物的心灵感应 / 201

人类心灵感应的自然史 / 203

电话心灵感应 / 205

动物对灾难的预感 / 208

人类的预警和预知 / 210

预　感 / 212

怀疑论者的说法 / 213

这有什么区别？ / 218

给物质主义者的问题 / 219

总　结 / 219

第十章　机械论医学是唯一真正有效的医学吗？

治愈和抵抗疾病的天然能力 / 221

个人和公共卫生 / 223

治疗感染 / 223

新　药 / 224

安慰剂效应和希望的力量 / 228

催眠后的水疱和除疣 / 232

生活方式、社会网络和精神实践的影响 / 234

官方思想的转变 / 236

补充和替代疗法 / 237

循证医学与疗效比较研究 / 239

永生的幻想 / 241

死亡的方式 / 243

这有什么区别吗？ / 244

给物质主义者的问题 / 244

总　结 / 245

第十一章　客观性的错觉

萨满之旅和离身心智 / 247

洞穴的寓言 / 250

科学家的人性 / 251

主动语态 / 253

科学家的伪装 / 254

实验者如何影响实验结果 / 255

实验者效应的实验检验 / 258

固有的出版偏见 / 261

以盈利为目的的科学出版 / 262

科学欺诈和欺骗 / 264

可重复性危机 / 268

认识到改革的必要性 / 270

将怀疑主义作为武器 / 272

事实和价值 / 275
对物质主义者的问题 / 275
总　结 / 276

第十二章　科学的未来

从单数的科学到复数的科学 / 278
物理主义和物理学 / 281
统一原则 / 283
科学的权威 / 284
科学辩论与对话 / 287
公众参与科学资助 / 288
向其他文化学习 / 291
与宗教的新对话 / 295
开放性问题 / 297

注　释 / 299
参考文献 / 317

导　读
走出物质主义世界观

梅剑华

无神论者道金斯有一本畅销书《上帝的错觉》，他在其中提出了反驳上帝存在的种种证据，罗列了宗教带来的种种危害，扛起无神论的大旗。《科学的错觉》与其形成了一种互文。道金斯用科学来批判宗教，谢尔德雷克则用科学来批判科学本身。谢尔德雷克认为他是根据真正的科学精神来批判当前科学研究的局限。作为一名生物学家，谢尔德雷克研究植物发育和细胞衰老，曾担任剑桥大学克莱尔学院生物化学和细胞生物研究室主任，1974年在《自然》杂志发表"细胞的衰落、成长与死亡"，开拓了"细胞死亡"这一重要研究领域，可谓成就卓著。

在长期研究中，他发现科学研究的局限，转入了"非主流"的研究，对心灵感应等现象产生兴趣。本书正是作者从科学研究中抽身出来，反思科学的一部作品。

在作者看来，当代科学最大的问题是违背了科学精神，坚持了一种狭隘的科学主义立场，这种科学主义立场的具体主张就是物质主义，认为天地之间唯有物质真实存在。但是，根据这种物质主义观点发展出来的科学无法解释世界中的真实现象。历史上，物质主义并非主流，在古希腊有德谟克利特和卢克莱修，在近代有霍布斯，几位都是屈指可数的物质主义者。从1860年代开始，物质主义登上历史的舞台。到了20世纪，物质主义观念蔚然成风。哲学家塞尔说"物质主义是我们这个时代的世界观"。

不难想见，自近代以来，科学尤其是物理学取得了巨大成功。这种成功导致了技术的进步、人类生活的改善。在这种巨大的影响下，人们认为这种科学解释世界的模式是最为可靠的。从伽利略、牛顿到爱因斯坦，物理学的进步就是世界观的进步。因此物质主义也有另外一个称号——"物理主义"。其主张相当彻底：一切都是物理的，一切都可以用物理科学来描述和解释。物理主义、物质主义遂成为科学主义的代名词。物理主义与非物理主义之争成为科学与人文之争的底层逻辑之争。

作者从科学家的角度反思物质主义的根本局限，批判物质主义的十大教条。在他看来，自然不是机械的、自然有其目的性、能量不一定守恒、自然法则可能发生变化、意识不是物质、心智不是大脑。这些立场都和物质主义的基本主张相冲突。因此，需要反思物质主义的局限，让科学实践从物质主义的形而上学预设走出来、从科学主义走出来。让科学家具有科学精神，而不是科学主义。大致来说，我同意作者的基本立场。实际上，作者在书中提出的很多讨论，为越来越多的哲学家和科学家所接受。作者早期研究生物发育，后来转向心灵探究，自有其内在逻辑。接下来，我尝试从心灵哲学的角度来为作者的立场做一个共情的理解。

如果说物理主义是20世纪心灵哲学中主流的立场，那么这种立场被批判、被弱化则是近几十年的一个趋势。20世纪三四十年代，行为主义者认为，心灵没有本体论地位，不要谈论心灵，要谈论行为，所有的活动都可以用刺激反应行为模式来解释。20世纪50年代，哲学家提出心脑同一论，认为意识活动就是大脑状态，将意识活动还原为大脑活动。该观点遇到理论困难，于是从还原论转向非还原论，主张意识活动不是大脑活动，但意识活动依赖大脑活动。1995年，大卫·查尔莫斯提出意识的难题，认为物理科学无法解释人类独特的感受经验，为二元论在心灵地图上争得一席之地。2006年，盖伦·斯特劳森提出泛心论，认为事物在根本上都具有意识经验，这相当于从二元论再往前跨了一步。斯特劳森甚至认为真实的物理主义必然蕴含泛心论。从物理主义框架下的行为主义、还原论、非还原论到非物理主义框架下的二元论、泛心论，近100年的心灵哲学从拒斥心灵的存在到承认心灵的存在，可谓风水轮流转。

1992年，李学勤先生在北大做了一个"走出'疑故时代'"的讲座，同年在《中国文化》上发表了《走出"疑故时代"》这一名文，引起古史学界的热烈争论。李先生认为信故和疑故已经成为过去，要将考古材料和传世文献结合起来，重新解释古代文明。考古研究发现，相当一部分的"伪书"不伪，具有真实的史料价值。关于意识的问题，也面临是否要走出物质主义世界观的问题，从怀疑、否认意识的存在到承认并解释意识的存在。意识是人的意识，只有从人的角度去研究才能承认意识的存在。问题的关键在于，物理科学所研究的对象不是人，而是物理对象，粒子、磁场、力等。从物理科学的立场来看，人是不存在的，意识也是不存在的，这几乎成了物理科学的预设。作为物理科学的形而上学立场的物理主义，自然会在面对意识经验的时候，采取拒绝的态度。为什么物理科学不能回答意识经验的难题呢？另外一位泛心论者（也是斯特劳森曾经的学生）菲利普·高夫在《伽利略的错误》中指出，从亚里士多德物理学到近代物理学发生了一个巨大转变，物理学不研究定性的、主观的特征，而是研究定量的、客观的特征。物理学通过这种方式，获得了巨大的进展。也因此，对心灵、意识经验采取了一种取消、否定的态度。

作者注意到了这一点，所以提出"科学的错觉"，科学错误地认为自己可以解释一切，其实存在巨大的缺陷，例如科学不能解释意识经验。2024年，天体物理学家亚当·弗兰克（Adam Frank）、理论物理学家马塞洛·格莱泽（Marcelo Gleiser）和哲学家埃文·汤普森（Evan Thompson）合作出版了一部新书《盲点》（*The Blind Spot*），其副标题就是为什么科学不能忽视意识经验。没有人类的意识经验就没有科学，但科学无法解释意识经验。本书并不仅仅局限于心灵或意识经验，而是把对物理主义的批判从心灵扩充到了世界。物质主义科学也无法解释自然世界的种种现象。如果说哲学的根本问题是心灵与世界的关系问题，那么作者认为，物质主义错误地认识了心灵，也错误地认识了世界，还把这种错误认识当作唯一正确的认识。作者想叫醒那些沉睡在物质主义世界观的人，放弃教条主义，回归科学精神。

从科学主义回到科学精神，何其难。作者从主流的生物学研究转到了非主流的心灵感应研究，不免让人想到牛顿晚年痴迷炼金术，他也曾被主流学界指责为从事伪科学研究。在新近的研究中，作者关注小狗如何预知主人的行为、走在大街上的人是否发现被他人凝视，日常生活中不乏此类谈论，但这些现象过于零散偶然，无法展开系统研究。作者从具有特殊能力的人那里获得一些灵感。拿凝视做个案，在接受培训时，特勤人员被教导从敌人背后实施抓捕时，不要盯着敌人的后背，因为那样会被敌人发现。在森林里，经验丰富的猎人在追捕猎物时，不会盯着猎物，而是用眼睛的余光，否则猎物会感受到猎人的目光。这些现象很难在实验室进行重复，但在人类漫长的生活中屡见不鲜。

一旦从实验室走向田野，从物质走向心灵，一切就变得不可捉摸，甚至有些神秘，很多结论也变得极具争议。作者的相关研究，也在正统的科学家那里变得可疑起来。但是，物质主义的世界观正在面临巨大的挑战。这个世界上还存在太多未知的现象。一个物质主义可以回应说这些现象并非神秘，最终都是可以通过具体事物之间的因果作用得到理解的。但对于作者来说，这些现象同样不是神秘的，可以通过科学来解释。只是，我们不必局限于物质主义的科学，而是可以从更为广阔的科学来进行解释。在我看来，"更广阔的科学"指没有本体论预设的科学方法，科学家无论从事何种科学研究，都要接受假说、实验、反驳等基本研究方法。作者挑战了科学主义的世界观，并没有放弃科学方法论。要想深入研究未知，也只有通过科学方法。补充一句，人类对生活经验的总结归纳，也可以算做这种科学方法的一种近似。也正是敏锐关注到人类对生活经验的观察，谢尔德雷克才大胆进入人类生活的实验室。

作者从主流跳到非主流的研究，转向心灵探究。他对物质主义的科学观做了系统的反思和批判，值得科学的从业者或爱好者深思，我们需要从物质主义的观点中抽身，重新审视我们对心灵和世界的认识。毋庸讳言，他的心灵研究，处在主流科学之外。也许是因为他早年在哈佛大学攻读过科学史的缘故，所以有跳出传统范式的胆识。但，也不得不说，这种跳出是面临极大风险的，很有可能他所得出的结论都是错误的。但科学的发展，不就是要在大量的错误中找到正确的方向吗？

无论如何，谢尔德雷克并非探究心灵的"孤勇者"，走出物质主义的世界观，回归科学的理性精神，乃大势所趋。

（梅剑华，北京大学哲学博士，山西大学哲学学院教授、博士生导师，2022—2023 年北京大学博古睿学者。）

推荐序一
科学画图景，技术见真章

江晓原

多年以前《解放日报》刊登过一篇我的会议发言，用的标题就是"科学画图景，技术见真章"，记得这个标题是我自己拟的。当时拟用这个标题，只是出于某种尚属朦胧的感觉，也只能算微含深意。但这些年来，随着我和学术拍档的研究日益深入，我在这个问题上的认识已经越来越清晰了。

10 种信念

本书的主旨，就是讨论科学为我们画出的关于外部世界和我们人类身心的图景，作者认为这种图景有许多是错误的，或者是被我们误解的。本书在英国的版本取名《科学的错觉》(*Science Delusion*)，但在美国的版本换了一个书名：《解放科学》(*Set Science Free*)。本书得出了不少与"科学知识社会学"（SSK）异曲同工的论断，但作者刻意回避了抽象的哲学推理和讨论，而是试图将科学共同体自己所宣示的规则和方法用于科学自身，来获得这些论断。总体上来说，作者在本书中的努力是成功的。

本书的结构十分清晰：在导言中，作者明确表示要讨论"被大多数科学家奉为圭臬的 10 个核心信念"，接着为每一个信念各安排了一章，展开相当充分的讨论，然后表明：这些信念每一个都是难以成立的。作者在本书中讨论的十个信念依次是：

1. 一切事物（包括整个大自然）本质上都是机械的，所以人也可以被视为机器。

2. 宇宙中物质和能量的总和是恒定的（宇宙诞生的大爆炸除外）。

3. 自然法则是亘古不变的。

4. 一切物质都是无意识的。即使是人类的意识，也是大脑的物质运动。

5. 自然没有目的性，进化没有方向。

6. 所有生物的遗传都建立在物质基础之上。

7. 记忆以物质形式存储于大脑中，人死时就被完全抹除。

8. 心智存在于人的头脑中。

9. 心灵感应之类的现象是一种幻觉。

10. 机械论医学是唯一真正有效的医学。

信念的消解

作者对上面 10 个信念的讨论，可以做出简要的归纳：

1. 机械论的宇宙观是无法成立的。一方面，生命无法用机械论来解释，"即使是机械论最热心的捍卫者，也把有目的的组织原则以自私的基因或遗传程序的形式偷偷引入生物体中"。另一方面，根据主流的大爆炸宇宙学理论，"宇宙更像是一个不断生长、发展的有机体"，也无法被视为机器。

2. 能量守恒的概念当然没有像万有引力那样显而易见，作者认为"生物体内能量守恒的证据很薄弱，而且存在一些反常现象……这些都暗示着新能源形式的存在"。而现代宇宙学中引入的"暗物质""暗能量"概念，至今仍然无法得到确切的实证。

3. 宇宙中的"自然法则"（比如物理定律）通常被假定是"放之四海而皆准"的，而且是万古不变的，尽管从实证的意义上来说，人类迄今为止，只是在有限的时间和空间中验证过这些法则。如果我们同意宇宙在进化或演化，那还有什么理由相信"自然法则"是永恒不变的呢？

4. 作者这样归纳当下非常时髦的"认知心理学"："它在20世纪后期主导了英语世界的学术心理学。它将大脑视为一台计算机，将心理活动视为一种信息处理过程。主观感受，比如看到绿色、感受疼痛或欣赏音乐，都是大脑内部的计算过程，本身是无意识的。"按照17世纪以来的机械论宇宙观，物质当然是无意识的，但无意识的物质构成的脑，为什么能够产生意识，却至今没有令人满意的解释。

5. 作者问道："如果自然没有目的性，你自己怎么能有目的性呢？"这个问题其实和上一个问题有相似之处：物质没有意识，自然没有目的，但由物质构成的脑却有意识，作为自然一部分的你却有目的性。对此没有人能够做出让作者满意的答复或解释，所以作者倾向于认为物质有意识、自然有目的性。

6. 第六章"所有的生物遗传都是物质性吗"相当长，作者认为基因被高估了，并且断言："人类基因组计划和其他基因组计划在科学和经济上都令人失望，因为它们基于对基因功能的错误认识。"为此作者提出用"形态共振"来解释遗传："生物体通过形态共振的过程遗传了没有在基因中编码的形态和行为习惯"。形态共振还被认为"可能也是文化传承的基础"。回想二十多年前人类基因组计划宣布完成测序时，中外媒体异口同声地将此事吹嘘得天花乱坠，可是二十多年过去，"里程碑"却几乎不被媒体提起了，"革命"也没有发生，如今媒体一窝蜂转为谈论AI……

7. 作者不相信"记忆以物质痕迹的形式存储在大脑中"这种普通人很容易接受的"科学"观念，而"共振"再次成为作者解释的工具——"过去类似的活动模式会影响思想和大脑中的当前活动。个人记忆和集体记忆可能都依赖于共振"。"共振"集体记忆理论的一个重要推论是：如果老鼠在一个地方学会了一种新技巧，那么全世界的老鼠"都应该能够更快地学会它。已经有证据表明这确实发生了。类似的原理也适用于人类的学习"，这样的想法颇具玄学色彩。作者认为个体记忆和集体记忆"可能是同一现象的不同方面，只是程度不同，而没有本质上的区别"。

8. 这一章会将读者带到一个令人困惑的问题上：人类究竟是用脑子在"想"还是用心在"想"？至少在我接触过的几种语言中，古人都不约而同地认为我们是用心来"想"问题的。而现代科学认为只有大脑才能够进行思考（想），心脏根本不具备"想"的功能。在本章中，作者虽然没有提到心脏这个器官，但是提出了"心智"和"心智场"的概念，认为"心智场在大脑内部，并延伸到大脑之外"，而且在时间和空间上都是如此。作者从视觉理论入手展开讨论，认为"我们的心智超出了我们的大脑"，但是作者对心智的描述已经具有某些神秘主义色彩："心智因果关系的方向是从潜在的未来到现在。未来和过去都不是物质性的，但它们通过记忆、习惯和选择对现在产生影响。"

9. 很容易预见到，作者将要为心灵感应的真实性进行辩护。作者认为，教条的怀疑论者之所以拒绝接受关于心灵现象的证据，是因为这些证据和唯物主义的世界观有冲突。但是作者相信，大多数人都有过心灵感应的体验，"信息可以以一种无法用正常感官解释的方式在人与人之间传播"。

10. 在西方通常的学科分类中，医学并不是科学的一部分，而是与科学、数学并列的第三方。这样的分类有其道理，但是现代中国人则普遍习惯将医学视为科学的一部分。考虑到这一现状，本章可能对中国读者更有意义。作者所谓的"机械论医学"，很大程度上就是那种将人看成机器、大量依赖检测仪器和医疗设备、"头痛医头、脚痛医脚"的医学观念。这一章中谈到了安慰剂、催眠术、循证医学、死亡的方式、永生的可能性等有趣话题。作者相信："一个包容性、综合性的医疗系统可能比一个排他性的机械体系更便宜、更有效。"

科学的客观性幻觉

在这10章的讨论基础上,第11章"客观性的错觉"从科学日常运作的各种现象入手,从各个角度论证:科学的"客观性"实际上是大成问题的。作者认为:"'科学世界观'并非不可否认的客观真理,它是一个值得怀疑的信仰体系,已经被科学本身的发展所取代。"作者对此的表述也是非常"科学"的:"科学是唯一客观的,这一假设不仅扭曲了公众对科学家的看法,也影响了科学家自己的看法。客观性的错觉使科学家们倾向于欺骗和自我欺骗。它违背了追求真理的崇高理想。"

针对力图将我们的肉身看成外在客体的观念,作者引入了"离身心智"(disembodied mind)的概念,并认为这是"机械论科学的核心特征"。作者认为在科学论文经常使用的被动语态(比如将"我加热了测试材料"表述成"测试材料被加热")"被用来维持一种离身的客观性的幻觉",而西方媒体成功塑造的"科学之神"史蒂芬·霍金的形象,则"最接近于脱离实体的心智"。

关于科学客观性的错觉,作者还有一段非常直指要害的论述:"距离越远,错觉就越强烈。那些最容易把科学家的客观性理想化的人,是那些对科学几乎一无所知的人,对他们来说,科学已经成为一种宗教,成为他们得救的希望。"虽然作者的这段论述有点令人不快,但我们在现实生活中很容易得到证实。

为了从科学的现实运作中寻求对客观性的消解,作者从多方面进行了考察。例如,作者考察了实验者的主观愿望对实验数据处理的影响(人们更容易看到自己希望看到的结果);还考察了科学中的欺诈,这种欺诈现在在西方科学界愈演愈烈,许多科学共同体成员的行为甚至已经沦为群体欺诈。

对于"以盈利为目的的科学出版",作者的考察对中国读者有着特殊的意义,因为中国国内几乎没有这样的科学出版,所以学者和公众都很容易依据自己身边的科学出版情形去对西方的科学出版进行投射想象——在这种投射想象中,通常会完全忽视西方科学出版的商业性质。

本书作者在这方面的论述，完全被我和我学术拍档近年的研究所证实。

作者对现代科学中实验的可重复性危机的讨论，对国内读者来说也非常富于启发性。很多人对科学家在论文中所报道的科学实验的可重复性深信不疑——这种理想化的可重复性正是科学共同体多年来反复宣示的。而事实是，实验的可重复性已经处在"危机"中了。例如作者所援引的一项研究表明：在 53 项"里程碑式"的科学研究成果中，只有 6 项实验的结果是可重复的。另一项研究选择了三份科学"顶刊"上的 100 篇论文进行考察，结果只有 36 篇的实验可以被重复。

作者还特别指出："科学客观性的幻觉是由事实与价值的错误分离所维持的，而制度科学从一开始就建立在这种分离的基础上。"所谓"事实与价值分离"，正如作者所说，"当科学家提交拨款申请时，他们几乎总是声称他们的研究将是有用的"，而实际上，许多被吹得天花乱坠的"科学研究"没有任何实际意义，却仍然被认为是有价值的。

回到技术

作者通过本书的主要内容向读者表明：即使只从常识和对当下科学运作的考察出发，也已经足以动摇科学客观性的幻觉，这就和科学知识社会学的结论明显一致了："科学家被认为是通过客观观察世界来获得绝对真理的人。在非黑即白的科学主义版本中，科学与所有其他人类活动是分开的。只有科学才能得出无懈可击的事实……这种客观性至少在某种程度上是虚幻的。"

科学真正的价值，或者也可以说功能，其实就是描绘外部世界的图景，但这种图景并非外部世界的真实写照（这一点只要注意到科学所描绘的图景一直在变换就不难明白），充其量也就是史蒂芬·霍金在《大设计》中所说的"依赖图像的实在论"而已。而技术才真正解决了一个又一个实际问题，让人类走到今天。

科学之所以在公众心目中获得崇高的权威性，很大程度上是因为技术获得的成就。自古以来，技术一直在改变这个世界，在改善我们的生活。但是在科学共同体的言说中，技术在各个方面的成就却总是被记到科学的账上——我们长期习惯于将技术视为科学的附庸，习惯于认为"没有科学人类社会就不会进步"，却完全无视人类几乎所有的进步都依赖于技术这一基本事实。

  作者在本书中虽然并未致力于论证"科学与技术是独立的平行系统"，但是作者指出了非常重要的一点：科学"给自己披上了绝对真理的外衣，这是机械论科学诞生时绝对宗教和王权精神的遗留……对真理的垄断仍然是一种理想，反对的声音仍然是异端，公平的公开辩论与科学文化格格不入"。而当科学客观性的幻觉被消解之后，面对现实，接受科学和技术作为两个独立的平行系统，更加重视技术的价值，将成为唯一的逻辑选项。

（江晓原，上海交通大学讲席教授、博士生导师，科学史与科学文化研究院首任院长。）

推荐序二
一种开放的科学观带来的思考

尚 杰

读了英国科学家鲁珀特·谢尔德雷克的《科学的错觉》，我感到很惊喜，这是一部非常成功的科普读物，对于文科背景的我来说，在学习到现代科学进展知识的同时，引发了诸多哲学思考。以下为了叙述的方便，我亲切地称他为谢教授。

自然是机械的吗？在近代之前，欧洲乃至生活在世界各地的人类，有各种各样的万物有灵论，这种看法在笛卡尔和牛顿力学之后，不再是文明主流。人类进入科学时代，数学与物理学占了上风，这是近代以来的科学特质，它固然有很多发明创造，以蒸汽机代表的工业革命，推动了人类物质文明。但与此同时，这样的科学错觉在于忽视了万物有灵论不仅是传统所批判的宗教迷信，还孕育着现代科学的某种萌芽。

另一种倾向，即相信大自然是有生命的，各种自然元素组成有机物，在变异中演变出不同形态。19世纪的达尔文进化论，从化石考古和实际观测，明显与机械论的自然观对立，尤其20世纪的生物学革命，愈发证明有机论优于机械论，对于自然界有更合理的解释。谢教授站在进化论和有机生命一边，否认"人是机器"，并且将一切科学还原为物理学和数学的近代以来的机械论观点。

科学的错觉

  与机械论相应的，就是物质和能量的守恒定律，以及在这个基础上的热力学第二定律。但是在谢教授看来，当代科学家发现了无法解释的、多余的能量，这预示着能量的转化不是对等的。这又引出了另外两个话题，其一是天文学中的宇宙大爆炸理论已经不是一种假说，它已经被科学观测所证明。但是问题在于，大爆炸只有一次吗？如果只有一次，根据热力学第二定律，在遥远的未来，宇宙能量将有耗尽的时刻。宇宙就像恒星一样，将归于完全的死寂。但如上所述，如果多余的能量无法解释，因为它与人类现在几乎全然无知的暗物质和暗能量有关，那么物质与能量的守恒就不是一个牢不可破的科学定论。就像个体生命在不断泄气和鼓气中成长，生命的热情可以死而复生，物质能量是否有人类尚不知道的新能源在源源不断地补充进来呢？这就引出了人类屡败屡战地发明"永动机"的尝试，也许宇宙生命中潜藏着某些广义上的"永动机"，它不仅与暗物质和暗能量相关，甚至不止有一个宇宙。

  如果以上对于机械论的质疑可以成立，如果近代科学陷入了偏执的科学错觉，那么就可以继续推论，一切稳定不变的科学假设都有局限性。它包含了科学上一切"基本常数"的假定，最为典型的就是光速，科学家断然相信光速就是每秒钟"跑"30万公里，但当代科学家观测到，这个数据并不十分准确，它多算了20公里。不要小看这20公里，因为即使这是十分微小的误差，也表明不确定性，在精确性之先。当科学家宁肯固执己见，相信自己愿意相信的所谓"科学事实"的时候，可能会遗漏其背后隐藏的科学真相。

  与哲学有关的科学错觉表现在人类对于记忆的看法，时至今日，人们和科学家一样，坚持这样的看法，人们看到某样东西，然后在大脑中记住了，脑细胞中保留着记忆的痕迹。对此，谢教授列举了一个日常生活中的例子：人们通常凭借脸庞外貌，很容易辨识出一个很久不见的熟人，但是却非常可能叫不出这个人的名字了。也就是说，这里有两种不同的记忆，记住名字，这属于知识型的智力，它与这个人本身几乎没有任何关系，只是外来的标签，与生命本身无关。但是，身体形态及其主要标志，也就是人脸，却是与本能有关的反应式记忆，它是印在身体记忆之中的。谢教授将此种情景称为"形态共振"，它是感性的。

曾经有一个台湾女教授在一次演讲中，幽默地区分了男女记忆类型的差异，尽管这种差异不是绝对的：通常情况下，男性的空间位置感强于女性，更偏重知识型，而女性偏重感性，更接近生命本能。有一个女生在闹市区迷路了，她打电话给一个男生，叙述了自己所在街区的位置，请这位男生告诉自己应该走左手边还是右手边，但是这个男生的回答是："朝东走"。"东"属于知识，是学而知之的东西，而左右手，属于用身体部位确定方位，是不学就知的东西。这就属于谢教授所谓"形态共振"。

进一步说，以上挑战具有科学与哲学的双重意义。就科学而论，脑子与身体之间关系的传统看法是脑子强于身体，记忆就储存在大脑里，在大脑中有记忆痕迹。谢教授指出，至今为止，科学并没有找到人类记忆在脑细胞中的物质痕迹。也就是说，找不到记忆在人脑中的对应物。由此推断，科学可能高估了人脑与记忆的关系，而低估了上述的"形态共振"现象。就哲学而论，以上挑战尤其具有当代哲学的意义，它可以简化为笛卡尔的"我思故我在"和胡塞尔现象学的"意向性"概念的区别。笛卡尔的哲学是内省的，也就是反思，它始终停留在内心的玄想和推论，相当于强调人脑的巨大作用。但胡塞尔认为，意识的基本特征不是向内而是向外投向某物，是延伸的或者是相涉及的，与生活世界及其周围环境融为一体，这就可以与以上谢教授的"形态共振"现象相对应，也解释了身体感觉或生命本身的创造性，优于奠基在机械论知识意义上的近代科学。

《科学的错觉》始终围绕一条主线展开，就是奠基在数学、逻辑、物理学基础上的现代科学、联系到计算机作为代表的机器思维，与生命科学的对峙。谢教授不赞同任何意义上的还原论，例如将人类还原为计算机的程序。他认为人不是机器，机器连同程序思维，都是广义上的硬件，但人类精神是广义上的"软件"，这个软件并不来自先设计后应用，而来自生活世界中的灵活机智、随机应变、自行调整。

20世纪40年代兴起的新进化论，主张生命不是回溯的，而是朝向未来。在这个过程中，偶然的变异起着至关重要的作用。由此，谢教授对于80年代兴起的人类基因组的庞大研究计划做了研究。他的结论是：这个计划基本上是不成功的。不成功的原因也不复杂，就是由于它太强调预先设计，也就是基因遗传在生命过程中的作用。从哲学上说，也就是先验论与独断论。这种遗传理论并不符合进化论。所谓遗传，也是人们通常相信的智力、性格、形体、相貌上的遗传，并不可能得到数据上的证明，因为反例大大多于常例。个人的综合素质更取决于自孩童时期的生存环境、个体经历，以及感受、体验等后天经验，而很少取决于基因遗传。要证明这一点并不困难：同一个小孩，从小在中国还是在美国长大成人，会成为两种不一样的人。

文科背景的读者，阅读此书尤其有益，因为此书证明了现代哲学更适合最新科学的发现与发明。读者可以从科学家的质疑目光中获得信心。以我自己为例，我从事后哲学研究，此书与我之前的研究成果有诸多相遇，从科学领域反证了当代人文学科的问题，这尤其令人鼓舞。

此书作者具有科学与哲学的双重知识背景，博学好问，提出很多值得继续思考的重大问题。如上所述，作者梳理了两条线索：站在机械论阵营的科学家与哲学家。柏拉图的理念论是最早的知识型哲学，主张万事万物都受制于某个形式或者模子，这个模子是永恒不变的，从而排斥了真正的生命运动。之后的笛卡尔连同康德，两人在思想史有巨大贡献，但过于强调理性而忽视经验与实验。现代科学孕育于19世纪，经验与实证经验科学迅猛发展。经验论与心理学逐渐战胜了所谓纯粹理性。除了达尔文进化论，进入现代哲学史的大哲学家，几乎都是反机械论的：休谟是一个思想前驱，柏格森、胡塞尔、怀特海、詹姆士、弗洛伊德——他们从哲学与心理学出发，与反机械论科学的奥地利科学家马赫遥相呼应，更不用说受到马赫影响的爱因斯坦和量子力学，它们都引入了经验、观测与自由想象力的结合,引入了个体生命维度,纯粹的客观性受到有史以来最强烈的质疑。

读者从此书中,可获得怀疑的方法、批判方法,科学家也是思想家。本书作者极为赞赏休谟,因为休谟是怀疑论的大师,正是休谟指出所谓机械因果必然性可能来自某种自由联想的习惯,而之后的进化论乃至新进化论,用自然选择以及遭遇的偶然性,从生命进化领域,继承了休谟所开创的事业,一种奠基在经验证明基础之上的科学。进化依据观测与实地考察,得出了科学证明:抛开生命复杂性的机械化的、冰冷的数学、计算、逻辑,是脱离实际的。

作者指出一种现象:尽管科学家声称尊重事实,但科学家也是人,具有人性的弱点,并没有超出普通人。也就是说,众多科学家在遇到与自己从前的科学信念不符的事实的时候,宁愿相信"公认"的科学观点,认为与常规科学观点不一致的观测结果是一种错误,因此错过了科学的发现与发明。这些科学家忘记了,他们是沿用某种惯性思维,而这种习惯思维曾经是科学的发现,就像牛顿力学是伟大的发现,但是在科学自身的发展过程中,随着相对论的出现,牛顿力学的普遍适用性遭受了质疑。相对论确定了没有某种科学法则可以一揽子解决或者解释所有科学现象,世界进入了一个微观观察的科学时代,新学科如雨后春笋般地大量涌现。善于思考的科学家有责任指出以往的科学错觉,这是科学继续发展的前提条件。

作为本书的普通读者,我和其他读者是一样的。由于学科背景的局限,有科学背景的读者,可以看出我的上述看法之不足之处。我的阅读心得,还应该围绕这样一个话题:显而易见,就全社会而论,除非有专业背景,中国的普通读者往往忽略了科普读物,以为与自己无关,其中没有文艺书籍的乐趣,但这是一种错觉,正如谢教授所谓"科学的错觉"。

我们应该高度重视科普读物,尤其是如果这样的作品来自高水平科学家,就像此书一样,深入浅出,娓娓道来。谢教授认为现今科学家有

10个教条，也就是10个错觉。普通读者也可能深陷这10个错觉之中，而要纠正这些错觉，就得拿出真凭实据，本书正是这样写成的——指出从前某些根深蒂固的习惯看法缺乏科学根据，这尤其能引起关心科学发展的读者的兴趣。我们可以从中获得从前不知道的新知识，从这些新知识中调整我们对于生活世界的看法，进而提升我们的生活质量。

（尚杰，中国社会科学院大学哲学院外国哲学教研室教师、哲学系博士生导师，中国社会科学院现代外国哲学研究室主任。）

中文版序

我很高兴这本书能以中文出版。我一直对中国历史悠久的科学和文化充满崇敬之情。在20世纪60年代，我在剑桥大学攻读生物化学博士学位时，有幸成为伟大的汉学家李约瑟的学生。他在大学的正式职务是生物化学系教授，每年会开设一门关于胚胎学历史的短期课程。实际上，他的主要工作是编写一部关于中国科学和文明的百科全书式著作，这部作品有很多卷。我有机会与他近距离接触，他曾邀请我到他的书房去拜访他，那里是一个错综复杂的空间，堆满了关于中国的书籍，大多数是中文的。书房里有几张立式书桌，他同时在使用多种参考资料。针对我所提出的问题，他向我介绍了许多中国的科学技术成就，包括一些用来探测地震的巧妙装置。在《中国的科学与文明》一书中，李约瑟不仅讨论了中国科学技术丰富多样的成就，还指出它们是中国文化的有机组成部分。他特别强调了科学与社会之间的联系，并展示了科学本身如何基于有机互联的原理。

与此相反，当现代欧洲科学在17世纪初首次形成时，它从一开始就有着强烈的机械主义倾向，认为整个自然都由无意识的物质构成，受数学法则支配，以一种机械的方式运作。甚至植物、动物以及人体也被视为没有生命的机器。从那时起，几乎所有的正统科学都带有强烈的机械主义偏见：例如，动物被认为是由基因编程的自动机器，拥有类似于计算机的大脑。正如传统机械主义科学的倡导者理查德·道金斯（Richard Dawkins）所描绘的那样，我们人类也是"笨重的机器人"。

虽然科学现在已经传播到世界各地，但它们携带着那些在17世纪欧洲的特殊文化和宗教背景中所塑造的态度。在那个世纪，欧洲大陆深陷新教和天主教王国之间的战争之中，如三十年战争，英格兰也因内战而分裂。在这种充满暴力冲突的背景之下，自然界与意识领域的完全机械化、无意识的划分起到了有益的作用，使科学家能够独立于更广泛的哲学、宗教和社会问题来研究自然的定量方面。将自然与宗教和政治分开的简单化假设为科学创造了一个自主的探究领域。但是随着时间的推移，这些假设逐渐转变为教条。

在本书中，我描述了从17世纪到19世纪所形成的十个主要科学教条。这些教条至今仍主导着世界各地大多数科学机构的正统观念。这些教条不是关于自然的事实，而是主要由欧洲文化和历史进程塑造的信念。虽然科学及其技术应用已经取得了巨大的成就，但这些传统的信念如今正制约着科学探究，限制了科学的潜力。我的探究方法是将科学的十个教条转化为问题，将它们视为科学假设，而非不容置疑的真理。例如，认为自然完全是机械的这一信念变成了一个问题："自然是机械的吗？"这个问题有助于展开讨论，并显示了其他视角的必要性。例如，自然可以被认为是相互关联的、整体的。换句话说，是有机的，而不是机械的。

一些学者将我们现在的状况描述为"后现代的"。[1] 塑造20世纪"现代"科学的假设已经被科学本身的进展所取代，这些变化指向了一个更为互联和有机的自然观。在物理学家、生物学家和进化科学家中，一个事实变得越来越清楚，那就是：我们所称之为"物质"的东西不再像19

1　David J. Griffin. (1988), *The Reenchantment of Science: Postmodern Proposals*, Stat University of New Tork Press, NY.

世纪的物理学所认为的那样是静态的物质,而是过程。与此同时,在当代英语世界的神经科学家和心灵哲学家中,"泛心论"(panpsychism)——自然中的心灵——的哲学正变得越来越有影响力。[1] 唯心主义哲学也是如此,它认为意识是第一位的,而非物质。[2] 科学在本质上是进化性的,本书试图探寻未来科学发展的一些新方向。

我非常荣幸能将本书呈现给中国读者,这既是因为我长期以来对中国科学悠久传统和当前成就的尊敬,也因为我相信中国将在全球科学发展中扮演越来越重要的角色。

我要向华夏出版社致以诚挚的谢意,感谢时任社长潘平和责编陈迪老师让本书得以呈现在中国读者面前。我也非常感谢译者马百亮博士,感谢他辛勤且细致的翻译工作。

特别感谢王治河博士和樊美筠博士,谢谢他们十年来坚持并协助这本书在中国出版。他们真正理解这本书的价值,我很欣赏他们的眼光,也很感谢他们的鼓励。

鲁珀特·谢尔德雷克
2025 年 1 月于伦敦

1　William Seager. (2021), *The Routledge Handbook of Panpsychism*, Routledge Press, NY.
2　Kastrup, B. (2024), *Analytic Idealism in a Nutshell: A Straightforward Summary of the 21st Century's Only Plausible Metaphysics*, Iff Books.

修订版序

本书的第一版出版于2012年,而2020年的这一版有了全面的修订和更新,反映了科学的新进展。几乎所有这些新内容都有力支撑了第一版中所提出的论点。

最大的变化出现在第六章、第七章和第十一章。在关于遗传本质的第六章中,我讨论了正在进行研究的缺失遗传性问题,强调表观遗传革命和进化论中的混乱(因为旧式的新达尔文主义被扩展的进化综合理论所取代)。在关于记忆本质的第七章中,我讨论了神经科学的最新发现,这些发现是通过新的、巧妙的光遗传技术来实现的。这使得人们能够以前所未有的细节来研究大脑中神经细胞的活动,并使得记忆作为物质痕迹存储的理论比以往任何时候都更有问题。在关于客观性幻觉的第十一章中,我加入了对"可重复性危机"的讨论。在本书第一版问世后,这一危机对科学期刊造成了很大的冲击,因为科学期刊上的许多报告是不可重复的。到底是怎么回事呢?

我之所以写作这本书,是因为我相信,当科学摆脱了那些限制自由探索、禁锢想象力的教条而得以解放时,它们会变得更加令人兴奋,更加引人入胜。自从第一版问世以来,我更加确信这种解放是必要的,而且这个过程正在加速。

初版序

科学、宗教和力量

自19世纪后期以来,科学一直主宰并改造着世界。通过科技和现代医学,科学影响着每个人的生活。几乎没人敢挑战科学的权威。它的影响比人类历史上任何其他思想体系都要大。虽然科学的大部分力量来自它的实际应用,但它对智力也有很强的吸引力。它提供了理解世界的新方法,包括原子和分子核心的数学秩序、基因的分子生物学和宇宙进化的广阔范围。

科学祭司

弗朗西斯·培根(Francis Bacon,1561—1626)是一位政治家和律师,后来成为英国大法官。他比任何人都更能预见到有组织的科学的力量。为了扫清障碍,他需要表明,获得控制自然的力量并不是邪恶的。在他那个时代,人们普遍对巫术和黑魔法感到恐惧,他通过声称对自然的了解是上帝赋予的,而不是魔鬼赋予的,试图以此来消除这种恐惧。科学是对第一个人——亚当——堕落之前在伊甸园的纯真的回归。

培根认为《圣经》的第一卷《创世记》证明了科学知识的合理性。他认为人类认识自然与亚当给动物命名是一回事。上帝"把它们带到那人面前，让他命名；他就给所有的动物取名。他给牲畜、飞鸟和野兽取了名"(《创世记》2：19-20)。这实际上是男人的知识，因为夏娃直到两节之后才被创造出来。培根认为，人类用科技驾驭自然是在恢复上帝所赐予的力量，而非什么新事物。他满怀信心地断定，人们会明智地、很好地运用他们的新知识："只要人类重新获得上帝赋予的支配自然的力量，这种力量的行使就会受到健全的理性和真正的宗教的指导。"[1]

行使这种支配自然的新力量的关键是有组织的研究。在《新大西岛》(*New Atlantis*，1624年)一书中，培根描述了一个奉行技术官僚制度的乌托邦，在这个乌托邦中，科学祭司阶层要为国家的整体利益做出决策。这个名为"所罗门宫"的科学团体的成员穿着长袍，享受着与他们的权力和威严相应的尊重。所罗门宫的元老乘坐的是一辆"华丽的战车"，战车上方是太阳金光闪闪的形象。当他乘着战车行进时，他会"伸出手来，为人们祝福"。

这个组织的总目标是"探讨事物的本质和它们运动的秘密，并扩大人类的知识领域，以使一切理想的实现成为可能"。所罗门宫里配备了用于试验炸药和武器的机器与设施、实验炉、植物培育园和药房。[2]

这个富有远见的科学团体预示了许多院校机构研究的特征，并直接启发了1660年英国皇家学会和不少其他国家的科学院的成立。但是，尽管这些机构的成员受到高度尊重，但没有一个能够做到像培根想象中的原型那样声名显赫、位高权重。即使在他们死后，他们的荣耀仍在画廊中延续，就像名人堂一样，他们的形象被保存在那里。"对于每一项有价值的发明，我们都会为发明者竖立一座雕像，并给予他慷慨而光荣的奖赏。"[3]

在培根时代的英国（直到今天依然如此），英国圣公会作为国教与国家联系在一起。培根曾设想，通过国家的赞助，科学祭司也会与国家联系在一起,形成一种科学国教。在这一点上,他再次表现出先见之明。无论是在资本主义国家,还是在社会主义国家,官方的科学院仍然是科学机构的权力中心。科学和国家是不可分离的。科学家们往往扮演着神职人员的角色,影响着政府在战争、工业、农业、医学、教育和研究方面的政策。

培根创造了向政府和投资者寻求资金支持的理想口号:"知识就是力量。"[4] 但是科学家从政府获得资助的程度因国而异。在法国和德国,国家对科学的系统性资助比英国和美国早得多。在英国和美国,直到19世纪下半叶,大多数研究都是由私人资助的,或者是由像查尔斯·达尔文(Charles Darwin,1809—1882)这样富有的业余爱好者来进行的。[5]

法国的路易斯·巴斯德(Louis Pasteur,1822—1895)是一位很有影响力的科学倡导者。他认为科学是一种寻找真理的宗教,而实验室就像圣殿一样。通过实验室,人类可以充分挖掘科学的潜力:

> 我恳求你们关注这些被我们称为"实验室"的神圣机构,请扩充其数量,丰富其装饰,因为它们是财富和未来的圣殿。在这里,人类得以成长,变得更强、更好。[6]

到了20世纪初,科学几乎已经完全制度化和专业化。第二次世界大战后,在政府的资助和企业的投资下,科学得到了极大的发展。[7] 资助水平最高的是美国,2015年美国在研发方面的总支出为4 950亿美元,其中1 210亿美元来自政府。[8] 但是政府和公司之所以会资助科学家做研究,其目的通常不是他们想要纯粹意义上的知识(就像亚当堕落之前的知识那样)。给动物命名这种事,就像对热带雨林中濒危的甲壳虫进行分类一样,是一项低优先级的工作。大多数资助都是对培根那句极具说服力的口号"知识就是力量"的回应。

到了20世纪50年代,科学的力量和声望都已经达到了前所未有的程度。科学历史学家乔治·萨顿(George Sarton)赞许地用一种听起来像宗教改革前的罗马天主教会的方式描述了这种情况：

> 真理只能由专家的判断来确定……一切都是由一小群人来决定的，事实上，是由个别专家决定的，他们的结果经过了少数其他人的仔细检查。普罗大众没有什么可说的，只能接受告诉他们的决定。科学活动是由大学、科学院和科学协会控制的，而这种控制与大众控制的距离是尽可能远的。[9]

培根关于所罗门宫的设想现在已经在全球范围内实现了。但是，他相信人类支配自然的力量将受到"健全的理性和真正的宗教"的指导，这是没有实现的。

全知的幻想

在科学史上，"全知的幻想"是一个反复出现的主题，因为科学家们渴望像上帝那样无所不知、无所不晓。19世纪初，法国物理学家皮埃尔·西蒙·拉普拉斯（Pierre Simon Laplace）设想了一种能够知晓和预测一切事物的智能：

> 设想有这样一种智能，它在任何时刻都能知晓所有操纵自然万物的力量，以及组成自然界所有实体的瞬时情况。如果这种智能足够强大，能够把所有的这些数据集中进行分析，那么它就可以把宇宙中从最大天体到最小粒子的运动都统一在一个公式里，因为对它而言，没有什么是不能确定的，过去与未来同样尽收眼底。[10]

这些类似的想法并不局限于物理学家。托马斯·亨利·赫胥黎（Thomas Henry Huxley）为传播达尔文的进化论做出了巨大贡献，他将机械决定论扩展到了整个进化过程：

如果进化论的基本命题是正确的，即整个世界，无论是有生命的还是没有生命的，都是构成宇宙原始星云的分子所具有的力量按照既定的规律相互作用的结果，同样可以肯定的是，现存的世界可能存在于宇宙蒸汽之中，那么只要有足够的智力，就可以根据对这种蒸汽分子特性的了解，预测出1869年大不列颠动物群的状况。[11]

这种决定论被应用于人类大脑的活动时，就会导致对自由意志的否认，理由是大脑的分子和物理活动在原则上都是可以预测的。然而，这种信念并非建立在科学证据之上，而只是建立在一切都完全由数学定律决定的假设之上。

即使在今天，许多科学家仍然认为自由意志是一种幻觉，不仅大脑的活动是由类似机械的过程决定的，而且不存在能够做出选择的非机械的自我。例如，2010年，英国脑科学家帕特里克·哈格德（Patrick Haggard）曾断言：“作为一名神经科学家，你必须是一名决定论者。大脑中的电和化学活动都遵循一些物理定律。在同样的情况下，你不可能不这么做。没有一个'我'可以说'我不想这样做'。"[12]然而，哈格德并没有让他的科学信仰干扰他的个人生活，他说："我把我的科学生活和个人生活完全分开。我似乎仍然可以决定我去看什么电影，我不觉得这是命中注定的，尽管这一定是我大脑中的某个地方做的决定。"

不确定性和偶然性

1927年，随着对量子物理学中测不准原理的认识，人们清楚地认识到，不确定性是物理世界的一个基本特征，物理预测只能用偶然性来表示。最根本的原因是量子现象是波状的，而波的本质是在空间和时间中传播的：它不能在特定的时刻被定位在唯一的点上；或者，更严格地说，它的位置和动量不能被精确地知道。[13]量子理论处理的是统计概率，而不是确定性。在量子事件中，实现一种可能性而不是另一种可能性的事实是一个偶然性的问题。

量子力学中的非决定论会影响自由意志的问题吗？如果非决定论纯粹是随机的，那就不会。随机做出的选择并不比完全确定的选择更自由。[14]

在新达尔文主义的进化理论中，随机性通过基因的偶然突变发挥了关键作用，也就成了量子事件。由于偶然事件的不同，进化将以不同的方式发生。就像进化生物学家斯蒂芬·杰伊·古尔德（Stephen Jay Gould）所说的那样，"如果生命的演进重新再来一次，世界上幸存下来的生物可能会与现在大相径庭"[15]。

到了20世纪，人们逐渐清楚地认识到，不仅量子过程是概率性的，而且几乎所有的自然现象都是概率性的，包括液体的湍流、海浪和天气：它们表现出一种无法精确预测的自发性和不确定性。尽管有了功能强大的计算机和源源不断的卫星数据，天气预报仍然会出错。这并不是因为气象学家不合格，而是因为本质上，天气的细节就是不可预测的。天气是混乱的，这种混乱并不是日常意义上的毫无章法，而是不能精确预测。在某种程度上，天气可以用混沌动力学（有时也被称为"混沌理论"）的数学模型来模拟，但这些模型并不能做出精确的预测。[16]在日常生活中，确定性是无法实现的，就像在量子物理学中一样。即使是长期以来被认为是机械科学核心的行星绕太阳运行的轨道，长时间来看也被证明是混乱的。[17]

事实证明，19世纪和20世纪早期，许多科学家坚定信奉的决定论是错误的。只要科学家被从这种教条中解放出来，就会对自然特别是进化论的不确定性有新的认识。科学并没有因为放弃对确定性的信仰而走向终结。同样，即使失去了仍然束缚着它的教条，科学依然会幸存下来，并将因新的可能性而再次焕发生机。

更多全知的幻想

到了 19 世纪末，科学全知的幻想远远超过了相信决定论。1888 年，加拿大裔美国天文学家西蒙·纽科姆（Simon Newcomb）写道："我们可能正在接近我们所能了解的天文学的极限。"1894 年，后来获得诺贝尔物理学奖的阿尔伯特·迈克尔逊（Albert Michelson）宣称："物理学中重要的基本定律和事实已经全部被发现了，它们现在已经如此牢固地确立，以至于它们因新发现而被取代的可能性非常渺茫。……我们未来的发现必须在小数点后的第六位上寻找。"[18] 1900 年，物理学家、洲际电报的发明者威廉·汤姆森勋爵（William Thomson）用一句经常被引用的话（尽管可能是杜撰的）表达了这种至高无上的信心："现在物理学中已经没有什么可以去发现了，剩下的就是越来越精确的测量。"

到了 20 世纪，这些信念被量子物理学、相对论、核裂变和核聚变（应用产物包括原子弹和氢弹）、太阳系外星系的发现和大爆炸理论粉碎了。大爆炸理论认为，在大约 140 亿年前宇宙非常小、非常热，从那以后宇宙一直在膨胀、冷却和进化。

然而，到了 20 世纪末，全知的幻想又回来了，这一次是由于 20 世纪物理学的胜利以及神经生物学和分子生物学的新发现。1997 年，《科学美国人》（Scientific American）杂志的资深科学作家约翰·霍根（John Horgan）出版了一本书，名为《科学的终结：用科学究竟可以将这个世界解释到何种程度》（The End of Science: Facing the Limits of Knowledge in the Twilight of the Scientific Age）。在采访了许多顶尖科学家之后，他提出了一个具有挑衅性的论点：

> 如果一个人相信科学，他就必须接受这样一种可能性（甚至是概率）——科学发现的伟大时代已经结束。这里我所说的科学不是指应用科学，而是指最纯粹、最伟大的科学，是人类对理解宇宙和我们在宇宙中的位置的原始探索。进一步的研究可能不会产生更多

的重大启示或革命，回报只会越来越少。[19]

霍根的观点无疑是正确的：某种东西，比如 DNA 的结构，一旦被发现，就不可能继续被发现。但他理所当然地认为传统科学的信条是正确的。他认为最基本的答案是已知的，但事实并非如此，正如我在本书中所展示的那样，它们中的每一个都可以被更有趣、更富有成果的问题所取代。

科学与基督教

17 世纪机械科学的创始人，包括约翰内斯·开普勒（Johannes Kepler, 1571—1630）、伽利略·伽利雷（Galileo Galilei, 1564—1642）、勒内·笛卡尔（Rene Descartes, 1596—1650）、弗朗西斯·培根（Francis Bacon, 1561—1626）、罗伯特·波义耳（Robert Boyle, 1627—1671）和艾萨克·牛顿（Isaac Newton, 1643—1727），都是虔诚的基督徒。开普勒、伽利略和笛卡尔都是罗马天主教徒，培根、波义耳和牛顿都是新教徒。波义耳是一个富有的贵族，他非常虔诚，自掏腰包在印度推广传教活动。牛顿投入大量时间和精力研究《圣经》，尤其对预言的年代感兴趣。他计算出审判日将发生在 2060 年至 2344 年，并在《对但以理预言和圣约翰启示录的考察》（*Observations upon the Prophecies of Daniel and the Apocalypse of St. John*）一书中列出了细节。[20]

17 世纪的科学创造了这样一种宇宙观：宇宙是由上帝设计和启动的机器。一切都受永恒的数学法则的支配，而这些法则就是上帝心中的想法。正如第一章所讨论的那样，这种机械论哲学是革命性的，因为它拒绝了中世纪欧洲被认为理所当然的万物有灵论。直到 17 世纪，大学学者和基督教神学家都教导说，宇宙是有生命的，它充满了上帝的灵，即神圣的生命气息。所有的植物、动物和人都有灵魂。星星、行星和地球都是有生命的存在，受到天使的智慧的引导。

机械论科学拒绝了这些学说，将所有的灵魂都逐出了自然。物质世界变成了无生命的、没有灵魂的机器。物质是没有目的和意识的，行星和恒星都是死的。在整个物质宇宙中，唯一的非机械实体是人类的思想，它是非物质的，是包括天使和上帝在内的精神领域的一部分。没有人能解释思想是如何与人体机器联系在一起的，但勒内·笛卡尔推测它们在松果体中相互作用。松果体是一个小的松果状的器官，位于大脑的左右半球之间，靠近大脑的中心。[21]

经过最初的一些冲突，其中最著名的是1633年罗马宗教裁判所对伽利略的审判，双方达成一致，并将科学和基督教逐渐限制在不同的领域。至少在18世纪末好战的无神论兴起之前，科学的实践基本上不受宗教的干涉，宗教也基本上不与科学发生冲突。科学的领域是物质宇宙，包括人体、动物、植物、恒星和行星。宗教的领域是精神性的，包括上帝、天使、精灵和人类的灵魂。这种非严格意义上的和平共处符合科学和宗教的利益。即使在20世纪后期，斯蒂芬·杰伊·古尔德仍然为这种安排辩护，称其为"普遍共识的合理立场"、"非重叠的权力领域"（Non-overlapping Magisteria）原则。科学的权力领域涵盖了"经验领域，即宇宙是由什么构成的（事实），为什么它以这种方式运行（理论）。宗教的权力领域涵盖了终极意义和道德价值的问题"[22]。

然而，从大约法国大革命时期（1789—1799）开始，激进的物质主义者拒绝了这种双重权力领域的原则，认为它是智力上的不诚实，或者把它看作是意志薄弱者的避难所。他们只承认一种实在，即物质世界。对他们来说，精神领域并不存在。神、天使和精灵都是人类的想象力虚构的，而人类的思想只不过是大脑活动的副产品。没有超自然的力量干扰自然的机械过程。只有一个权力领域，那就是科学。

无神论信仰

物质主义哲学在19世纪下半叶在制度性科学中取得了主导地位，且它与无神论在欧洲的兴起密切相关。21世纪的无神论者像他们的前辈一样，把物质主义学说视为既定的科学事实，而不仅仅是假设。

根据热力学第二定律，当物质主义与整个宇宙就像一台正在失去动力的机器的观点结合在一起时，哲学家伯特兰·罗素（Bertrand Russell）所表述的令人沮丧的世界图景就产生了：

> 人类的存在是由一系列无法预知最终结果的原因造成的；人类的出生和成长、希望和恐惧、爱意和信仰，仅仅是原子偶然碰撞的结果；无论多么努力和勇敢，无论多么深刻的思想和感情，都不能使个体的生命永远延续；人类在历史上的一切努力、奉献、灵感和天分，最终都将随着太阳系的消亡而消亡；人类所有的成就最终都将湮灭在宇宙废墟之上，不会留下任何痕迹。所有这些事情，如果不是完全无可争议的，也几乎是可以肯定的，任何否认它们的哲学都站不住脚。只有在这些真理的脚手架上，只有在彻底绝望的坚实基础上，才能建立起灵魂的居所。[23]

有多少科学家相信这些"真理"呢？有些人毫无疑问地接受了它们，但是许多科学家的哲学或宗教信仰使这种"科学世界观"显得很有局限性，充其量只是半真半假。此外，在科学内部，进化宇宙学、量子物理学和意识研究使科学的标准教条看起来过时了。

很明显，科学技术已经改变了世界。当科学被应用于制造机器、提高农业产量和开发治疗疾病的方法时，它是非常成功的，它的威望也是巨大的。自17世纪在欧洲诞生以来，机械论科学已经通过欧洲的帝国和意识形态，如马克思主义、社会主义和自由市场资本主义，在世界范围内传播开来。通过经济和技术发展，它影响了数十亿人的生活。科学技术的传道者所取得的成功是基督教传教士们做梦也想不到的。以前从来没有任何一种思想体系支配过全人类。然而，尽管取得了这些压倒性的成功，科学仍然背负着过去从欧洲继承下来的意识形态包袱。

科学技术几乎在任何地方都受到欢迎，因为它们带来了明显的物质利益，而物质主义哲学是这一揽子交易的一部分。然而，宗教信仰和对科学事业的追求可以以令人惊讶的方式相互作用。正如一位印度科学家2009年在科学杂志《自然》中所说：

> 科学既不是知识的终极形式，也不是怀疑主义的牺牲品。……作为一名从业30多年的研究科学家，我的观察表明，印度的大多数科学家都会诉诸神灵的神秘力量，以帮助他们在专业领域取得成功，比如发表论文或获得认可。[24]

全世界的科学家都知道，物质主义学说是工作时间的游戏规则。很少有专业科学家会公开挑战它们，至少在他们退休或获得诺贝尔奖之前是这样。为了尊重科学的威望，大多数受过教育的人会选择在公共场合遵循正统的学说，无论他们私下的观点如何。

然而，一些科学家和知识分子是坚定的无神论者，物质主义哲学是他们信仰体系的核心。少数人成为无神论的传教士，充满了像福音派基督徒那样的热情。他们以老式的十字军战士自居，为科学和理性而战，反对迷信、宗教和轻信。在21世纪初，有几本提出鲜明对立观点的书籍成为畅销书，其中包括萨姆·哈里斯（Sam Harris）的《信仰的终结：宗教、恐怖和理性的未来》（*The End of Faith: Religion, Terror, and the Future of Reason*，2004年）、丹尼尔·丹尼特（Daniel Dennett）的《打破魔咒》（*Breaking the Spell*，2006年）、克里斯托弗·希钦斯（Christopher Hitchens）的《上帝不伟大：宗教是如何毒害一切的》（*God Is not Great: How Religion Poisons Everything*，2007年）以及理查德·道金斯的《上帝错觉》（*The God Delusion*，2006年）。到了2014年，道金斯这部作品的英语版销售量已经达到了300万册，并被翻译成34种语言出版。[25] 在2008年退休之前，道金斯一直是牛津大学公众理解科学（Public Understanding of Science）教授。

但是，很少有无神论者只相信物质主义。其中大多数人也是世俗的人文主义者，对他们来说，对上帝的信仰已被对人类的信仰所取代。人类通过科学接近上帝一般的全知。上帝不会影响人类历史的进程，而人类已经掌控了自己的命运，通过理性、科学、技术、教育和社会改革带来进步。

机械科学本身没有理由假设生活中有任何意义，或人类有目的，或者进步是不可避免的。相反，它断言宇宙最终是没有目的的，人类生命也是如此。剥夺了人文主义信仰的无神论描绘了一幅黯淡的画面，几乎毫无希望，就像伯特兰·罗素清楚表明的那样。但世俗人文主义起源于犹太基督教文化，并从基督教那里继承了对人类生命独特重要性的信仰，以及对未来救赎的信仰。世俗人文主义在许多方面都是基督教的异端邪说，根据这一思想，人类已经取代了上帝。[26]

世俗人文主义使无神论变得更容易接受，它提供了一种令人安心的进步观，而不是可证明的事实。人类自己将通过科学、理性和社会改革来实现人类的救赎，而不是上帝的救赎。[27]

无论他们是否相信人类的进步，所有物质主义者都认为科学最终会证明他们的信念是正确的。但这本身也是信仰的问题。

教条、信念和自由探究

质疑既定信念并不是反科学的，而是科学本身的核心。科学的创造性核心是开放的探究精神。在理想情况下，科学是一个过程，而不是一种立场或信仰体系。当科学家可以自由地提出新问题并建立新理论时，创新性的科学就会出现。

在他颇具影响力的著作《科学革命的结构》(*The Structure of Scientific Revolutions*，1962年)中，科学史家托马斯·库恩（Thomas Kuhn）认为，在"常态"科学时期，大多数科学家共享一种现实模型和一种他称之为范式的提问方式。处于主导地位的范式定义了科学家可以提出什么样的问题以及如何回答这些问题。常态科学是在这个框架之内的，科学家们通常会解释排除任何不在该框架内的东西。非常态的事实不断累积，直到到达危机点。当研究人员采用更具包容性的思想和实践框架，并且能够将以前被视为异常的事实纳入其中时，革命性的变化就会发生。在适当的时候，这种新的范式将成为新的常态科学的基础。[28]

库恩帮助人们关注科学的社会方面，并提醒我们科学是一项集体活动。科学家会受到人类社会生活中所有常见的约束，包括同辈群体的压力和遵守群体规范的需要。库恩的观点在很大程度上是基于科学史的，但科学社会学家进一步深化了他的见解，他们研究了科学的实践，研究了科学家建立支持网络的方式，利用资源和成果来增强他们的权力和影响力，增加争夺资金、声望和认可的方式。

布鲁诺·拉图尔（Bruno Latour）的《行动中的科学：如何在社会中追随科学家和工程师》（*Science in Action: How to Follow Scientists and Engineers Through Society*，1987年）是这一传统中最具影响力的作品之一。拉图尔观察到，科学家通常会把知识和信念区分开来。专业团体内的科学家知道他们的科学领域所涵盖的现象，而那些在网络之外的人只有扭曲的信念。当科学家们想到他们群体之外的人时，他们经常会纳闷为什么他们仍然如此不理性：

> 科学家描绘的非科学家的图景变得暗淡起来：少数人发现了实在究竟是什么，而绝大多数人有非理性的想法，或者至少是许多基于社会、文化和心理因素的囚徒，这些因素使他们顽固地坚持陈旧的偏见。这幅图景的唯一可取之处是，如果有可能消除所有这些使人们囿于偏见的因素，他们就会立即、不费任何代价地变得像科学家那样头脑清醒，毫不费力地掌握各种现象。在我们每个人心中都有一位沉睡的科学家，直到社会和文化条件被抛到一边，他才会醒来。[29]

对于"科学世界观"的信徒来说，所需要的只是通过教育和媒体加深公众对科学的理解。

自 19 世纪以来，对物质主义的信仰确实取得了巨大的成功：数百万人已经接受了这种"科学"观点，虽然他们对科学本身知之甚少。可以说，他们是科学教会或科学主义的信徒，而科学家就是科学主义的祭司。这是著名的无神论者瑞奇·热维斯（Ricky Gervais）2010年在《华尔街日报》上表明的态度。同年，他入选了《时代》杂志评选的全球100位最具影响力人物。热维斯是一个艺人，而不是科学家或原创思想家，但他借用科学的权威来支持他的无神论：

> 科学寻求真理，而且它不会歧视。无论好坏，它都能发现事实。科学是谦虚的，知之为知之，不知为不知。它的结论和信念基于确凿的证据——不断更新和升级的证据。当新的事实出现时，它不会被冒犯。它热情拥抱知识，不会出于对传统的尊重而固守中世纪的做法。[30]

在科学史和科学社会学的背景之下，热维斯理想化的科学观天真得无可救药。他将科学家描绘成思想开放的真理寻求者，而不是为资金和声望竞争的普通人，受到同侪群体压力的约束，被偏见和禁忌所束缚。然而，尽管这很天真，我还是认真对待这种自由探究的理想。本书是我将这些理想应用于科学本身的一次实验。通过将假设转换成问题，我想找出科学真正知道什么、不知道什么。我根据确凿的证据和最近的发现来审视物质主义的十大核心学说。我认为真正的科学家不会因为新事实的出现而被冒犯，他们也不会因为物质主义的世界观是传统的而固守它。

我之所以这样做，是因为探究精神不断地将科学思维从不必要的限制中解放出来，无论这些限制是来自内部还是外部。我相信，虽然科学取得了种种成功，但它们正被过时的信念所扼杀。

作者前言

我很小的时候就对科学产生了兴趣。小时候,我养过很多动物,小有毛毛虫和小蝌蚪,大有鸽子、兔子、乌龟和狗。我的父亲是一位草药医生、药剂师和显微镜专家,在我很小的时候他就开始教我了解各种植物。借助显微镜,他向我展示了一个无比美妙的世界,那个世界里有池塘里的微小生物、蝴蝶翅膀上的鳞片、硅藻的外壳、植物的茎横切面,以及在黑暗中焕发荧光的镭。我采集植物,阅读自然历史方面的书籍,比如法布尔的《昆虫记》,这本书向我讲述了蜣螂、螳螂和萤火虫的生活故事。12岁时,我便开始向往着成为一名生物学家。

我在学校里钻研各门科学,之后到了剑桥大学主修生物化学。我喜欢我当时在做的事情,但是渐觉眼界狭隘,想要开阔一下自己的视野。后来,我获得了哈佛大学研究生院的弗兰克·诺克斯奖学金,这是一个改变我一生的机会,让我学习了科学史和科技哲学,从而大大拓宽了我的视野。

回到剑桥大学之后,我开始从事植物发育的研究。在研究博士课题的过程中,我有了一个新发现:死亡的细胞对调节植物的生长起着关键作用,因为它们在"程序性细胞死亡"(细胞的一种生理性、主动性的"自杀"现象)的过程中溶解时,会释放出植物生长素。在发育中的植物体内,木质细胞在死亡时会溶解,留下它们的纤维素壁作为纤细的导管,负责在茎、根和叶脉中运输水分。我发现生长素是在细胞死亡时产生的[1],死亡的细胞会刺激植物更好地生长,进而导致细胞更多地死亡,如此反复,周而复始。

在获得博士学位后,我成为剑桥大学克莱尔学院的研究员,在那里,我担任细胞生物学和生物化学研究主任,做研究生们的导师,给学生们上实验课。随后,我被任命为英国皇家学会的研究员,并在剑桥大学继续我的植物激素研究,研究生长素从新芽到根尖的运输方式。在同事菲利普·鲁伯里(Philip Rubery)的协助下,我发现了生长素极性运输的分子基础[2],为后续的植物极性研究奠定了基础。

在皇家学会的资助下,我在马来西亚马来亚大学花了一年时间研究雨林蕨类植物。在马来亚橡胶研究所,我发现了橡胶树中乳胶的流动是如何受到基因调控的,还对橡胶树乳管的发育有了新的认识。[3]

回到剑桥大学后,我提出了一个关于动植物(包括人类)衰老的新假说:所有的细胞都会衰老;当细胞停止生长时,它们最终就会死亡。我的假说与细胞的再生有关,即有害的废物会在细胞中积累,从而导致细胞的老化,但是不对称的细胞分裂会产生年轻的子细胞,其中一个子细胞接收了大部分废物,注定要死亡,而另一个子细胞则焕然一新,重新恢复活力。这方面表现最突出的是卵细胞。对于植物和动物而言,两次连续的细胞分裂(减数分裂)会产生一个卵细胞和三个姐妹细胞,这些姐妹细胞很快就会死掉。1974年,我在《自然》杂志上发表了一篇题为《细胞的衰老、生长和死亡》(The aging, growth and death of cells)的论文[4],阐述了这一假说。从此,"程序性细胞死亡"或称"细胞凋亡"便成为一个重要的研究领域,相关研究对我们理解癌症和艾滋病等疾病以及通过干细胞进行组织再生都很重要。许多干细胞不对称地分裂,产生一个新的、有活力的干细胞和一个分化、衰老和死亡的细胞。根据我的假说,干细胞通过细胞分裂来恢复活力,而这一过程需要它们的姐妹细胞付出死亡的代价。

我想拓宽视野，也想做一些实在的科研工作来惠泽世界上最贫困的那些人，于是我离开了剑桥大学，以首席植物生理学家的身份加入了印度海得拉巴附近的国际半干旱热带作物研究所，专门研究鹰嘴豆和鸽豆[5]。我们培育了这些作物的高产新品种，并开发了现在被亚洲和非洲农民广泛使用的复种制度[6]，大大提高了产量。

1981年，随着《新生命科学》（*A New Science of Life*）一书的出版，我的科研生涯进入了一个新阶段。在这本书中，我提出了一个关于形态形成场的假说，指出形态形成场控制着动物胚胎的发育和植物的生长。形态形成场有一种与生俱来的记忆，而这种记忆是通过一种名为形态共振的过程产生的。这个假说得到了现有证据的支撑，并引发了一系列的实验。2009年版的《新生命科学》一书对这些实验进行了总结。

从印度回到英国后，我继续研究植物的发育，同时也开始研究信鸽，因为我从小就养鸽子，对它们很感兴趣。鸽子是如何从几百英里之外，穿越陌生的地方，甚至穿越海洋，找到回家的路的？我想，可能有一个无形的磁场，像松紧带一样把它们拉回家。即使它们有感应磁场的能力，也不太可能仅仅靠着掌握罗盘方向就找到回家的路。打个比方，如果你被空投到一个陌生的地方，就算带着指南针，知道北方在哪里，你依然无法知道你家的准确位置。

我渐渐意识到信鸽的导航能力仅仅是动物众多无法解释的能力之一。还有就是，一些狗似乎有着心灵感应般的能力，知道主人何时归家。研究这些课题并不困难，也并不昂贵，而且结果总是令人着迷。1994年，我出版了《七个可以改变世界的实验》（*Seven Experiments That Could Change the World*）。在这本书中，我提出了一些低成本的实验，这些实验可以改变我们对实在本质的看法。在2002年问世的这本书的新版本中，还有在《知道主人何时回家的狗》（*Dogs That Know When Their Owners Are Coming Home*，1999年第一版；2011年新版）和《被凝视的感觉》（*The Sense of Being Stared At*，2003年第一版；2013年新版）中，我对这些实验进行了概述。

在过去的 28 年里,我一直是旧金山附近的心智科学研究所(Institute of Noetic Sciences,又译为智性科学研究所)的研究员,也是几所大学的客座教授。我在同行评议的科学期刊上发表了九十多篇论文,其中几篇发表在《自然》杂志上。我是许多科学学会的成员,其中包括实验生物学学会(Society for Experimental Biology)和科学探索学会(Society for Scientific Exploration)。此外,我还是动物学会(Zoological Society)和剑桥哲学学会(Cambridge Philosophical Society)的会员。在英国等欧洲国家、北美和南美、印度和澳大利亚的许多大学、研究机构和科学会议上,我都曾经围绕我的研究开展研讨和演讲。

我作为一名科学家度过了我全部的成年生活,我坚信科学方法的重要性。然而,我越来越相信,科学仿佛已经失去了其活力、生机和好奇心。教条主义、基于恐惧的从众和制度惰性正在阻碍科学创新。

对于科学界的同仁,我一次又一次地被他们公开讨论和私下讨论的反差所震撼。在公共场合,科学家们非常清楚那些强有力的禁忌,这些禁忌决定了哪些话题可以谈、哪些话题不可以谈,而私下里,他们往往更加无所顾忌、畅所欲言。

作者导言

现代科学的十大教条

所谓的"科学世界观"具有巨大的影响力,这是因为科学实在太成功了。通过科技和现代医学,科学影响着我们每个人生活的方方面面。我们的智力世界已经被知识的巨大扩张所改变,从构成物质的最微观的粒子,到由数千亿个星系组成并且仍然在不断膨胀的、浩瀚无垠的宇宙。

然而,在21世纪30年代,当科学和技术的力量似乎到达了其巅峰,当它们的影响已经遍及全世界,当它们的胜利似乎无可争议的时候,意想不到的问题正在从内部扰乱科学。大多数科学家理所当然地认为,这些问题最终将通过沿着既定路线进行的更多研究而得以解决,但包括我在内的一些人认为,这些问题是一种更深层次问题的表征。

在这本书中,我认为科学正在被几个世纪以来已经固化为教条的假设所阻碍。如果没有它们,科学会更自由、更好玩、更有趣。

最大的科学错觉是以为科学已经知道了所有问题的答案,虽然还有细节问题需要解决,但从原则上讲,基本问题已得到解决。

现代科学基于这样一种假设:一切实在都是物质性的或物理的。除了物质意义上的实在之外,别无其他。意识是大脑生理活动的副产品。

物质是无意识的。进化是没有目的的。上帝只作为一种观念存在于人的头脑中，因而也只存在于人的头脑中。

这些信念很强大，不是因为大多数科学家批判性地去思考它们，恰恰是因为他们没有这样做。科学的事实是物质性的，科学家所使用的技术以及衍生于此的技术也是如此。但是，支配传统科学思维的信仰体系是一种信仰行为，它植根于19世纪的意识形态。

本书是支持科学的。我希望科学少一些教条，多一些科学。我相信，当科学从束缚它的教条中解放出来时，它将重获新生。

以下是被大多数科学家奉为圭臬的10个核心信念（现代科学的十大教条）。

1. 一切事物本质上都是机械的。例如，狗就是一台复杂的机器，而不是有自己的目标的生命体。甚至人也是机器，用理查德·道金斯生动的说法，就是"笨拙的机器人"，而他们的大脑就像基因编程的计算机。

2. 一切物质都是无意识的。它没有内在的生命，没有主体性，也不会有自己的观点。甚至人类的意识也是由大脑的物质活动所产生的幻觉。

3. 物质和能量的总量总是一样的（除了宇宙大爆炸时，宇宙中所有的物质和能量突然出现）。物质和能量的总和是恒定不变的（除了宇宙大爆炸那一刻之外，因为那一刻所有的物质和能量像是无中生有而凭空出现的）。

4. 自然法则亘古不变，始终如一。

5. 自然没有目的性，进化也没有任何目标和方向。

6. 所有生物间的遗传都建立在物质基础之上，是通过遗传物质、DNA和其他物质结构来实现的。

7. 心智存在于头脑之中，本质上不过是大脑的活动。当你看一棵树的时候，你所看到的树的形象并不是"外在"的，而是在你的大脑之中。

8. 记忆以物质痕迹的形式存储在大脑里，在死亡时被完全抹除。

9. 像心灵感应这样无法解释的现象是一种错觉。

10. 机械论医学是唯一真正有效的医学。

这些信念共同构成了物质主义的哲学或观念，其核心假设是世间的一切（甚至包括心智）本质上都是由物质构成的或符合物理法则的。这种信仰体系在19世纪晚期成为科学界的主流，现在更是被奉为圭臬。很多科学家没有意识到物质主义只是一种假设，他们只是简单地认为这就是科学，就是对实在的科学认识，或者说是科学的世界观。他们实际上并没有被教导过，也没有得到探讨的机会，只是通过一种思想上的耳濡目染来接受这样一种观点。

按照通常的用法，物质主义指的是一种完全追求物质利益的生活方式，一种对财富和享受的痴迷。这些态度无疑受到了物质主义哲学的强化。物质主义哲学否认任何精神实在或非物质性的目的。不过在本书中，我关注的是物质主义的科学主张，而非它对人们生活方式的影响。

本着激进怀疑主义的精神，我把每一个教条都转化为一个问题。当一个被广泛接受的假设成为一项调查的开始，而不是一个毋庸置疑的真理时，全新的前景就会被打开。例如，自然是类似机器或机械的这一假设就变成了这样一个问题："自然是机械的吗？"物质是无意识的这一假设就变成了这样一个问题："物质无意识吗？"诸如此类。

在序言中，我考察了科学、宗教和力量之间的相互作用。然后在第一章到第十章，我分别考察了这十个教条。在每一章的末尾，我都会讨论这个话题带来的不同及其如何影响我们的生活方式。我还提出了几个层次更高的问题，以便为任何想要与朋友或同事探讨这些问题的读者提供一些有用的切入点。每一章后面都有一个总结。

"科学世界观"的信誉危机

两百多年来，物质主义者一直在鼓吹科学最终会以物理和化学来解释一切。科学将证明生物体是复杂的机器，心智只不过是大脑活动的产物，而自然是没有目的性的。物质主义的信徒们坚信，科学发现终究会证明他们的信念是正确的。科学哲学家卡尔·波普尔（Karl Popper）称这种立场为"期票物质主义"，因为这就像是为尚未做出的发现发行期票。[1] 虽然科学和技术取得了种种成就，但物质主义现在正面临着在20世纪难以想象的信誉危机。

1963年，当我在剑桥大学学习生物化学时，我受邀与弗朗西斯·克里克（Francis Crick）和西德尼·布伦纳（Sydney Brenner）一起在国王学院布伦纳的房间里举行了一系列私人会议，与会的还有我的一些同学。当时克里克和布伦纳刚刚参与了"破解"遗传密码。两人都是狂热的物质主义者，克里克还是一个激进的无神论者。他们解释说，生物学领域有两大未解之谜：生长发育和心灵意识。这两个问题之所以没能得到解决，是因为研究这些问题的人不是分子生物学家，也不够聪明。他们打算在10年或20年内找到答案。于是布伦纳选择了发育生物学，克里克选择了意识。他们邀请我们加入。

两人都尽了最大的努力。布伦纳更是因其在一种微小蠕虫——秀丽隐杆线虫——的发育方面的研究而获得了2002年的诺贝尔奖。而克里克则在2004年去世的前一天修改了他关于大脑的最后一篇论文的手稿。在他的葬礼上，他的儿子迈克尔说，他这样做不是想出名、有钱或受欢迎，而是想"给生机论的棺材钉上最后一颗钉子"[2]。生机论认为生物体是真正活着的，不能仅仅用物理和化学来解释。

克里克和布伦纳失败了。心灵意识和生长发育的问题仍然悬而未决。许多细节已经被发现，数百个物种的基因组已经被测序，脑部扫描也变得更加精确，但是仍然没有证据表明生命和心智可以仅仅用物理和化学来解释（详见第一、四和八章）。

物质主义的基本命题是物质是唯一的实在，因此，心灵意识只是大脑活动的产物。它要么像一个影子、一种"附带现象"，什么也不做，要么就仅仅是大脑活动的另一种表达。然而，现代神经科学和意识研究领域的研究者对于心灵的本质始终没能达成共识。《行为与脑科学》（*Behavioral and Brain Science*）和《意识研究杂志》（*Journal of Consciousness*

Studies）等主流期刊发表了许多文章，揭示了物质主义学说中存在的深层次问题。哲学家大卫·查尔默斯（David Chalmers）把主观体验的存在称为"难题"，因为它无法用机械论来解释。即使我们知道眼睛和大脑是如何对红光做出反应的，也依然不能解释人对红色的感受。

在生物学和心理学领域，物质主义的可信度正在下降。物理学能就此为其提供帮助吗？一些物质主义者更喜欢称自己为物理主义者，以此来强调他们将希望寄托于现代物理学，而非19世纪的物质论。但是物理主义自身的可信度已经被物理学本身降低了，原因有以下四个。

首先，一些物理学家坚称，如果不考虑观察者的意识，量子力学就无法被表述出来。他们认为心灵不能被简化成物理，因为物理是以物理学家的心灵为前提的。[3]

其次，作为物理学领域最雄心勃勃的大一统理论，十维的弦理论和十一维的M理论把科学带入了一个全新的领域。奇怪的是，正如史蒂芬·霍金（Stephen Hawking）在他的《大设计》（*The Grand Design*，2010年）一书中告诉我们的那样："似乎没有人知道这里的'M'代表什么，可能是'主宰'（master），可能是'奇迹'（miracle），也可能是'神秘'（mystery）。"根据霍金所说的"依赖模型的实在论"，不同的理论可能在不同的情况下应用。"每一种理论可能都有自己版本的实在，但是根据依赖模型的实在论，只要这些理论能够重叠，只要它们的预测一致，就都可以被接受。"[4]

弦理论和M理论目前都是不可验证的，因此依赖模型的实在论只能通过参考其他模型来判断，而不是通过实验。这些理论也适用于无数其他宇宙，虽然这些宇宙没有一个被观测过。正如霍金指出的那样：

> M理论的解适用于拥有不同表观定律的不同宇宙，这取决于内部空间是如何卷曲的。M理论的解适用于许多不同的内部空间，可能多达10 500，这意味着它适用于10 500个不同的宇宙，虽然每个宇宙都有属于自己的定律。物理学最初的希望是提出一个单一的理

论来解释我们宇宙的表观定律,将其作为几个简单假设的唯一可能结果。这样的希望可能不得不被放弃了。[5]

正如理论物理学家李·斯莫林(Lee Smolin)在他的著作《物理学的困惑:弦理论的兴起、一门科学的衰落以及接下来会发生什么》(*The Trouble with Physics: The Rise of String Theory, the Fall of a Science and What Comes Next*)[6] 中所表明的那样,一些物理学家对这整个方法深表怀疑。正如第一章所述,对物质主义、物理主义或任何别的信仰体系来说,弦理论、M 理论和依赖模型的实在论这样的基础是稳固的。

再次,自 21 世纪初以来,人们已经清楚地认识到,已知的物质和能量大约只占宇宙的 5%,其余的部分是"暗物质"和"暗能量"。95% 的物理实在的本质实际上是模糊的(见第二章)。

最后,人择宇宙学原理(Cosmological Anthropic Principle)断言,如果在宇宙大爆炸的那一刻,自然法则和常量稍有不同,生命就不会出现,因此我们也就没有机会在这里谈论它(见第三章)。那么,是否有一个神灵从一开始就对定律和常数进行了微调呢?为了避免一个造物主以新的形式出现,大多数顶尖宇宙学家倾向于认为,我们的宇宙只是无数平行宇宙中的一个,它们都有不同的定律和常数,正如 M 理论所暗示的那样。我们只是碰巧生活在一个条件适合我们生存的宇宙里。[7]

但这种多元宇宙论从根本上违背了奥卡姆剃刀定律(Occam's Razor),即"如无必要,勿增实体"的哲学原则,或者换句话说,我们应该尽可能地少做假设。[8] 这种理论也有一大缺点,那就是它不可验证。它甚至无法摆脱上帝的存在。一个无限的上帝也可能是无限多个宇宙的上帝。[9]

19 世纪晚期,物质主义提供了一种看似简单、直接的世界观,但是 21 世纪的科学却已经将其抛在了身后。它的承诺没有兑现,它的期票因恶性通货膨胀而贬值。

我相信,那些已经固化为教条并且由强大的禁忌所维护的假设阻碍了科学的发展。它们虽然保护着已经建立的科学堡垒,却阻碍了开放性的思考。

第一章
自然是机械的吗?

科学家们坚持认为动物和植物是机器,而人类也是机器人,由类似计算机的大脑和基因编程软件控制。许多没有学过科学的人会对这样的说法感到困惑。更自然的做法是假设我们是有生命的有机体,而动物和植物也是如此。生物体是自组织的,也就是说它们能够形成并维持自己,且有自己的目的或目标。相比之下,机器是由外在的思维设计的,它们的零部件是由外在的制造者组装起来的,它们本身没有目的。

现代科学的起点是对古老的、有机的宇宙观的否定。机器隐喻成为科学思维的核心,产生了非常深远的影响。在某种程度上,这是一种极大的解放。新的思维方式成为可能,促进了机器的发明和技术的发展。在本章中,我将追溯这一观念的历史,并展示当我们质疑它时会发生什么。

在 17 世纪之前,几乎每个人都理所当然地认为宇宙就像一个有机体,地球也是如此。在古典时代、中世纪和文艺复兴时期的欧洲,人们认为大自然是有生命的。例如,列奥纳多·达·芬奇(1452—1519)就明确表达了这个想法:"我们可以说,地球有一个生长的灵魂,它的肉体就是土地,骨头就是岩石。……它的呼吸和脉搏就是大海的潮起潮落。"[1] 威廉·吉尔伯特(William Gilbert,1540—1603)是磁学领域的先驱,他依据自然有机哲学明确指出:"我们认为整个宇宙是有生命的,所有的星球,所有的恒星,还有高贵的地球,从一开始就由它们自己指定的灵魂统治,并有自我保护的动机。"²

就连在1543年发表了关于天体运动的革命性理论的尼古拉·哥白尼(Nicolaus Copernicus)也不是机械论者。哥白尼将太阳而不是地球置于宇宙的中心,他这样做既有神学上的原因,也有科学上的原因。他认为将太阳置于中心位置,可以使其更加高贵:

> 有人称它为世界之光,有人称它为灵魂,还有人称它为统治者,这是很恰当的。特里斯墨吉斯忒斯(Trismegistus)称其为可见的上帝;索福克勒斯(Sophocles)笔下的厄勒克特拉(Electra),全视者。事实确实如此,太阳坐在王座上,引导着他的行星家族绕着他旋转。³

哥白尼的宇宙学革命对后来的物理学发展起到了强有力的推动作用,但是从1600年以后开始的向自然机械论的转变更为激进。

自然方面的某些机械模型已经有几个世纪的历史。例如,在英格兰西部的威尔斯大教堂,有一台600多年前安装的天文钟,至今仍在运行。时钟的正面显示太阳和月亮围绕地球旋转,背景是群星。太阳的运动指示一天中的时间,时钟的内圈描绘的是月亮,每月旋转一周。好玩的是,每隔一刻钟,就会有四个手执长矛的骑士模型跑来跑去,你追我赶,而一个人物模型会敲响铃铛。

最早的天文钟是中国制造的,以水为动力。欧洲于1300年左右开始制造天文钟,但采用了一种由砝码和擒纵机构操作的新型机械装置。所有这些早期的时钟都理所当然地基于地球是宇宙的中心这一观点而被制作出来。它们是判断时间和预测月相的有用模型,但没有人认为宇宙真的像一台时钟。

从有机体的隐喻到机器的隐喻的变化,标志着我们所知道的科学的产生:宇宙的机械模型被用来代表世界实际运行的方式。恒星和行星的运动被认为是由客观的机械原理控制的,而不是由有自己生命和目的的灵魂或精神控制的。

1605年,约翰内斯·开普勒将他的计划总结如下:"我的目的是表明,天体机器不应被比作神圣的有机体,而是被比作时钟。……此外,我还要展示如何通过数学和几何学来呈现这个物理概念。"[4]伽利略也认为,"不可阻挡、不可改变的"数学定律支配着一切。

时钟的类比特别有说服力,因为时钟以一种独立的方式工作。它们没有推拉其他物体。同样,宇宙通过其运动的规律性来完成它的工作,并且它是最终的计时系统。机械钟还有一个更深层的隐喻优势:它们是通过建构获得知识或通过实践获得认识的一个很好的例子。能制造机器的人也能重建它。机械知识就是力量。

机械科学的声望主要不是来自其哲学基础,而是来自其实践上的成功,尤其是在物理学方面。数学建模通常涉及极端抽象和简化,这是最容易用人造机器或物体来实现的。数学力学在处理相对简单的问题时非常有用,比如计算炮弹或火箭的轨迹。

一个典型的例子是台球物理学,它清楚地说明了理想化的台球在无摩擦环境中的撞击和碰撞。不仅数学被简化了,台球本身也是一个非常简化的系统。球尽量圆,台面尽量平,台面两侧有厚度均匀的橡胶垫,不同于任何自然环境。作为比较,可以想象一下一块从山腰上掉下来的岩石。而且,在现实世界中,台球在游戏中相互碰撞和弹跳,但游戏规则以及玩家的技能和动机都超出了物理学的范围。对球的行为进行数学分析是极端抽象化的。

从活的有机体到生物机器

机械自然观是在17世纪欧洲毁灭性的宗教战争中发展起来的。数学物理学之所以吸引人,部分原因在于它似乎提供了一种超越宗派冲突、揭示永恒真理的方法。在机械科学的先驱们自己看来,他们正在寻找一种理解自然与上帝之间关系的新方法，人类采用了一种像上帝一样的数学全知，超越了人类思想和身体的局限性。正如伽利略所说：

> 当上帝创造世界时，他创造了一个完全数学化的结构，这个结构遵循数字、几何图形和函数的法则。自然是一个具体化的数学系统。[5]

但是有一个大问题，那就是我们的大多数经验都不是数学的。我们品尝食物，感受愤怒，欣赏花朵的美丽，听到笑话后开怀大笑。为了确立数学的首要地位，伽利略和他的后继者必须区分他们所谓的"第一性质"和"第二性质"，前者可以用数学来描述，比如运动、大小和重量，后者则是主观的[6]，比如颜色和气味。他们认为现实世界是客观的、定量的和数学的。生活世界中的个人经验是主观的，属于意见和幻想的领域，在科学领域之外。

笛卡尔是机械论或机械论自然哲学的主要倡导者。1619年11月10日，他"如同醍醐灌顶，发现了一门神奇科学的基础"。[7]他认为整个宇宙是一个数学系统，后来他又设想了由旋转的微妙物质（以太）组成的巨大漩涡，在行星的轨道上高速运转。

笛卡尔比开普勒或伽利略走得更远，他将机械的隐喻延伸到了生命领域。他对他那个时代的精密机械很着迷，比如钟表、织布机和水泵。年轻时，他设计了机械模型来模拟动物活动，比如一只被猎犬追赶的野鸡。就像开普勒把人造机器的图像投射到宇宙中一样，笛卡尔把它投射到动物身上，因为它们也像时钟一样。[8]狗的心脏跳动、消化和呼吸等活动遵循的都是程序化的机制。同样的原理也适用于人体。

笛卡尔将活狗切开来研究它们的心脏，并把他的观察结果报告给读者，就像他的读者会复制这些观察结果一样。他说："如果你切下一条活狗心脏的尖端，把一根手指插入其中一个心腔，你可以清楚地感觉到，心脏每收缩一次，手指就会受压，而心脏每舒张一次，手指就会停止受压。"[9]

他用一个思想实验来支持自己的观点：首先，他想象了模仿动物动

作的人造自动机,然后他指出,如果制造得足够好,它们将与真正的动物难以区分。他说:

> 如果任何这样的机器具有猴子或其他缺乏理性的动物的器官和外形,我们就无法知道它们的本性与这些动物并不完全相同。[10]

通过这样的论证,笛卡尔奠定了机械生物学和医学的基础,这些理论至今仍是正统的。然而,在17世纪和18世纪,生命的机器论不像宇宙的机器论那样容易被接受。特别是在英国,动物机器的想法被认为是古怪的。[11] 笛卡尔的学说似乎为虐待动物(包括活体解剖)辩护。据说,对他的追随者的考验是,他们是否会踢自己的狗。[12]

正如哲学家丹尼尔·丹尼特总结的那样:

> 笛卡尔认为动物实际上只是精密的机器。……只有我们的非机械的、非物质的头脑才能使人类(而且只有人类)具有智力和意识。这实际上是一种微妙的观点,其中大部分很容易被今天的动物学家所接受,但对于笛卡尔同时代的人来说,这太具有革命性了。[13]

我们已经习惯了生命的机器理论,以至于很难理解笛卡尔做出了多么彻底的突破。他那个时代的主流理论理所当然地认为,生物体就是有生命的有机体,有自己的灵魂。灵魂赋予生物体目的性和自我组织的能力。从中世纪一直到17世纪,欧洲大学里讲授的流行的生命理论都是遵循希腊哲学家亚里士多德和他的主要基督教诠释者托马斯·阿奎那(Thomas Aquinas,约1225—1274)的观点。根据阿奎那的观点,植物或动物体内的物质是由生物体的灵魂形成的。对阿奎那来说,灵魂是身体的本体。[14] 灵魂就像一个无形的铸模,在植物或动物生长的过程中塑造它们,并引导它们走向成熟。[15]

动物和植物的灵魂是自然的,而不是超自然的。根据古希腊和中世纪哲学,以及威廉·吉尔伯特的磁学理论,即使是磁铁也有灵魂。[16] 它们体内和周围的灵魂赋予了它们吸引和排斥的力量。当一块磁铁被加热并失去磁性时,就好像磁铁的灵魂离开了,就像灵魂在动物死亡时离开了动物的身体一样。我们今天称此为磁场。在大多数情况下,场已经取代了古典哲学和中世纪哲学中的灵魂。[17]

在机械论革命之前,有三个层次的解释:身体、灵魂和精神。身体和灵魂是自然的一部分。精神是非物质性的,但通过他们的灵魂与具身的存在互动。根据基督教神学,人的精神或"理性的灵魂"可以对上帝之灵开放。[18]

在机械论革命之后,只有两个层次的解释:身体和精神。通过将灵魂从自然中去除,三层减少为两层,只剩下人类的"理性的灵魂"或精神。灵魂的废除也将人类从所有其他动物中分离出来,使其变成了无生命的机器。人类的"理性的灵魂"就像一个无形的幽灵,存在于人体机器之中。

理性的灵魂是怎样和大脑互动的呢?根据笛卡尔的推测,它们的相互作用发生在松果体中。[19] 他认为灵魂就像松果体里的一个小人,控制着大脑的管道。他把神经比作水管,把脑腔比作储存罐,把肌肉比作机械弹簧,把呼吸比作时钟的运动。身体的器官就像17世纪水上花园中的自动机,而内在的无形小人就像喷泉管理员:

> 外在的物体仅仅通过它们的存在就可以刺激(身体的)感觉器官,就像游客进入这些喷泉的洞室,不知不觉中引起了眼前发生的活动。因为他们进来的时候一定会踩到某些地砖,从而启动某些装置。例如,如果他们接近正在洗澡的戴安娜,她就会躲到芦苇里。最后,如果这台机器中有一个理性的灵魂,它的主要位置就会在大脑中,就像喷泉管理员一样,如果他想以某种方式启动、阻止或改变喷泉管道的运动,他就必须在喷泉管道返回的水箱旁。[20]

机械论革命的最后一步是将两个层次的解释简化为一个层次。不是物质和精神的二元论，而是只有物质。这就是物质主义学说，它在19世纪下半叶开始主导科学思想。然而，虽然大多数科学家名义上是物质主义者，但他们仍然是二元论者，并继续使用二元隐喻。

大脑内部的小人（或矮人）仍然是一种普遍的思考身心关系的方式，但这种隐喻随着时代和新技术的发展而发生了变化。在20世纪中期，这个小人通常是大脑这个电话交换机的接线员，他可以看到外部世界的投影图像，就像在电影院一样。1949年出版的一本名为《生命的秘密：人类机器及其工作原理》(*The Secret of Life: The Human Machine and How It Works*)[21]的书就是这样描述的。2010年，伦敦自然历史博物馆举办了一场名为"你如何控制自己的行为"的展览，在展览现场，你可以透过一个模特额头上的有机玻璃窗户看进去。里面是一个驾驶舱，有一排排的刻度盘和控制装置，还有两个空座位，大概是给你（作为飞行员）和你在另一个半球的副驾驶准备的。这个机器里的小人是隐性的，而不是显性的，但显然这根本无法解释，因为大脑里的小人也必须有小人在他们的大脑里，以此类推。

虽然说认为大脑里有小人这样的想法似乎太天真，但大脑本身就是人格化的。许多关于心灵本质的流行文章和书籍都说"大脑感知"或"大脑决定"，同时认为大脑只是一台机器，就像一台电脑。[22]例如，无神论哲学家安东尼·格雷林（Anthony Grayling）认为，"大脑会分泌宗教和迷信信仰"，因为它们"天生"就会这么做：

> 作为一个"信念引擎"，大脑总是在寻求从涌入它的信息中找到意义。一旦它建立了一个信念，它就会用解释来使它合理化，而这几乎总是发生在事后。因此，大脑会投入这些信念之中，并通过寻找支持证据来强化它们，同时对任何相反的东西视而不见。[23]

这听起来更像是对心智的描述，而不是大脑。除了提出心智与大脑的关系问题外，格雷林还提出了一个问题，即他自己的大脑是如何摆脱对任何与它的信念相反的东西视而不见这种"固有"倾向的。在实践中，机械论之所以可信，只是因为它偷偷把非机械论的思想装进了人类的大脑。当一个科学家提出物质主义理论时，他是在机械地运作吗？在他自己的眼里不是这样。在他的论证中总是有一个隐藏的保留：他是机械决定论的一个例外。他相信是他自己在提出正确的观点，而不仅仅是听从大脑的指挥。[24]

要做一个始终如一的物质主义者似乎是不可能的。物质主义依赖于一种挥之不去的二元论，或多或少有些伪装。在生物学领域，这种二元论以人格化分子的形式出现，正如我在下文所讨论的那样。

机械自然之神

虽然自然的机械理论现在被用来支持物质主义，但对于现代科学的创始人来说，它好似支持了基督教，而不是将其颠覆。

机器只有在有设计者的情况下才有意义。例如，罗伯特·波义耳将自然的机械秩序视为上帝设计的证据。[25] 艾萨克·牛顿基于自己的形象，想象上帝"精通力学和几何学"。[26]

世界机器运转得越好，上帝的持续活动就越不必要。到了18世纪末，人们认为天体机器不需要任何神的干预就可以完美地运行。对许多有科学头脑的知识分子来说，基督教让位给了自然神论。一位至高无上的上帝设计了这个世界机器，创造了它，让它运转起来，然后让它自动运行。这样的上帝不会干预世界上的事务，向他祈祷是没有意义的。事实上，任何宗教活动都没有意义。一些启蒙哲学家将自然神论与拒绝基督教结合起来，如伏尔泰。

一些基督教的捍卫者和自然神论者一样，也接受了机械论科学（mechanistic science）的假设。机械论神学（mechanistic theology）最著名的支持者是英国圣公会牧师威廉·佩利（William Paley）。在1802年出版的《自然神学》（*Natural Theology*）一书中，他指出，如果有人发现了像手表这样的东西,在检查其复杂性和精密性之后,这个人一定会得出这样的结论:"在某个时间、某个地点,一定存在过一个或几个巧匠,他们理解它的构造,设计了它的用途,并为了我们发现它实际上要满足的目的而制造了它。"[27] 像眼睛这样的"大自然的杰作"也是如此,而上帝就是设计者。

在19世纪的英国,圣公会的牧师们写了许多关于自然历史的畅销书,他们中的大多数人都强调与佩利相同的观点。例如,牧师弗朗西斯·莫里斯(Francis Morris)写了一本广受欢迎的、插图丰富的《英国蝴蝶史》(*History of British Butterflies*,1853年),这本书既是野外指南,也是大自然之美的提醒。莫里斯相信,上帝在每个人的心中都植入了"一种本能的对大自然的热爱",通过这种热爱,年轻人和老年人都能享受到"美好的景象,通过这些景象,仁慈的造物主展现出无限的智慧和才能"。[28]

这就是达尔文在他的自然选择进化论中所拒绝的那种自然神学。正如我下面讨论的那样,通过这样做,他削弱了生命本身的机械论。但他所引发的争议仍然伴随着我们,其最新表现形式是智慧设计论(Intelligent Design)。智慧设计论的支持者指出,用一系列随机的基因突变和自然选择来解释像脊椎动物的眼睛或细菌的鞭毛这样的复杂结构,即使不是不可能的,也是很困难的。他们认为,复杂的结构和器官显示出许多不同成分的创造性整合,因为它们的设计非常巧妙。他们搁置了"谁是设计者"这个问题,[29] 但该问题显而易见的答案就是上帝。

智慧设计论的问题在于,设计者的隐喻是以外部心智为前提的。人类设计了机器、建筑和艺术品。类似地,机械论神学的上帝或智慧设计者被认为设计了生命有机体的细节。

然而,我们不必在偶然性和外部智能之间做出选择,还有另一种可能。生物体可能有一种内在的创造力,就像我们人类一样。当我们有一个新的想法或找到一种新的方法去做某事时,我们不会先设计这个想法,然后把它放进我们自己的头脑里。新的想法就这样出现了,没有人知道是怎样出现的,以及为什么会出现。人类有与生俱来的创造力。所有生物都可能有一种内在的创造力，这种创造力以或大或小的方式表现出来。机器需要外部设计者，生物体则不然。

具有讽刺意味的是，相信植物和动物是上帝设计的，这并不是基督教的传统组成部分，而是起源于17世纪的科学。这与《圣经·创世记》第一章中关于生命创造的描述相矛盾。动物和植物并没有被描绘成机器，而是从大地和海洋中产生的自我繁殖的有机体，就像《创世记》1：11所说的那样："神说，地要发生青草，和结种子的菜蔬，并结果子的树木，各从其类，果子都包着核。"在《创世记》1：24中，"神说，地要生出活物来，各从其类。牲畜，昆虫，野兽，各从其类"。用神学的语言来说，这些都是"间接"创造的行为：上帝没有直接设计或创造这些植物和动物。正如一篇权威的罗马天主教《圣经》评论所表达的那样，上帝"通过大地母亲的作用"[30]间接地创造了植物和动物。

当自然再次焕发活力

启蒙运动的追随者相信机械科学、理性和人类进步。"开明"的思想或价值观仍然对我们今天的教育、社会和政治制度产生着重大影响。但是在1780年到1830年的浪漫主义运动中，对启蒙信仰的广泛反对出现了，主要表现在艺术和文学上。浪漫主义者强调情感和美学，而不是理性。他们认为自然是有生命的，而不是机械的。这些思想在科学上最明确的应用是德国哲学家弗里德里希·冯·谢林（Friedrich von Schelling），他在《自然哲学的思想》（*Ideas for a Philosophy of Nature*，1797年）一书中将自然描述为一种对立力量和极性的动态相互作用，通过这种相互作用，物质被"赋予生命"。[31]

浪漫主义的一个主要特点是拒绝机械的隐喻，代之以生动的、有机的、处于孕育或发展过程中的自然意象。[32]最早的进化论就是在这样的背景下产生的。

有些科学家、诗人和哲学家把他们信奉的生命自然哲学与一个赋予自然生命并让其自然发展的上帝联系在一起，这个上帝更像《创世记》中的上帝，而不是机械论神学中的设计者上帝。最初的进化理论就是在这种背景下产生的。还有一些人自称是无神论者，比如英国诗人珀西·雪莱（Percy Shelley，1792—1822），但他们毫不怀疑大自然中存在着一种生命力，雪莱称其为宇宙的灵魂，或无所不能的力量，或自然的精神。他也是素食主义的先驱，因为他认为动物是有情众生。[33] 这些不同的世界观可以总结如下：

世界观	上帝	自然
传统基督教	互动的	生命有机体
早期机械论	互动的	机器
启蒙思想自然神论	只是造物主	机器
浪漫主义自然神论	只是造物主	生命有机体
浪漫主义无神论	没有上帝	生命有机体
物质主义	没有上帝	机器

浪漫主义运动在西方文化中造成了持久的分裂。在受过教育的人看来，在工作、商业和政治的世界里，自然是机械的，是自然资源的无生命来源，可用于经济发展。现代经济就建立在这些基础之上。另外，孩子们通常是在童话、会说话的动物和神奇变形的万物有灵论氛围中长大的。在诗歌、歌曲和艺术作品中，人们赞美着生命的世界。与城市相比，人们更倾向于把乡村，尤其是未受破坏的荒野，等同于自然。许多城里人都梦想着搬到农村去，或者在农村有一个可以度过周末的地方。每周五晚上，西方世界的城市都会出现交通堵塞，因为数百万人试图开车回到大自然中。

我们与自然的私人关系是以自然是有生命的为前提的。对于机械论的科学家、技术专家、经济学家或开发者来说，自然是中性的、没有生命的。它需要作为人类进步的一部分而被开发。但同一个人在私下里往往会有不同的态度。在西欧和北美，许多人通过开发自然而致富，这样他们就可以在农村买一个地方来"远离这一切"。

几代人以来，公共理性主义和私人浪漫主义之间的这种分裂一直是西方生活方式的一部分，但如今正变得越来越不可持续。我们的经济活动离不开自然，而且影响着整个地球。我们的私人生活和公共生活日益交织在一起。这种新的意识表现为公众对地球母亲盖亚的重新认识。但即使在科学思想最物质主义的形式下，女神也并不遥远。

进化女神

进化论的先驱之一是查尔斯·达尔文的祖父伊拉斯谟·达尔文（Erasmus Darwin），他想要提高自然的重要性，降低上帝的作用。[34] 植物和动物的自发进化动摇了自然神学和上帝作为设计者的教条的根基。如果新的生命形式是大自然自己创造出来的，那就不需要上帝来设计它们了。伊拉斯谟·达尔文认为，上帝赋予生命或自然一种内在的创造能力，这种能力后来在没有上帝指导或干预的情况下被表达出来。在《动物法则》（Zoönomia，1794年）一书中，他反问道：

> 如果认为所有的温血动物都是由一根有生命的细丝进化而来的，伟大的第一因赋予这根细丝以生命力和获得新器官的能力，并且伴随着新的倾向性，受刺激、感觉、意志和联想的引导，从而拥有通过自身内在活动不断改进的能力，并将这些改进一代一代地传递给后代，永无止境。这会不会太大胆了？[35]

在伊拉斯谟·达尔文看来，生物是能够自我完善的，父母努力的结果会遗传给后代。同样，让-巴蒂斯特·拉马克（Jean-Baptiste Lamarck）在他的《动物哲学》（Zoological Philosophy，1809年）中提出，动物为了适应环境而养成了新的习性，而这种习性又遗传给了它们的后代：

第一章 自然是机械的吗？

长颈鹿生活在非洲的干旱地区，由于它们必须以树叶为生，因此需要不断地努力接近树叶。这一习性在所有的长颈鹿中长期存在，导致长颈鹿的前腿比后腿长，脖子被拉长，身高达到了6米。[36]

此外，生命中固有的一种力量产生了越来越复杂的有机体，使它们沿着进步的阶梯向上发展。拉马克将生命力量的起源归功于"至高造物主"（Supreme Author），至高造物主创造了"万物的秩序，使我们今天所见的一切相继出现"。[37] 和伊拉斯谟·达尔文一样，拉马克也是一位浪漫的自然神论者。罗伯特·钱伯斯（Robert Chamber）也是如此，他在1844年匿名出版的畅销书《自然创造史的遗迹》（Vestiges of the Natural History of Creation）中普及了渐进式进化的观点。他认为，自然界的一切都在向更高的状态发展，这是上帝赋予的"创造法则"的结果。[38] 无论是从宗教的角度还是从科学的角度来看，他的理论都是有争议的，但就像拉马克的理论一样，它对无神论者很有吸引力，因为它消除了对作为设计者的上帝的需要。

但是，钱伯斯、拉马克和伊拉斯谟·达尔文不仅破坏了机械论神学，他们还可能无意中破坏了机械论的生命理论。没有一种无生命的机器包含着生命的力量、自我完善的能力或创造的能力。他们的渐进式进化理论通过使进化神秘化而使上帝的创造力不再神秘。

查尔斯·达尔文和阿尔弗雷德·罗素·华莱士（Alfred Russel Wallace）的自然选择进化论（1858年）试图揭开进化的神秘面纱。自然选择是盲目的、客观的，不需要借助神的力量。它淘汰了那些不适合生存的生物，而偏爱那些适应能力更强的生物。达尔文的《物种起源》一书的副标题为"在生存斗争中保存优良族"。创造力的源泉来自动物和植物本身：它们自发地变化并适应新的环境。

达尔文没有解释这种创造力。实际上，他拒绝了机械论神学中作为设计者的上帝，并把所有的创造力都归因于自然，就像他的祖父所做的那样。在达尔文看来，是大自然自己创造了生命之树。通过惊人的繁育能力、自发的变异能力和选择能力，大自然可以做佩利认为上帝所做的一切。但这里的大自然并不像天体物理学的时钟那样是一个无生命的机械系统，而是有生命的。达尔文甚至为自己的措辞道歉，他说："为了简洁起见，我有时把自然选择说成是一种智慧的力量……我也常常把'自然'这个词人格化，因为我发现很难避免这种模糊性。"[39]

达尔文建议他的读者忽略他措辞的含义。这反而让我们注意到了这种含义，即大自然就是一位母亲，所有的生命都是从她的子宫里诞生的，所有的生命都会回归到她那里。她有着惊人的生育能力，但她也残忍可怕，会吞噬自己的后代。她有惊人的创造力，也有惊人的破坏性，就像印度教中的迦梨（Kali）女神一样。对达尔文来说，自然选择是"一种随时准备采取行动的力量"[40]，而自然选择通过杀戮来发挥作用。"大自然的牙齿和爪子是血红的"这句话出自诗人丁尼生（Tennyson）之口，而不是达尔文，但听起来很像是在描述迦梨女神，或者是希腊神话中的破坏女神（Nemesis）或复仇女神（Furies）。

与他的祖父伊拉斯谟和拉马克一样，查尔斯·达尔文也相信习性的遗传。他的书中列举了许多后代继承父母适应性特征的例子。[41] 从20世纪40年代开始发展起来的新达尔文进化论与查尔斯·达尔文的理论不同，它拒绝承认后天特征的遗传性。根据新达尔文进化论，生物体从父母那里继承了基因，将它们原封不动地传给后代，除非发生突变，也就是说，基因发生了随机变化。在1972年出版的《偶然性与必然性》（*Chance and Necessity*）一书中，分子生物学家雅克·莫诺（Jacques Monod）总结了这一理论。

这些看似抽象的原则是新达尔文进化论隐藏的女神。偶然性就是命运女神（Fortuna），或者说是幸运女神（Lady Luck）。命运之轮的转动既可以带来好运，也可以带来不幸。命运女神是盲目的，在古典雕像中经常被描绘成戴着面纱或眼罩。用莫诺的话来说，"纯粹的偶然性，绝对自由但盲目，是进化这一宏伟大厦的根基"[42]。

雪莱称必要性为"无所不能的力量"和"世界之母"。她也是命运

（Fate）或宿命（Destiny）之神，在古典欧洲神话中以三个命运女神的形象出现。她们纺线、分配和切断生命之线，在一个人出生时就决定了其命运。在新达尔文主义中，生命之线的说法可以从字面意义上来理解：线状染色体中的螺旋DNA分子在一个人出生时就决定了其命运。物质主义就像是对伟大母亲这个女神的无意识崇拜。英语表示"物质"的"matter"这个词本身就与表示"母亲"的"mother"有相同的词根，在拉丁语中，它们对应的分别是"materia"和"mater"。[43]母亲的原型有很多种形式，比如自然母亲、生态（Ecology），甚至是经济（Economy，这两个英文单词的希腊语词根"eco"意思是"家人"或"家庭"），她养活和维持着我们，像产奶的乳房一样工作满足我们的需求。当原型位于无意识层面时，它们会更加强大，因为它们无法被审查或讨论。

生命摆脱了机械隐喻

进化论推翻了机械设计论的论据。如果动物和植物是通过自发变异和自然选择逐步进化的，那么造物主上帝就不可能在一开始就设计出它们的机械结构。

与机器不同，生物体本身是有创造力的。动植物会自发地发生变化，对基因变化做出反应，并适应来自环境的新挑战。有些变化比其他变化更大，偶尔会出现一些全新的东西。创造力是生物体固有的，或者通过它们发挥作用。

没有一台机器能够从微小的开端开始，不断成长，在自身内部形成新的结构，然后自我复制。然而，植物和动物一直都在这样做。此外，它们还可以在受到伤害后再生。把它们看作仅仅由普通物理和化学推动的机器是一种信仰行为。坚持认为它们是机器是武断的，虽然表面看来似乎如此。

在整个18世纪和19世纪，生命的机器理论不断受到科学内部另一个叫作生机论的生物学流派的挑战。生机论者认为有机体不仅仅是机器，它们是真正有生命的，或者说是活着的。除了物理和化学定律之外，组织原则塑造了生物的形式，赋予它们有目的的行为，并成为动物本能和智力的基础。1844 年，化学家贾斯特斯·冯·利比希（Justus von Liebig）对生机论者的立场做出了一个典型的陈述。他认为，虽然化学家可以分析和合成生物体中的有机化学物质，但他们永远无法创造出一只眼睛或一片叶子。除了公认的物理力量之外，还有一个进一步的原因，它"将元素组合成新的形式，使它们获得新的性质——只有在有机体身上才会出现的形式和性质"。[44]

在许多方面，生机论是旧世界观的延续，即认为生物体是由灵魂组织起来的。生机论也与对生命自然的浪漫看法相一致。一些生机论者故意使用灵魂的语言来强调这种思想的连续性，比如德国胚胎学家汉斯·德利希（Hans Driesch，1867—1941）。德利希认为，非物质的组织原则赋予动植物以形式和目标。他用"生命原理"(entelechy，这个词语由两部分组成，"en"意为"在……中"，"telos"意为"目的"）一词来描述这一组织原则，这个表达源自亚里士多德，被亚里士多德用来表示灵魂的内在目的。在这里，"生命原理"被用来指代生命体内部的目的性或目标。德利希认为，胚胎的行为是有目的性的，如果其发育受到扰乱，仍然可以实现所要发育的形式。他通过实验证明，当海胆胚胎被切成两半后，每一半都能产生一个小而完整的海胆，而不是半个海胆。它们的生命原理引导着发育中的胚胎（甚至是胚胎的分离部分）最终以成年海胆的形式出现。

生机论过去是、现在仍然是机械生物学内部的终极异端。生物学家赫胥黎在 1867 年清楚地表达了正统的生机论观点：

> 动物生理学是关于动物功能或行为的学说。它把动物的身体看作受各种力推动的机器，做一定的功，这种功可以用一般的自然力来表示。生理学的最终目的是从物质的分子力的规律中，一方面推导出形态学的事实，另一方面推导出生态学的事实。[45]

在这些话中，赫胥黎预示了自 20 世纪 60 年代以来分子生物学的惊人发展，这是有史以来将生命现象归结为物理和化学机制的最有力的努力。因与他人共同发现 DNA 结构而获得诺贝尔奖的弗朗西斯·克里克在他的《分子与人》(*Of Molecules and Men*，1966 年）一书中明确提出了这一议程。他谴责生机论，并肯定了自己的信念，即"现代生物学运动的最终目的实际上是用物理和化学来解释所有的生物学"。

机械论方法本质上是还原论：它试图用部分来解释整体。这就是为什么分子生物学在生命科学中占有如此高的地位：分子是生物体中最小的组成部分，也是生物学与化学交叉的地方。因此，分子生物学在试图用"物质的分子力量定律"来解释生命现象方面处于领先地位。只要生物学家成功地将生物体还原到分子水平，他们就会把接力棒交给化学家和物理学家，化学家和物理学家将把分子的性质还原到原子和亚原子粒子的性质。

在 19 世纪以前，大多数科学家把原子看作是物质存在不可分割的、永恒的最终基础，但是到了 20 世纪，人们逐渐清楚地认识到原子是由几个部分组成的，原子核在中心，电子在其周围的轨道上运行。原子核本身由质子和中子组成，而质子和中子又由被称为夸克的成分组成，每个质子和中子有三个夸克。当原子核在粒子加速器（比如日内瓦附近欧洲核子研究中心的大型强子对撞机）中分裂时，许多其他粒子就会出现。到目前为止，已经发现了数百种粒子。一些物理学家预计，如果有更强大的粒子加速器，还会发现更多。

对原子的传统认识已经发生了重大的颠覆，一群转瞬即逝的粒子似乎不太可能解释兰花的形状，或者鲑鱼的跳跃，或者一群椋鸟的飞行。还原论无法再为解释其他一切提供坚实的原子基础。无论怎样，不管有多少亚原子粒子，生物体都是一个整体，通过杀死它们并分析其化学成分，将它们还原为部分，只会破坏使它们成为生物体的东西。

当我还是剑桥大学的学生时，我不得不思考还原论的局限性。作为最后一年生物化学课程的一部分，我们班做了一个关于大鼠肝脏酶的实验。首先，我们每个人都取了一只活老鼠，在水槽中让它"牺牲"，用断头台将其斩首，然后将其切开并取出肝脏。我们把肝脏放在搅拌机里磨碎，然后用离心机进行处理，去除不需要的细胞碎片。接着，我们对水相部分进行纯化,以分离我们想要的酶,然后将它们放入试管中。最后,我们加入化学物质,研究化学反应发生的速度。我们了解了一些关于酶的知识,但对老鼠的生活和行为一无所知。在生物化学系的走廊里,挂着一张展示人体代谢途径化学细节的挂图,在挂图顶部,有人用蓝色的大字写着:"认识你自己。"这句话指向了一个更大的问题。

人们试图从化学成分的角度来解释生物体,就好比试图通过研磨并分析其组成元素(如铜、锗和硅)来理解计算机一样。当然,通过这种方式可以对计算机有所了解,即知道它是由哪些元素组成的。但是在这个还原过程中,计算机的结构和程序活动消失了,化学分析永远无法揭示电路图。再多的原子成分之间相互作用的数学模型也无法揭示计算机的程序或它们实现的目的。

机械论者把目的性的生命元素从活着的动物和植物中驱逐出去,然后以分子的形式重新创造它们。分子生机论的一种形式是将基因视为有目的性的实体,其目标和力量远远超过 DNA 等单纯的化学物质。这些基因变成了分子形式的生命原理。在《自私的基因》(*The Selfish Gene*)一书中,理查德·道金斯赋予它们以生命和智能。生命机器的设计者是有生命的分子,而不是上帝。他说:

> 我们是生存机器,但这里的"我们"并不仅仅指人类,还包括所有的动物、植物、细菌和病毒……我们都是同一种复制因子——DNA 分子——的生存机器,但是在这个世界上有很多不同的生存方式,这些复制因子制造了大量的生存机器来利用这些生存方式。猴子是在树上保存基因的机器,而鱼是在水中保存基因的机器。[46]

用道金斯的话说,"DNA 以神秘的方式运行"。DNA 分子不仅聪明,而且自私、无情、好强,就像"成功的芝加哥黑帮"。自私的基因"创造形式""塑造物质"并参与"进化军备竞赛",它们甚至"渴望永生"。这些基因不再是单纯的分子:

> 现在,它们成群结队地聚集在巨大的、笨重的机器人里,安全地与外界隔绝,通过曲折的间接路线与外界交流,通过远程控制来操纵外界。它们存在于你我之中,它们创造了我们,创造了我们的肉体和心灵,而保存它们是我们存在的终极理由。……现在它们被称为基因,而我们就是它们的生存机器。[47]

道金斯强大的说服能力依赖于他以人类为中心的语言以及他塑造的卡通般的形象。他承认自己自私的基因的意象更像是科幻小说,而不是科学,[48]但他认为这是一个"强大而富有启发性的"隐喻。[49]

在机械论的名义下,最常用的生机论比喻是"遗传程序"。遗传程序显然有点类似于计算机程序,人类大脑巧妙地设计出计算机程序,以实现特定目的。程序具有目的性、智能性和目标导向性。它们更像是生命原理,而不是机械设备。"遗传程序"意味着植物和动物是由目的性原则组织起来的,这些原则类似于心智,或者是由心智设计的。这是另一种将智能设计偷偷引入化学基因中的方法。

如果受到质疑,大多数生物学家会承认基因只是指定蛋白质中氨基酸的序列,或者参与控制蛋白质合成。它们不是真正的程序,不自私,不创造物质,不塑造形式,也不追求不朽。基因不是为了促成鱼鳍这样的特征,也不是为了促成织布鸟的筑巢行为。但分子生机论很快又会悄悄卷土重来。机械论的生命理论已经堕落为误导性的隐喻和修辞。

对许多人来说,特别是园丁和养狗、猫、马或其他动物的人,植物和动物是有生命的有机体,而不是机器,这是显而易见的。

有机哲学

机械论和生机论的理论都可以追溯到17世纪,而有机哲学(又被称为整体论或有机论)直到20世纪20年代才开始发展起来。有机哲学的倡导者之一是哲学家阿尔弗雷德·诺斯·怀特海(Alfred North

Whitehead，1861—1947），另一位是南非政治家和学者扬·史默兹（Jan Smuts），他的著作《整体论与进化》（*Holism and Evolution*，1926年）关注的是"大自然通过创造性进化形成整体大于部分之和的趋势"。[50] 他认为整体论是宇宙中终极的合成、排序、组织和调节活动，它解释了宇宙中所有的结构分组与合成，从原子和物理化学结构，到细胞和有机体，从动物的心智到人类的个性。在这些结构中，综合统一性或整体性无处不在，不断增强，由此引出了整体主义的概念和将宇宙视为一个整体的观点。作为一种基本活动，整体主义是所有其他活动的基础，并协调所有其他活动。[51]

在肯定自然的统一性方面，整体哲学或有机哲学与机械论是一致的：生物有机体的生命与分子和晶体等物理系统只存在程度上的不同，而不是种类上的不同。有机主义与生机论一致，都强调有机体内部有其组织原则，都认为有机体是统一的，不能简化为更简单系统的物理和化学。

有机哲学实际上把整个自然界看作是有生命的。在这方面，它是前机械泛灵论的更新版本。甚至原子、分子和晶体也被有机哲学当作有机体。就像史默兹所说的那样："在原子和细胞中，物质和生命都由单元结构组成，这些单元结构的有序组合产生了我们称之为身体或有机体的自然整体。"[52] 原子不再是构成物质的惰性粒子，就像过去的原子论一样。相反，正如20世纪物理学所揭示的那样，它们是活动的结构，是场内能量振动的模式。用怀特海的话来说，"生物学研究的是较大的有机体，而物理学研究的是较小的有机体"[53]。根据现代宇宙学的观点，物理学也研究非常大的有机体，如行星、太阳系、星系和整个宇宙。

根据有机哲学，无论我们观察自然界的什么地方，无论在什么层次或尺度上，我们都能发现整体是由部分组成的，而这些部分本身在较低的层次上是整体。这种组织模式可以用图来描绘，如图1.1所示。如果最大的圆圈代表晶体分子，则从外到内、从大到小依次为原子、原子核、质子和夸克。如果最大的圆圈代表生态系统，则从外到内、从大到小依次为生物群、生物、器官、组织、细胞和细胞器。如果最大的圆圈代表星系团,则从外到内、从大到小依次为银河系、太阳系和行星。语言也表现出同样的组织原则,从大到小依次为句子、短语、单词、音节和音素。

图1.1　一个嵌套的层次结构

这些组织系统都是嵌套的层次结构。在每个层面上都是整体包含部分,部分就在整体之中。在每一个层面上,整体都大于部分之和,其特性是无法通过单独研究部分来预测的。例如,这个句子的结构和意思不能通过对纸张和墨水的化学分析来计算出来,也不能从组成这个句子的字的数量推断出来。仅仅知道组成部分的数量是不够的:整体的结构取决于它们在单词中组合在一起的方式,以及单词之间的关系。

亚瑟·库斯勒(Arthur Koestler)创造了"全子"(holon)一词来指代由自身为整体的部分组成的整体。

> 每一个全子都有一种双重倾向,一边作为一个准自治的整体来保持和维护自己的个性,一边作为一个(现存的或发展中的)更大整体的组成部分发挥作用。这种自我主张和整合倾向之间的极性是等级秩序概念所固有的。[54]

库斯勒创造了"合弄结构"(holarchy)一词来形容这种由全子构成的嵌套式层次结构。

另一种思考整体的方式是"系统理论",它说的是"由部分通过关系网连接在一起而形成的结构"。[55]这样的整体也被称为"复杂系统",是许多数学模型的主题,这些模型被称为"复杂系统理论""复杂性理论"或"复杂性科学"。[56]

举个化学的例子,以苯为例,它是一个由6个碳原子和6个氢原子组成的分子。这些原子中的每一个都是一个由原子核和周围的电子组成的全子。在苯分子中,六个碳原子连接在一起形成一个六边环,原子之间共享电子,从而在整个分子周围形成一个振动的电子云。分子的振动模式会影响其中的原子,因为电子是带电的,所以原子处于振动的电磁场中。苯在室温下是液体,但在低于5.5℃时,它会结晶,在此过程中,分子会堆叠在一起,形成规则的三维模式,称为晶格结构。这种晶格也以谐波模式振动,产生振动的电磁场,从而影响其中的分子。[57]有一个嵌套的组织层次结构,通过一个嵌套的振动场层次结构相互作用。

在进化过程中,以前不存在的新全子出现了,例如,第一个氨基酸分子、第一个活细胞、第一朵花或第一个白蚁群落。因为全子是整体,它们必须通过突然跃迁出现。新的组织水平会"涌现",而它们的"涌现特性"(emergent property)会超越以前存在的部分的特性。新思想或新艺术作品也是如此。

当宇宙作为一个发展中的有机体存在时

哲学家大卫·休谟(David Hume,1711—1776)也许是因其对宗教的怀疑而闻名于世,然而,他对机械论的自然哲学同样持怀疑态度。宇宙中没有任何东西能证明它更像一台机器,而不是一个有机体。我们在自然界看到的组织更像植物和动物,而不是机器。休谟反对设计机器的上帝的观点,相反,他认为世界可能起源于种子或鸡蛋之类的东西。

用休谟去世后在1779年才发表的原话来说:

宇宙中还有其他部分（除了人类发明的机器之外）与世界的结构有着更大的相似之处，因此，它们提供了一个关于系统普遍起源的更好的猜想。这些部分是动物和植物。这个世界显然更像动物或植物，而不像手表或织布机。……与任何人为设计与制造的机器相比，动植物这样的自然生命不是更加类似于这个世界吗？[58]

从现代宇宙学的角度来看，休谟的观点具有惊人的先见之明。直到20世纪60年代，大多数科学家仍然认为宇宙是一台机器，而且是一台正在耗尽能量、走向最终热寂的机器。根据1855年提出的热力学第二定律，宇宙将逐渐失去做功的能力。正如后来的开尔文勋爵威廉·汤姆森所说的那样，它最终会能量耗尽，冷却于"一种死寂的状态"。[59]

直到1927年，宇宙学家兼罗马天主教神父乔治·勒梅特（Georges Lemaître）才提出了一个与休谟的观点类似的科学假说，即宇宙起源于一颗蛋或种子。勒梅特认为宇宙起源于一个"类似创造的事件"，他将其描述为"宇宙之蛋在创造的那一刻爆炸"。[60] 这种新宇宙论后来被称为大爆炸，它与许多古老的起源故事相呼应，比如古希腊俄耳甫斯创世神话中的宇宙之蛋，或者印度创世神话中的原始金蛋 [Hiranyagarbha，这个词汇由 "Hiranya"（黄金）和 "Garbha"（蛋、胚胎）组成。据说它是宇宙的原初状态，就像一个黄金色的蛋一样，包含着一切潜在的存在］。[61] 值得注意的是，在所有这些神话中，鸡蛋既是一个原始的统一体，也是一个原始的极性，因为鸡蛋是由蛋黄和蛋白两部分组成的统一体，这是"一"产生"多"的恰当象征。

勒梅特的理论预言了宇宙的膨胀，并得到了一个发现的支持，即我们所处星系以外的星系正以与它们的距离成正比的速度远离我们。1964年，人们发现宇宙中到处都有微弱的背景光，即宇宙微波背景辐射，这似乎就是大爆炸后不久早期宇宙遗留下来的化石光。最初的"类似创造的事件"的证据变得不容置疑，到了1966年，大爆炸理论成为正统。

现在的宇宙学告诉我们，宇宙开始的时候非常小，比针头还小，而且非常热。从那以后，它一直在膨胀。随着它的生长，它会冷却下来；随着它的冷却，新的形式和结构会在其中出现：原子核和电子、恒星、星系、行星、分子、晶体和生命。

机器隐喻早已过时，它阻碍了物理学、生物学和医学领域的科学思维的发展。我们这个不断成长和进化的宇宙更像一个有机体，地球、橡树、狗和你我都是如此。

这有什么区别吗？

你真的能把自己想象成机械宇宙中的一台基因编程机器吗？可能不会。也许即使是最坚定的物质主义者也做不到。我们大多数人都觉得自己活在一个活生生的世界里——至少在周末是这样。但是由于对机械论世界观的忠诚，在工作时间机械论思维占据了上风。

在认识到大自然的生命时，我们可以让自己认识到我们已经知道的事情：动物和植物是有生命的有机体，有自己的目的和目标。任何从事园艺或养宠物的人都知道这一点，并认识到他们有自己的方式来创造性地应对他们的环境。我们可以关注自己的观察和见解，并努力从中学习，而不是为了遵从机械论的教条而忽视它们。

在与活生生的地球的关系中，我们可以看到盖亚理论不仅仅是机械的宇宙中一个孤立的诗意隐喻。认识到地球是一个有生命的有机体，是认识到更广泛的宇宙生命的重要一步。

如果地球是一个生命有机体，那么太阳和整个太阳系呢？如果太阳系是一种有机体，那么银河系呢？宇宙学已经把整个宇宙描绘成一种正在成长的超级有机体，通过宇宙之蛋的孵化而诞生。

这些观点上的差异并不能立即表明出现了一系列新的技术产品，从这个意义上说，它们在经济上可能没有用处。但它们在修复机械论造成的分裂方面可以发挥很大的作用，这个分裂是我们对自然的个人体验和科学给我们的机械论解释之间的分裂。它们有助于弥合科学与所有传统文化和土著文化之间的分歧，没有一种文化将人类和动物视为机械世界中的机器。

最后，抛弃宇宙是一个无生命的机器的信念可以引出许多新的问题，我们将在接下来的章节中讨论这些问题。

给物质主义者的问题

机械论的世界观是一个可检验的科学理论，还是一个隐喻？

如果它是一个隐喻，为什么机器的隐喻在各个方面都比有机体的隐喻好？

如果它是一个科学理论，该如何检验或反驳它呢？

你认为你自己只不过是一台复杂的机器吗？

你是否被设定为相信物质主义？

总　结

机械论是以机器的比喻为基础的，但这只是一个比喻。生物体为各种复杂程度的有组织系统提供了更好的隐喻，这些复杂系统包括分子、植物和动物社会，所有这些都是在一系列包容的层次上组织起来的，在每个层次上的整体都大于部分的总和，而部分本身在较低的层次上也是整体。即使是机械论最热心的捍卫者也把有目的的组织原则以自私的基因或遗传程序的形式偷偷引入生物体中。根据大爆炸理论，整个宇宙更像是一个不断生长、发展的有机体，而不是一台慢慢耗尽能量的机器。

第二章
物质和能量的总量总是恒定的吗?

每个理科生都认识到物质和能量的总量总是恒定的。物质和能量不能被创造或毁灭。物质和能量守恒定律简单而令人放心:它保证了在不断变化的世界中基本的持久性。

这条定律通常是毋庸置疑的,但是它正面临着前所未有的挑战。正如我在本章中所讨论的,大多数物理学家现在相信宇宙中含有大量的"暗物质",其本质和性质实际上是模糊的。目前人们认为暗物质约占宇宙质量和能量的27%,而正常物质和能量仅占5%左右。更糟糕的是,大多数当代宇宙学家认为,宇宙的持续膨胀是由"暗能量"驱动的,而"暗能量"的性质也是模糊的。根据宇宙学的标准模型,暗能量目前约占宇宙物质和能量的68%。[1]

暗物质和暗能量与常规物质和能量之间有什么关系呢?零点能量场(又被称为量子真空)是什么?这种零点能量有能被利用的部分吗?

物质和能量守恒定律是在这些问题出现之前提出的,并且没有现成的答案。它以哲学和神学理论为基础。从历史上看,它植根于古希腊的原子论哲学学派。从一开始,这就是一个假设。其现代形式结合了自17世纪以来发展起来的一系列"定律"——物质、质量、运动、力和能量的守恒定律。在这一章中，我将回顾这些思想的历史，并展示现代物理学是如何提出旧理论无法回答的问题的。随着人们对守恒定律的信念受到质疑，从能量的产生到人类营养等诸多领域出现了令人惊讶的新可能。

物质、力和能量

经典牛顿物理学是建立在物质与力之间的根本区别之上的。物质是被动的。力作用于物质使物质发生变化。物体要么永远存在于同一个地方，要么永远沿着直线运动，直到受到力的作用，使它们加速、改变方向或减速。力是引起变化的作用原则。事实上，力或能量是引起变化的原因。在任何物理过程中，输入的能量（原因）必须等于输出的能量（效果）。因此，出于逻辑上的原因，力或能量的总量必然保持不变。

正如哲学家伊曼努尔·康德（Immanuel Kant，1724—1804）明确指出的那样，物质是惰性的，只能通过其效果来体验，而力是所有这些效果产生的原因。与物质或物体相比，力和能不是物，它们与时间过程有关，难以捉摸。我们可以诗意地说，它们为物质自然注入了生命，是一切变化的基础。

我要从物质守恒理论的历史说起，它产生于2 500多年前。

永恒的原子

在古希腊，哲学家们专注于这样一种观点，即在不断变化的经验世界背后，存在着一种不变的永恒的实在，或者说是一种原始的统一。这种信念可能起源于某种神秘的经历，这些经历似乎揭示了超越时空的终极实在或真理的存在。哲学家巴门尼德（Parmenides）提出了一个终极不变的存在的观念，并得出结论说，这种存在一定是一个不变的、未分化的领域。只有一件不变的事情，而不是很多不同的、会变化的事情。

然而，我们所经历的世界包含了许多不同的、会变化的东西。巴门尼德只能认为这是幻觉的结果。

这个结论对于他之后的哲学家来说是不可接受的，原因很明显，他们寻找更可信的绝对存在的理论。传统的哲学家毕达哥拉斯（Pythagoras，约公元前570—前495）认为，永恒的实在是由不变的数学真理组成的。柏拉图和他的追随者从超越空间和时间的超验理念或形式的角度进行思考。原子论哲学家找到了另一个答案："绝对存在"不是一个巨大的、未分化的、不变的球体，而是由许多微小的、未分化的、不变的东西组成的——在虚空中运动的物质原子。因此，永恒的原子是不断变化的世界现象的不变的基础，物质是绝对存在。[2] 公元前5世纪，基于令人印象深刻的逻辑推理，留基伯（Leucippus）和德谟克利特（Democritus）首先提出了这种原子论或物质主义的哲学。[3] 没有人能看到原子，也没有人能提供它们存在的证据，但这是一个非常富有成效的想法，至今仍有巨大的影响力。原子被认为是不可分割、不可毁灭的基本颗粒。这意味着物质的总量在任何时候都是恒定的。

原子论者提出，原子的运动和组合受自然法则支配。不需要有神，宇宙也没有任何神圣的目的。人类的灵魂本身依赖于原子的组合，灵魂会在人死亡时消亡，而原子本身则永远存在，参与新的排列和组合。

在基督教出现之前的希腊和罗马，原子论或物质主义哲学的主要吸引力在于它对众神的万神殿的怀疑。伊壁鸠鲁（Epicurus，公元前341—前270）是最具影响力的原子论哲学家之一，他宣扬物质主义可以将人类从对善变的神灵和死后报应的恐惧中解放出来。他提倡一种适度的享乐主义，远离这些恐惧，教导人们可以通过简单的快乐和朋友的陪伴获得幸福。[4]

罗马哲学家卢克莱修（Lucretius，公元前99—前55）在他的长诗《物性论》（*De Rerum Natura*）中普及了伊壁鸠鲁的哲学。他首先把伊壁鸠鲁描绘成粉碎迷信和宗教怪物的英雄。然后，他用永恒原子的无目的的运动和相互作用机械地解释了一切。

原子论的物质主义从16世纪晚期开始重新进入欧洲思想,主要是通过卢克莱修的诗。它对机械论科学创始人的吸引力在于其机械论,而不是因为其反宗教立场。原子论的主要推广者是法国罗马天主教神父皮埃尔·伽桑狄(Pierre Gassendi,1592—1655),他试图使原子论学说与基督教相容。机械论科学的奠基者们以他为榜样,接受了上帝、宇宙的神造论以及灵魂和物质原子的不朽。

实际上,17世纪的机械论自然观结合了两种希腊永恒哲学,产生了一种宇宙二元论,即自然是由运动中的物质原子组成的,而这一过程受永恒的、超越时空的自然数学定律的支配。但对于基督教之前的希腊人如德谟克利特和伊壁鸠鲁来说,原子可以被认为是永恒的,而对于机械论科学的基督教创始人来说,原子是由上帝创造出来的。罗伯特·波义耳更喜欢用"微粒"这个词,因为他想避免原子论和物质主义的无神论含义。波义耳认为,在创造宇宙的过程中,上帝把物质分成大量大小和形状各异的颗粒,并通过让它们以不同的方式运动,将它们彼此隔离开来。[5] 在上帝创造了它们之后,原子就保持不变了。艾萨克·牛顿对此表示赞同,并将自己的观点总结如下:

> 我认为,上帝在宇宙初始时刻创造了物质,这些物质是由坚实、厚重、坚硬、不可穿透的可移动粒子组成的。这些最初的粒子是固体的,并且比由它们组成的任何多孔体都要坚硬得多。这些微粒非常坚硬,以至于永远不会磨损或破碎。普通的力量无法分割上帝在最初创造时所使之成为整体的物质。[6]

在18世纪晚期,作为化学元素的原子有了更明确的身份。化学先驱安托万·拉瓦锡(Antoine Lavoisier,1743—1794)认为,质量或物质守恒定律意味着化学反应的所有产物的总质量等于所有反应物的总质量。他将元素定义为一种不能通过化学方法进一步分解的基本物质。他是第一个识别并命名氧和氢的人。不幸的是,拉瓦锡既是一名化学家,也是一名包税人，他在法国大革命的高潮时期被送上了断头台。不久之后，约翰·道尔顿（John Dalton，1766—1844）发现元素以整数比例结合在一起，他认为这些元素是化学原子的组合，比如 CO_2 和 H_2O。化学随后的发展和巨大的成功使原子论成为一种极富成效的理论。

固体物质的溶解

对原子的研究越多，就越明显地发现，它们并不是物质的终极单位，不是像牛顿所想象的那样，由"坚实、厚重、坚硬、不可穿透"的粒子组成，而是有着活动的结构。从 20 世纪 20 年代开始，量子理论将原子的组成部分——电子、原子核和核粒子，描述为场内活动的振动模式。就像光子一样，它们的行为既像波又像粒子。正如科学哲学家卡尔·波普尔所说，通过现代物理学，"物质主义超越了自身"：[7]

> 物质被证明是高度浓缩的能量，可以转化为其他形式的能量，因此本质上是一个过程，因为它可以转化为其他过程，比如光，当然还有运动和热。因此，有人可能会说，现代物理学的结果表明，我们应该放弃实质或本质的概念。他们认为在所有的时间变化中没有自我同一的实体持续存在。……现在看来，宇宙不再是事物的集合，而是一系列相互作用的事件或过程（正如怀特海特别强调的那样）。[8]

同时，根据物理学家理查德·费曼（Richard Feynman）精彩阐述的量子电动力学理论，电子和光子等虚粒子在遍布宇宙的量子真空场（也称为零点场）中出现和消失。费曼称这个理论为"物理学的宝石"，因为它的预测非常准确，精确到小数点后的许多位。

这种精确性的代价是要接受不可见、不可观察的粒子及其相互作用，以及神秘的量子真空场。根据量子电动力学，所有的电磁力都是由虚光子介导的，虚光子在量子真空场中出现，然后又消失在真空场中。

当你用指南针寻找北方时，指南针的指针通过虚光子与地球磁场相互作用。当你打开风扇时，它的电动机使它转动，因为它突然充满了施加力的虚光子。当你坐下时，椅子支撑着你的臀部，因为椅子和你的臀部通过它们之间密集的虚光子的产生和破坏相互排斥。当你站起来时，真空场中的大部分活动都停止了，现在大量的虚光子云出现在你的脚和地板之间，无论你把脚放在什么地方。你体内所有的分子、所有的细胞膜、所有的神经冲动都依赖于虚光子在自然界中无处不在的真空场中的出现和消失。正如物理学家保罗·戴维斯（Paul Davies）所言："真空并不是惰性和无特征的，而是充满了激荡的能量和活力。"[9]

我们已经抛弃了这样一种简单的认识，即物质原子是微小的、永恒不变的固体。根据目前的理论，物质本身是一个能量过程，质量取决于其与弥漫在真空中的场的相互作用。

即使是质量，即对物质的定量测量，也是非常神秘的。根据粒子物理学的标准模型，像电子或质子这样的粒子的质量不是粒子本身固有的，而是取决于它与一个被称为希格斯场的场的相互作用。希格斯场是以1964年提出这一理论的理论物理学家之一彼得·希格斯（Peter Higgs）的名字命名的。物理学家认为希格斯场就像一个宇宙糖浆池，糖浆会"粘"在其他无质量的粒子上，赋予它们质量。[10]举例来说，电子的质量是通过它与希格斯场的相互作用而产生的，而这种相互作用取决于特殊的希格斯粒子，即希格斯玻色子。科普作家经常把希格斯玻色子称为"上帝粒子"。人们花费了数十亿欧元，利用日内瓦附近欧洲核子研究中心的大型强子对撞机这个巨大的粒子加速器来寻找它们。经过多年的寻找，2012年7月，研究人员声称发现了与希格斯玻色子预测特性"一致"的信号。

牛顿认为物质是由"坚实、厚重、坚硬、不可穿透的可移动粒子"组成的。"台球物理学"是一种错觉，物质已经溶解成了场的振动活动，其性质和相互作用只能隐约一窥。

能量守恒

我们现在所知的能量守恒定律直到 19 世纪 50 年代才出现。事实上，英语里表示"能量"的"energy"这个词本身虽然来自希腊词根，但直到 19 世纪中叶才被科学家普遍使用。但是在机械论科学发端之初，这个定律的前身就已经存在了，那就是运动或力的守恒。和物质守恒一样，运动或力的守恒是基于哲学和神学的论证，而不是基于实验观察。

在笛卡尔看来，一切物质和运动的源头都是上帝，因为上帝和他的创造物是不变的，所以物质和运动的总量是不会改变的。单个粒子可以通过与其他粒子的碰撞获得或失去运动，但运动的总量不受影响。[11] 在 19 世纪早期，揭示了热与机械能转换之谜的詹姆斯·焦耳（James Joule）同样将上帝作为保证人。他说："根据造物主的命令，自然界的基本力量或物质是不可摧毁的。……凡是在消耗机械力的地方，总是可以获得完全等量的热量。"[12] 迈克尔·法拉第（Michael Faraday，1791—1867）也相信，如果没有某种补偿性的平衡，上帝的力量就不能被创造或毁灭。他写道："在我们的能力允许我们感知到的物理科学中，最高的定律是力的守恒。"[13]

在 19 世纪上半叶，几位研究者或多或少独立地发现了这个守恒原理，[14] 它结合了动能、势能、热能、机械能、化学能、光能、电磁能和生物体的能量，成为物理学中最伟大的统一性原理之一。[15] 能量的形式可以改变，但总量保持不变。能量守恒原理体现在热力学第一定律中，该定律指出能量可以从一种形式转化为另一种形式，但不能被创造或毁灭。

正如开尔文勋爵所指出的那样，能量的基本地位来源于它的不变性和可转换性，也来源于它在能量转换网络中连接所有物理现象的统一作用。他赋予能量以神学的认可，在 1852 年宣布能量不能被摧毁，只能被转化，"因为最确定的是，只有造物主才能产生或消灭机械能"。[16]

物质和能量守恒的思想在物理学方程的发展过程中发挥了重要作用。根据定义，一个方程要求变化前的物质和能量的总量等于变化后的总量。20 世纪 60 年代，理查德·费曼表达了如下观点：

有一个事实，或者说是一个定律，支配着迄今为止已知的一切自然现象。据我们所知，这个定律对所有自然现象毫无例外。它被称为能量守恒定律。根据这条定律，有一种我们称之为能量的量，它在自然界所经历的各种变化中是不变的。这是一个非常抽象的概念，因为它是一个数学原理，即有一个数值，当发生某些事情时，它不会发生改变。它不是一种机制的描述，也不是任何具体的东西，而是一个奇怪的事实。我们可以计算一个数字，当我们看完大自然的把戏，再次计算这个数字时，它是一样的。[17]

物质和能量守恒的原理由阿尔伯特·爱因斯坦（Albert Einstein，1879—1955）在他著名的方程 $E=mc^2$ 中结合在一起，该方程显示了质量（m）、能量（E）和光速（c）之间的关系。例如，原子弹爆炸时释放的辐射能等于原子弹损失的质量乘以光速的平方。然而，质量并没有因为转化为辐射能而被摧毁：炸弹释放的能量仍然有质量，而这个质量被转移到吸收辐射的物体上去了。如果炸弹损失了一克，它的所有辐射都被其他物体吸收了，那么它们会共同增加一克。实际上，爱因斯坦的方程意味着物质守恒成为能量守恒的一个方面。

物理方程表明，令人满意的精确关系是自然界所有变化的基础。物质和能量的守恒似乎是一个数学真理，虽然物质不再是固体，而质量取决于隐秘的希格斯粒子。但是，物质和能量的总量永远相同的观点在宇宙学中遇到了大问题。

物质凭空出现

大爆炸理论最初称为原始原子理论，由乔治·勒梅特神父于1927年首次提出。这一理论在20世纪60年代后期成为正统观点。

大爆炸理论意味着在大爆炸的原始奇点中，所有的方程都被打破了。如果宇宙是从无到有，物质和能量就不存在守恒。正如特伦斯·麦肯纳（Terence McKenna）所言："正统的时间理论告诉我们，宇宙在一瞬间从虚无中诞生。……这就好像科学在说，'给我一个奇迹，然后整个宇宙的发展和变化就可以通过连贯的因果关系来解释'。"[18]这个奇迹就是宇宙中所有物质和能量以及支配它的所有规律突然出现。

所有物质和能量的最初创造都是大爆炸创世论的前提，就像勒内·笛卡尔、罗伯特·波义耳、艾萨克·牛顿和其他想让物理学与上帝最初的创造行为相容的科学家一样。事实上，在1951年，也就是物理学家普遍接受大爆炸理论的15年前，教皇庇护十二世在教皇科学院的一次演讲中对大爆炸理论表示欢迎。他说：

> 因此，一切似乎都表明，物质宇宙在时间上有一个强大的开端，它被赋予了巨大的能量储备，凭借这种储备，它开始迅速地、然后越来越缓慢地演变成现在的状态。……事实上，今天的科学似乎一大步向后跨越了数百万年，已经成功见证了上帝最初说"要有光"的那一刻——与物质一起，从虚无中产生了巨大的能量和光辉。[19]

大爆炸理论最初是有争议的，因为一些天文学家怀疑它的神学含义。事实上，一些人反对它，正是因为教皇赞成它。一位英国物理学家认为，大爆炸理论是支撑基督教的阴谋的一部分。他说："当然，潜在的动机是引入上帝作为创造者。这似乎是自从17世纪科学开始将宗教从理性人的头脑中驱逐出去以来，基督教神学一直在等待的机会。"[20]天文学家弗雷德·霍伊尔（Fred Hoyle）谴责大爆炸理论是建立在犹太-基督教基础之上的一个模型，[21]并提出了一个替代方案。他认为存在一个不断创造的过程，在这个过程中，随着宇宙的膨胀，新的物质和能量出现在宇宙中。宇宙是永恒的、无限的。随着星系的分离，新的星系在它们之间的空隙中产生。由于不断的创造，宇宙不断膨胀，但仍保持稳定状态。这是一个假设的创造场的活动的结果，它既推动了宇宙的稳定膨胀，又产生了新的物质。

稳态理论的原始版本不得不被抛弃,因为它预测新的星系会在旧星系之间的空隙中形成,因此年轻的星系应该分散在宇宙各处。相比之下,大爆炸理论预测,年轻的星系将在宇宙历史的相对早期形成,因此只能在遥远的几十亿年前被发现。20 世纪 60 年代初,英国射电天文学家马丁·赖尔(Martin Ryle)收集的证据表明,年轻的星系确实很遥远,这支持了大爆炸理论。该理论的支持者之一乔治·伽莫夫(George Gamow)写了一首诗来庆祝:

> 赖尔告诉霍伊尔:
> "你的多年辛苦,
> 不过白费功夫。
> 所谓稳态理论,
> 早已过时落伍。"[22]

1963 年,一位射电天文学家的另一项发现似乎为大爆炸理论提供了进一步的证据。荷兰天文学家马丁·施密特(Maarten Schmidt)当时正在研究一个能量极高的射电源,他起初认为它是我们银河系中的一颗恒星。但事实证明它有很高的红移:如果它在附近,它发出的辐射比它在附近的情况下要红得多。由于宇宙的膨胀,远处的物体有更大的红移,换句话说,比附近的物体有更长的波长。

红移是由多普勒效应产生的:当波的源头远离时,波会被拉伸,这和警车经过时汽笛的声波会变长是一样的道理,这时音调会降低。星系离得越远,它们后退的速度越快,看起来也就越红。施密特研究的射电源的高红移表明,这个物体正以非常快的速度远离我们。事实上,它的红移是迄今为止探测到的最高的,这表明它距离我们超过 10 亿光年。因此,这个准恒星射电天体或类星体必定是一个前所未有的明亮星系,比任何已知的星系都要亮上几百倍。

更多的类星体很快被发现,它们都有很高的红移,因此看起来非常遥远。如果宇宙处于稳定状态，那么也应该有更近的类星体，即有小红移的强烈射电源。但类星体似乎位于宇宙最遥远的地方。

1965年发现的宇宙微波背景辐射被认为是大爆炸的一种回声或余晖，似乎解决了这个问题。史蒂芬·霍金将这一发现描述为"稳态理论棺材上的最后一颗钉子"。大爆炸理论成为新的正统理论。按照许多科学家喜欢的简单化的历史观，大爆炸理论是胜利者，稳态假说被推翻了。

暗物质

20世纪30年代，瑞士天体物理学家弗里茨·兹威基（Fritz Zwicky）研究了星系团内星系的运动，意识到星系团不能被正常的引力聚集在一起。星系之间的相互吸引力太强了。将它们聚集在一起的力似乎比可见物质的引力大几百倍。[23]

兹威基的研究结果被忽视了几十年，但当星系内恒星的轨道显然不能用已知物质的万有引力来解释时，他的结果受到了重视。太多的力量作用在星星上。天文学家绘制了引力影响图，发现引力的明显来源与我们熟悉的星系盘状结构并不相符。有一种大致球形的物质分布，他们称之为暗物质，延伸到远离发光星系的边缘，形成延伸到星系间空间的巨大光环。[24]

暗物质有助于解释星系的结构和星系团内星系之间的关系，但这样也有沉重的代价：没有人知道它是什么。解释它的理论包括大量未被观测到的黑洞或其他大质量物体，或大量未被探测到的粒子，被称为"弱相互作用大质量粒子"（weakly interacting massive particles，简称WIMPS）。此外，所有探测暗物质的尝试都失败了。

一些物理学家认为，他们可以通过修改万有引力定律来完全摆脱暗物质。[25]如果他们是正确的，那么物理学所识别的物质总量将急剧下降。

第二章　物质和能量的总量总是恒定的吗？

暗能量

在20世纪90年代中期，宇宙学家面临的问题更加严重。对遥远的超新星（遥远星系中爆炸的恒星）的详细观察表明，宇宙的膨胀正在加速。万有引力应该会减缓它的速度才对呀。因此，肯定有其他因素可用于解释这种加速。物理学家被迫得出结论，一定有一种反重力的力量（被称为暗能量）。他们认为这是真空的"负压"，或者是弥漫在宇宙中的一种看不见的场。

2019年，人们认为宇宙中只有约5%是由原子、恒星、星系、气体云、行星和电磁辐射等人们熟悉的物质和能量组成的。[26]现代物理学远远没有对宇宙给出令人满意的完整解释，我们对宇宙的了解还不到二十分之一。此外，一些暗物质可以转化为常规形式的能量。2010年，对银河系中心的观测显示，释放出的伽马射线比已知来源所能解释的要多，这导致一些物理学家认为暗物质正在湮灭，从而产生了常规能量。[27]

从现代宇宙学的角度来看，谁能保证物质和能量的总量一直保持不变呢？正如上文所述，守恒定律所适用的标准物质与能量类型只占据物质和能量总量的一小部分。宇宙的大部分是由假设的暗物质和暗能量组成的，它们之间的关系以及与已知物质和能量的关系都是神秘的。但事情正在变得更加复杂，因为暗能量的总量可能正在增加。

永动运动和热力学第二定律

从现代科学诞生开始，人们就从原则上否认了永动机的存在。伽利略宣称这样的机器是不可能存在的，其他大多数物理学创始人也是如此。[28]在19世纪，鲁道夫·克劳修斯（Rudolf Clausius）在热力学第二定律中重新表述了这一禁令，该定律指出热量不能自发地从较低的温度流向较高的温度。换句话说，除非有能量的消耗，否则热量不会"上坡"。[29]

热力学产生于对蒸汽机的研究，主要关注热，正如"热力学"这个名字告诉我们的那样。但是第二定律很快被推广到其他形式的能量。一般来说，这一定律给出了能量"走下坡路"的图景，从较高的温度流向较低的温度，就像水车的水向下坡流动一样。在水车里，虽然水在落下时失去了推动水车的能力，但是水的总量保持不变。此外，只有一部分由于水的下落而失去的能量被转化为有用的功。一些能量在摩擦和热量中损失掉，没有一台机器有100%的效率。

从热力学的观点来看，机器是能量转换装置，只有一部分能量能转换为功，其余的都丧失了，以热的形式散发到周围环境中。换句话说，熵是对机器或任何其他热力学过程中不能用于做功的能量的度量。更抽象地说，热力学第二定律指出，自发的自然过程会导致熵的增加。或者再换句话说，一个封闭系统的熵总是增加或保持不变，而不会减少。熵的增加给了时间一个箭头，从热力学的角度来看，这意味着自发过程总是在"走下坡路"。

当热力学第二定律被推广到整个宇宙时，它意味着宇宙就像一台正在耗尽能量的机器。熵会继续增加，直到宇宙永远冻结，这种状态被威廉·汤姆森在1852年描述为"一种死寂的状态"。[30] 宇宙最终热寂的概念支撑着伯特兰·罗素关于"宇宙废墟"的图像。[31]

相比之下，进化生物学显示生命进化得越来越复杂。生物学和物理学中的时间箭头指向相反的方向。起初，这种表面上的分歧是用不同的时间尺度来解释的。生物进化是地球上的一个暂时性的现象，但就像地球本身一样，它最终注定要灭亡。

当大爆炸理论在20世纪60年代成为正统理论时，关于宇宙最终热寂的猜测逐渐消失了。宇宙学本身也在进化：宇宙开始时非常小、非常热，很少或没有结构；随着它的生长和冷却，越来越复杂的组织形式出现了。

然而，一些宇宙学模型表明，这个不断膨胀、不断演化的宇宙仍将走向终结：宇宙的引力由于暗物质的存在而被放大，将使宇宙膨胀放缓、停止，然后让位给不断加速的宇宙收缩，最终以与大爆炸相反的方式结束，即大坍缩（Big Crunch）。以热寂理论为基础的旧的宇宙悲观主义被一种新的宇宙悲观主义所取代。

在 20 世纪 90 年代末，大坍缩理论被一种新的观点所取代，这种观点认为宇宙的持续膨胀是由暗能量驱动的。目前的共识是，暗能量为宇宙膨胀提供了动力，抵消了原本会导致宇宙收缩的引力。在大多数理论模型中，宇宙中暗能量的密度被认为是恒定的。换句话说，在一个固定的物理体积中，暗能量的总量保持不变。但是宇宙在膨胀，它的体积在增加。因此，宇宙中暗能量的总量正在增加，所以其总能量并不总是守恒的。[32] 现在的宇宙远没有耗尽能量，而是像一台永动机，由于暗能量而膨胀，并通过膨胀产生更多的暗能量。

在目前大多数宇宙学家青睐的模型中，暗能量在整个宇宙中是均匀分布的，但一些暗能量模型提出，它起源于一个被称为"精质"（quintessence，直译为第五元素）的标量场，在不同的地方和时间都是不同的。英文中"quintessence"这个词是从古希腊语中表示"以太"的"aether"一词借来的，它被认为充满了宇宙。精质与物质相互作用，随着宇宙的增长而变化。它也可以将自己转化为新形式的热物质或辐射，从而产生新的物质和能量。[33] 虽然细节不同，但由精质标量场中创造新物质和能量的理论让人想起霍伊尔的理论，即从"创造场"中不断创造新物质和能量。

在这种情况下，物质和能量守恒定律似乎不太像是终极的宇宙原理，而更像是在地球物理和化学领域的大多数实际目的中相当有效的会计规则，在这些领域，像精质和暗能量的产生这样的奇异可能性可以被忽略。在生物学中，能量守恒原理也是一个有用的工作假设，但它可能掩盖了一些基本的缺陷，如后文所述。即使在地球上的物理系统中，也可能存在这样的能量转换过程，虽然迄今为止仍在科学的范围之外，但在新技术中可能具有实际意义。

替代能源技术

科学教条创造了禁忌，其结果是整个研究和探索领域被排除在主流科学和常规资金来源之外，以及"边缘"科学被怀疑主义排除在正统的范围之外。正如我们所看到的,科学界最古老、最强烈的禁忌之一就是反对永动机,而且这一禁忌几乎延伸到任何一种非常规的能源产生装置。

许多人声称已经用非常规的方法制造出了产生"自由"能源的设备,但他们通常不会声称自己发明了永动机。相反,他们会声称自己的设备利用的是通常未被开发的能源,就像风能和太阳能设备使用的是可自由获取的能源一样。一些人声称已经制造出了可以利用零点能量或量子真空场的设备,利用无限的自由能量储备,还有一些人声称已经找到了利用电力和磁力的新方法。如果在互联网上搜索"自由能源设备",会看到各种各样令人眼花缭乱的主张和程序。如果搜索"超过单位装置"(over unity device),也会出现同样的情况。"超过单位"指的是机器产生的能量大于输入的能量。怀疑论者声称,所有这些装置都是不可能的和/或欺诈性的。有些"自由能源"装置的推动者可能确实在行欺诈之举,但我们能确定这些装置都是欺诈性的吗?

其中有没有真正有用的呢?如果有的话,为什么它们还没有被企业家所接受和推广呢?一个答案是,推广一种似乎打破了永动机禁忌的设备是很困难的。一旦一个潜在的投资者询问科学顾问,他很可能会被告知这种设备是不可能的,只会浪费钱。但也许其中一些设备真的有用,真的可以利用新能源。

在这一领域设立一个奖项也许会是最好的出路。在科学技术史上,奖项激励了一些重要的创新,也使公众注意到了发明者的成就。这方面最早的一个例子是英国政府于1714年设立的经度奖(Longitude Prize),设立这个奖项的目的是要寻找一种精确的海上经度测定方法。[34] 另一个例子是"蝉翼秃鹫"(Gossamer Condor),这是第一架能够持续飞行的人力飞行器,于1977年获得了克雷默奖(Kremer Prize)。这个奖项是由英国实业家哈里·克雷默(Harry Kremer)设立的,他悬赏5万英镑,奖励第一个驾驶人力飞机飞越一英里长的8字形航线的团队。"蝉翼秃鹫"的设计灵感来自新型轻质材料制成的悬挂式滑翔机,并由业余自行车手提供动力。它的发明者接着建造了"蝉翼信天翁"(Gossamer Albatross),它飞行了22英里,飞越了英吉利海峡,并于1979年获得了第二个克雷默奖。

当前,激励挑战的例子包括1 000万美元的X大奖,该奖项由X大奖基金会主持,旨在鼓励"为人类的利益做出根本性的突破,从而激发新产业的形成、就业机会和市场的振兴"。[35]

对最有效的"超过单位装置"的奖励可能会极大地改变能源研究的现状。在以开放的探究精神进行的公平测试中,一些设备确实可能产生比传统能源更多的能量。又或者,比赛结果会表明这种装置根本不存在,没有人会得奖,从而让保守的科学人士洋洋得意地说:"看,我早就告诉过你了。"

生物体内的能量守恒

在现代宇宙学的一些理论出现之前,能量守恒定律在物理学中是无可争议的。但是在生物学领域,情况依然很不明晰。

从17世纪开始,机械论哲学的信徒们就断言生物体是一种机器,而生机论者持不同看法。这场争论在能量守恒定律的出现中起了重要作用,特别是在赫尔曼·冯·亥姆霍兹(Hermann von Helmholtz,1821—1894)的研究中。虽然人们通常认为他是德国著名的物理学家,但他年轻时曾是普鲁士军队的一名医生,最初的研究方向是生理学。当他在柏林学习时,生机论学说占据了主导地位,该学说认为生物除了依靠食物、空气和水之外,还依赖于一种"生命力"。亥姆霍兹是生命机械论的忠实信徒,他把让生物学摆脱生机论作为自己的使命。起初,他试图通过实验来反驳生命力的存在,为此他研究了蛙腿肌肉受到电脉冲刺激收缩时产生的热量。但这样很难得到明确的结果,由于无法通过实验证明,他转而采用了一种理论的方法,从哲学的角度论证永动机是不可能的。然后,假设生物体确实是机器,他得出结论,即"生命力"并不存在。1847年，年仅26岁的他发表了一篇题为《论力的守恒》(On the Conservation of Force)的文章，统一了关于生物、物理学和机械中力的守恒的观点。[36]

亥姆霍兹的思想是19世纪50年代出现的能量守恒共识的主要组成部分。有生命的有机体和其他一切东西一样都是机器，遵守同样的定律，包括能量守恒定律。从那时起，这一假设被视为既定事实。事实上，正如数学家亨利·庞加莱（Henri Poincaré）所指出的那样，物质和能量守恒定律的普遍性意味着"它们不再能够被验证"。[37]任何反对它的证据都可以被认为是有缺陷的或欺诈性的，或者可以通过援引迄今未被观察到的物质或能量的新形式来解释。

能量守恒是可测试的吗？

亥姆霍兹放弃了通过在青蛙腿上做实验来证明能量守恒的尝试。其他早期测量热量输出与呼吸释放能量的尝试显示出严重的差异，产生的热量比预期的多20%，[38]但这些方法是粗糙的，也是不准确的。直到19世纪90年代，人们才对动物身上的能量平衡进行了严格的测量，这是在假定守恒定律适用于生物体很多年之后。

在柏林工作的马克斯·鲁伯纳（Max Rubner）把一只狗放在一个特别建造的房间（他称其为呼吸量热计）里，为期五周。他测量了这只狗的食物的物质和能量含量，并记录了其尿液、粪便、二氧化碳排放量和热量。他发现身体的热量损失与食物被氧化量的计算结果非常吻合，准确率高达99.7%。[39]这正是物质主义者想要看到的结果，因此这一结果被认为"敲响了生机论的丧钟"。[40]

在20世纪初的美国，威尔伯·阿特沃特（Wilbur Atwater）和弗朗西斯·本尼迪克特（Francis Benedict）用呼吸量热计对人类进行了类似的研究，目的是"证明人类的活动遵循着支配无生命反应的相同法则"。[41]和鲁伯纳一样，这两位美国研究人员计算了食物被氧化后应该释放出的能量,并将其与热量和功的输出量进行了比较。正如他们所预期的那样,他们所有实验的平均结果表明,测量结果和计算结果几乎完全一致。[42] 这个结果是如此令人信服,以至于在超过 75 年的时间里都没有受到过质疑。[43]

然而,其他几位研究者无法复制预期的结果。在 1921 年由美国医学协会主办的临床量热学研讨会上,"没有经验的操作人员使用了设备并获得了不准确的结果"是一条常见的抱怨。[44] 这一说法凸显了科学研究中的一个普遍问题:与预期一致的结果很容易被接受,而不一致的结果则被视为有缺陷而不予接受。有些实验确实存在缺陷,包括一些给出了预期结果的实验。和大多数人一样,科学家更容易接受与他们的信念一致的证据,而不是与其相悖的证据。这就是科学上牢牢确立的正统学说根深蒂固的原因之一。

20 世纪 70 年代末,营养学家保罗·韦伯(Paul Webb)在俄亥俄州的实验室里重新研究了人类的能量平衡,得出了令人惊讶的结果。相关数字根本不合理,尤其是当受试者暴饮暴食或饮食不足时。他再次查看了阿特沃特和本尼迪克特的研究数据,发现他们的一些实验在受试者剧烈运动或饮食不足的情况下显示出严重的差异。二人近乎完美的实验结果是通过对消耗过多或过少能量的数据进行平均得出的。韦伯还在之前的其他研究中发现了令人困惑的差异。他的结论是:"研究越仔细,就越能清楚地发现有些能量没有被考虑进来。"[45]

在韦伯自己的实验中,他仔细记录了受试者三周内所吃的食物、体重、热量和其他形式的能量输出的变化,并测量了氧气消耗和二氧化碳产生的速率。他发现被消耗的能量比他所能解释的要多。他没有质疑能量守恒定律,而是提出可能存在一种尚未被认识和测量的能量,他称之为 x。综合所有研究,x 平均占总代谢支出的 27%。换句话说,有超过四分之一的能量无法解释。随后的研究进一步揭示了体重增加或减少的人、孕妇和正在成长的儿童的能量差异。似乎没有人在意韦伯的研究所揭示的问题,因为能量守恒不是一个需要被证明的证据问题,而是一种信念。[46]

然而，现代生机论者可以断言，在生命有机体中，有一种超越物理学已知的标准能量形式的生命力在起作用。瑜伽修行者可能会称其为"普拉那"（prana），而针灸师可能会称其为气。现有的数据是否考虑到了物理学中未知的能量？当今的营养科学是否精确到可以解释动物和人体内能量活动的每一个细节？答案是否定的。仔细、精确的研究可能最终会证实正统的教条，但目前这只是一种假设，而不是事实。虽然大多数人没有意识到这一点，但存在着这样一种令人震惊的可能，即生物体所利用的能量形式超出了标准物理和化学所承认的形式。

这方面的研究可以有一个简单的起点，那就是找出一些人和其他动物是如何在进食很少的情况下生存下来的。众所周知，少吃一点是有好处的。减少卡路里的摄入，或者说是"热量限制"，可以提升健康水平，减缓衰老过程，延长寿命。这适用于许多物种，包括酵母、线虫、果蝇、鱼、啮齿动物、狗和人。

辟 谷

一个更大的挑战是，经常有人不吃东西也能活几个月或几年。这种现象被称为"辟谷"。当然，这样的故事违反了常识：每个人都知道，人和动物都需要食物才能生存。

1984年，我和妻子去了印度拉贾斯坦邦的焦特布尔，第一次听说了这种事情。一位印度朋友带我们去拜访附近巴拉村（Bala）一位名叫萨蒂玛塔（Satimata）的女圣人。我们被告知，1943年她丈夫去世时，她大约40岁，当时她想按照当时当地的传统，在他的火葬堆上自焚殉夫，但被阻止了。于是，她发誓再也不吃任何东西了。当我们见到她的时候，她已经又活了41年，被认为不吃不喝，也不排泄。然而，除了被信徒包围这一事实之外，她看起来就像一个普通的农村老年妇女。我们去她那儿的时候，她感冒了，擤了好几次鼻涕。因此，她似乎不仅违反了能量守恒定律，而且违反了物质守恒定律，产生了黏液，但没有摄入食物和水。

当然，我猜想她一定有偷偷进食。然而，她的崇拜者却坚持认为她并没有作假。有些人认识她很多年了，甚至和她住在一起，所以有机会知道她是否偷吃东西。要么他们是阴谋的一部分，要么她是一个非常熟练的骗子。我的怀疑是一种直接的心理反射。但是当我见到她并与认识她的人交谈时，她给我的印象是她不是一个江湖骗子，而是一个有虔诚宗教信仰的女人。后来我发现，她并不是唯一这样的人。在印度，其他的圣男圣女据说也已经多年不吃东西了。其中一些被曝光为欺诈行为，但也有一些经过了医疗小组的调查，并没有发现偷偷进食的证据。在印度，对于没有食物也能生存的能力，最普遍的解释是，能量来自阳光或呼吸，尤其是来自呼吸中的生命力，即普拉那。这就是为什么一些声称只吃很少食物或不吃食物的人称自己为"食气者"（breatharian）。有趣的是，普拉那理论本身并没有挑战能量守恒原则：它表明，有些人可以从食物以外的其他来源获得所有的能量。

2010年，印度国防部生理学与联合科学研究所（Defence Institute of Physiology and Allied Sciences）的一个团队调查了一位名叫普拉拉德·贾尼（Prahlad Jani）的瑜伽修行者，他当时83岁，住在古吉拉特邦以其寺庙著称的安巴吉镇上。他的信徒声称他已经70年没吃东西了。在这次研究中，他在医院被连续观察了两周，并被闭路电视摄像机拍摄下来。在此期间，他洗了几次澡，漱了几次口水。医学小组证实他什么也没吃，什么也没喝，也没有排泄。2003年的一项医学调查也得出了类似的结果。研究所的所长说："如果一个人开始禁食，他的新陈代谢会发生一些变化，但在他身上，我们没有发现任何变化。"[47] 这一点很重要，因为熬过两周的禁食这本身并不是什么了不起的事。大多数人都能做到这一点，但是当他们这样做的时候，会有非常明显的生理变化。

在西方，也有许多人声称人们不吃东西也能活很长时间，包括圣男圣女，比如锡耶纳的圣凯瑟琳（St. Catherine，死于1380年）；圣利德温娜（St. Lidwina，死于1433年），据说她28年不吃东西；圣尼古拉斯·冯·弗吕（Nicholas von Flüe，死于1487年），19年不吃东西；圣多梅尼卡·帕拉迪索（Domenica dal Paradiso，死于1553年），20年不吃东西。在19世纪，据说有两个圣洁的女人在12年里除了圣餐时的圣饼外什么也没吃，她们分别是多梅尼卡·拉扎里（Domenica Lazzari，死于1848年）和路易丝·拉托（Louise Lateau，死于1883年）。[48] 在19世纪，在欧洲和美国也出现了一种广泛的"绝食女孩"现象。其中有些可能患有厌食症，有些则被曝光为骗子，但也有一些有充分记录的案例表明，有女孩多年不吃东西。

耶稣会学者赫伯特·瑟斯顿（Herbert Thurston）在他的经典之作《神秘主义的物理现象》（*The Physical Phenomena of Mysticism*，1952年）中记录了这一神奇的现象。他指出，并非所有的辟谷案例都发生在特别圣洁的人身上。例如，苏格兰女孩珍妮特·麦克劳德（Janet McLeod）似乎在没有进食的情况下存活了4年。研究者对她进行了彻底的调查，并在1767年的《皇家学会哲学汇刊》上报道了这件事。这个年轻的女人病得很严重，而并非什么圣人。

在18世纪，教皇本尼狄克十四世要求博洛尼亚大学的医学院调查辟谷的事例。在他们的报告中，虽然医生们充分认识到存在欺骗、轻信和错误观察的可能，但他们坚称"虽然没有超自然的原因可以加以解释，但某些长期禁食的例子证据确凿，被证明是真实的"。[49] 与珍妮特·麦克劳德的情况一样，其中一些似乎是由疾病引起的。

20世纪记载最详细的例子是巴伐利亚神秘主义者特蕾莎·诺伊曼（Therese Neumann，1898—1962）。从1922年开始，她停止食用固体食物。每到星期五，她就会看到基督受难的幻象，就像其他一些罗马天主教神秘主义者一样，她手脚上的伤口（所谓的圣痕）会大量流血。她那令人震惊的长时间禁食和圣痕引起了公众的广泛关注。雷根斯堡（Regensburg）的主教任命了一个由一位杰出医生领导的委员会来调查此事。四位照顾她的修女对特蕾莎进行了为期两周的密切观察。四个人两两轮流值班，不让特蕾莎离开她们的视线。让所有没有偏见的人满意的是，两个多星期的观察证明，她在那段时间里既没有吃东西，也没有喝水。更令人吃惊的是，在每个周五她因幻象而疯狂时，她的体重都会明显减轻（由于她身上的圣痕会出血），但是接下来的两三天里，体重又会恢复如初。[50]

但是，正如瑟斯顿所认识到的那样，再多的证据也改变不了坚定的怀疑论者的观点，他们称她为"庸俗的骗子"。在考察了许多宗教和非宗教案例后，他得出这样的结论：

> 我们不得不承认，有相当多的人，在不可能有神迹干预的情况下，依靠只能用盎司来衡量的少量食物，却生存了很多年。根据这一证据，我们不得不承认教皇本尼狄克十四世的结论是正确的，即在不进食和饮水的情况下，仅生命的延续不能被认为是超自然的原因造成的。[51]

如果教皇和耶稣会的权威学者倾向于自然而非超自然的解释，这意味着什么呢？如果我们采取武断的怀疑态度，假装这种现象不存在，就会永远也找不到答案。

研究的一个出发点是去寻找世界上其他出现了辟谷现象的地方，因为这似乎不太可能仅限于印度和西方。如果在其他地方也有发生，是不是像在欧洲一样，在女性中比在男性中更常见？

这与动物冬眠的生理机制有什么关系呢？

辟谷和"卡路里限制"有什么关系呢？

所有这些问题都将极大地拓宽营养科学的范围，其实际重要性正在日益增加。一方面，大约有10亿人营养不良，另一方面，有超过10亿人超重或肥胖。有各种各样的节食方法，但没有明确的科学共识表明哪一种方法最有效。

把辟谷纳入科学的范畴，而不是把它排除在外，可能会让我们学到一些重要的东西。通过将物质和能量守恒定律视为可验证的假设，而不是已被揭示的真理，生理学和营养学将变得更具有科学性，而不是相反。

许多人会自信地预测，所有的辟谷案例都将被揭露，是骗人的，或者有其他一些常规的解释。他们可能是对的。如果是这样的话，新的证据将会强化传统的假设。如果他们错了，我们将会学到一些新的东西，这可能会引发超出生物科学范围的更大的问题。是否存在目前尚未被科学认可的新能源形式呢？或者，被科学认可的零点场的能量能被生命有机体所利用吗？

这有什么区别吗？

能量或力是自然的活动原理，这一观念是科学的基础，也是宗教传统中的一个古老概念。生命活动的原则是呼吸或精神。也许真的有一种自由的、创造性的精神在整个自然界流动，包括促进宇宙发展的暗能量或精质，而我们的呼吸也是这流动的一部分。我们已经通过风车、水车、蒸汽机、马达和电路实现了能量的机械化流动，但在人造机器之外，能量的流动更为自由。也许星系、恒星、行星、动物和植物中的能量平衡并不总是精确的。能量不一定总是完全守恒的。新的物质和能量可能会从精质中产生，在某些时候和某些地方可能比在其他时候和其他地方产生得更多。

生物体内能量的流动可能不仅仅取决于食物的热量以及消化和呼吸的生理机能，可能还取决于有机体与整个自然界中更大的能量之流的联系方式。像精神、普拉那和气这样的术语可能指的是一种被机械科学遗漏的能量，但它们会通过量热计研究中的数量差异显示出来。如果存在这样一种形式的能量，它与包括零点场在内的物理原理有什么关系呢？生理学可能还很不完善，可能还需要从非机械的治疗系统中学习很多东西，比如瑜伽、阿育吠陀和针灸治疗师与实践者。

与此同时，现代物理学声称，存在着巨大且隐形的暗物质与暗能量的储藏库，而且量子真空场充满了能量，与发生的一切都相互作用。也许其中的一些能源可以通过新的能源技术加以利用，从而产生巨大的经济和社会效益。

给物质主义者的问题

你是将物质和能量守恒定律视为一种假设，还是认为它是基于证据的？

如果是后者，证据是什么？

你认为暗物质是守恒的吗？

随着宇宙膨胀，暗能量可能会不断产生。你接受这一点吗？

如果在量子真空场中有大量的能量，你认为我们可以利用它吗？

总　结

在宇宙大爆炸那一刻，宇宙中所有的物质和能量突然凭空出现。现代宇宙学认为，95%的现实世界是由暗物质和暗能量构成的。暗物质和暗能量是什么？它们是如何运行的？它们如何与我们熟悉的物质和能量形式相互作用？对于所有这些问题，没有人知道答案。随着宇宙的膨胀，暗能量似乎在增加，而"精质场"可能会产生新的物质和能量，在某些地方比其他地方产生得更多。生物体内能量守恒的证据很薄弱，而且存在一些反常现象，比如有些人似乎可以在不进食的情况下存活很久，这些都暗示着新能源形式的存在。所有的量子过程都被认为是通过量子真空场（也被称为零点场）来介导的，这个场不是空的，而是充满能量的，并且不断地产生虚光子和物质粒子。这种能量能被新技术利用吗？

第三章
自然法则是固定不变的吗？

大多数科学家想当然地认为自然规律是固定不变的，过去如此，今天如此，永远如此。

显然，这是一个理论假设，而不是经验观察的结果。根据两三百年来在地球上的研究，我们怎么能确定这些规律在任何地方都是一样的，而且将永远是一样的？

在科学史的大部分时间里，自然法则永恒的说法都是合理的。要么宇宙是永恒的，不需要上帝来创造它，要么它是上帝创造的，此后一直保持不变，有上帝的永恒性作为保证。但是在一个不断进化的宇宙中，自然法则固定不变的说法合理吗？难道所有的自然法则在宇宙大爆炸的那一刻就已经存在了，就像宇宙中的《拿破仑法典》一样牢牢确立？如果万物都在进化，为什么自然法则不能与自然一起进化呢？

一旦我们开始质疑，永恒法则就会变得很成问题，主要有两个原因。首先，自然法则这个概念本身就是以人类为中心的，只有人类才有法则。对于现代科学的奠基者来说，法则的隐喻是恰当的，因为他们认为上帝就是宇宙中的皇帝，他的命令无处不在，他的全知全能使他能够为宇宙执法。自然法则是一个存在于数学之神思想中的永恒理念。但对于物质主义者来说，不存在上帝或超然的心灵可以维系这些法则。那么这些法则在哪里呢？为什么它们仍然拥有上帝的传统属性？为什么它们是普遍的、不变的和无所不能的？为什么它们可以超越时空？有些科学哲学家否认科学定律是超越性的、永恒的实在，以此来回避这些尴尬的问题。他们认为科学定律是基于可观察行为的概括。但这相当于承认自然法则在进化，可能不会永远固定不变。在一个进化的宇宙中，自然在进化，所以描述自然的概括也必须进化。我们没有理由假设支配分子、植物和大脑的法则在大爆炸的那一刻就已经存在了，远在这些系统存在之前。

然而，不管一些哲学家怎么说，永恒法则的观念深深植根于大多数科学家的思想之中。这些法则隐含在科学方法中。在原则上，任何实验都应该可以在任何时间、任何地点重复进行。观察结果应该是可复制的。为什么呢？因为自然法则在任何时候、任何地方都是一样的。

在本章中，我提出了替代永恒法则的另一种选择，即演化的习惯。自然的规律不依赖于永恒存在的、超越时空的类似心灵的领域，而是依赖于自然内在的某种记忆。

对永恒法则的信仰本身就是一种根深蒂固的习惯，而且常常是无意识的。要改变一种思维习惯，第一步是要意识到它。这个习惯可以追溯到很久以前。

永恒的数学

正如我们在前一章所看到的，古希腊哲学家们在不断变化的表象世界背后寻找永恒的实在，结果得出了截然不同的答案。物质主义者认为不变的物质原子是永恒的，而毕达哥拉斯和他的追随者则认为，整个宇宙，尤其是天空，是根据永恒的非物质和谐原则而秩序井然的。理解数学就是将人类的思维与神圣的智慧相连接，而这种智慧本身统治着创造，具有超越性的完美和秩序。[1] 毕达哥拉斯学派的人不仅仅是哲学家：他们建立了神秘的团体，共享财产，平等对待男女，吃素食，相信灵魂的轮回。他们认为，通过智力和道德训练，人类的头脑可以掌握数学真理，解开宇宙之谜。他们相信宇宙由一个有调节能力的智能所统治，并且这种智能在人类的智能中得到了反映。

柏拉图（前428—前348）深受毕达哥拉斯学派的影响，但他走得更远。他将永恒数学真理的概念推广到更广泛的形式或理念（柏拉图式的形式和理念传统上用大写字母开头），或者说是原型或共性，不仅包括数学，还包括每一个物体或品质的形式，包括马、人、颜色和善良。这些形式或理念存在于一个非物质的、超越性的领域，在空间和时间之外。宇宙是由这个超越它的领域所支配的。我们在这个世界上所遇到的马，就像马的永恒本质的影子或反射，是超越时空的马的理念。世界上所有我们通过感官体验到的具体事物都是先验形式的反映。

柏拉图有一个著名的比喻，他把感官体验的对象比作囚犯在洞穴看到的影子，这些囚犯永远被锁着，只能背对着火，看着空旷的墙壁，而他们所能看到的只是在火前经过的东西在墙上投下的影子。用柏拉图的话说：

> 如果囚犯们被释放并意识到他们的错误，看看接下来会发生什么。起初，当他们中的任何一个人摆脱了束缚，突然站起来，转过头去，朝着光走去时，他会感到剧痛，强光会使他痛苦，他将看不见以前曾经只看到了其影子的实在。然后想象一下，如果有人对他说，他以前看到的是一种幻象，但现在，当他更接近真实，他的目光转向了更真实的存在时，他看得更清晰了，他会如何回答呢？难道他不认为他从前所见过的影子比现在所见的实物更真实吗？[2]

柏拉图用希腊语中的"努斯"（nous）一词来表示灵魂中理性的、不朽的部分，通过它我们可以认识形式。随着古代哲学的发展，"逻各斯"（logos）和"努斯"这两个词语被用来表示心灵、理性、智力、组织原则、道、言语、思想、智慧和意义。"努斯"与人类理性和宇宙智慧都有联系。[3]

第三章　自然法则是固定不变的吗？

柏拉图哲学的许多元素都被纳入了基督教神学，并且隐含在《约翰福音》的开头。和《新约》的其他部分一样，《约翰福音》也是用希腊文写成的。"In the beginning was the Word"（太初有道），这里首字母大写的英文单词"Word"就是希腊语中的"逻各斯"。就在《约翰福音》问世前不久，"逻各斯"一词在犹太人的世界里有了新的意义，亚历山大的斐洛（Philo，公元前20—50）将其与犹太哲学联系了起来。斐洛是一位受过希腊教育的犹太人，也是亚历山大犹太社区对罗马皇帝卡利古拉（Caligula）的官方代表。他用逻各斯来表示在上帝和物质世界之间架起桥梁的神圣中介。斐洛将逻各斯描述为上帝创造宇宙的工具。他把上帝比作园丁，按照逻各斯的样式创造世界。

从15世纪起，柏拉图主义开始在欧洲复兴，为现代科学铺平道路。现代科学的奠基人哥白尼、伽利略、笛卡尔、开普勒和牛顿基本上都是柏拉图主义者或毕达哥拉斯主义者。他们认为科学的任务是找到自然世界背后的数学模式，找到所有物理实在背后永恒的数学理念。正如伽利略所说，自然是一个简单而有序的系统，"只根据她从不违背的永恒法则行事"。宇宙是一本"用数学语言写成的书"。[4]

大多数伟大的物理学家都表达了类似的观点。例如，19世纪的海因里希·赫兹（Heinrich Hertz，表示频率的单位就是以他的名字命名的）是这样表达这一思想的：

> 人们难免会有这样一种感觉：这些数学公式是独立存在的，它们有自己的智慧，比我们更聪明，甚至比它们的发现者更聪明。我们从它们身上得到的东西比最初投入给它们的还要多。[5]

阿尔伯特·爱因斯坦的广义相对论坚定地遵循了这一传统，而第一个为该理论提供证据的亚瑟·爱丁顿（Arthur Eddington）得出结论说，它指向了这样一种观点："世界的东西就是心灵的东西。……心灵的东西并不是在空间和时间中展开的，这些是最终由它衍生出来的循环体系的一部分。"⁶ 物理学家詹姆斯·金斯（James Jeans）也持类似柏拉图式的观点，他说："最好把宇宙看作是由纯粹的思想组成的，由于没有一个更广泛的词，我们只能称他为数学思想者。"⁷

量子理论将柏拉图式的理念观点延伸到物质的核心，而传统的原子论者将物质视为坚硬、均匀的实体。用量子力学创始人之一维尔纳·海森堡（Werner Heisenberg）的话来说：

> 现代物理学肯定支持柏拉图。因为物质的最小单位并不是一般意义上的物理对象，而是形式、结构或者柏拉图意义上的理念，这些东西只有用数学的语言才能明确地表述出来。⁸

传统的假设是，宇宙由固定的定律和恒定的常数所支配，这几乎是毋庸置疑的。这一假设导致了一种巴洛克式的理论推测，包括下文要讨论的数十亿个额外的宇宙。

"基本常数"有多恒定？

在物理学中，有些常数被认为比其他更为基本，其中包括光速（c）、宇宙引力常数（物理学家称之为 G）以及精细结构常数（α，它是电荷粒子，如电子，与光子之间相互作用强度的度量）。与 π 这样的数学常数不同，自然常数的数值不能单靠计算：它们依赖于实验室的测量。顾名思义，物理常数应该是恒定不变的。它们被认为反映了一种潜在的自然恒常性。一个标准的假设是，自然的定律和常数是永远不变的。

常数真的是恒定不变的吗？物理手册中给出的数值实际上是不时变化的。它们由被称为计量学家的国际专家委员会不断调整。根据世界各地实验室的最新数据，旧的数值被新的"最佳数值"所取代。在实验室里，计量学家努力追求更高的精度。在这样做的过程中，他们拒绝了意料之外的数据，理由是这些数据一定是错误的。在排除异常测量值之后，科学家们对不同时间获得的数值进行平均，然后对最终的数值做一系列的修正。在得出最新的"最佳数值"时，国际专家委员会会选择、调整和平均来自世界各地实验室的数据。虽然实际值是变化的，但大多数科学家都想当然地认为常数本身确实是不变的，数值的变化仅仅是实验误差的结果。最新的"最佳数值"是最好的，而之前的数值会被遗忘。然而，根据一些物理学家尤其是保罗·狄拉克（Paul Dirac，1902—1984）的猜测，至少有一些基本常数可能会随着时间改变。特别是，狄拉克提出，宇宙引力常数可能会随着宇宙的膨胀而略有下降。但狄拉克并没有挑战永恒的数学定律这一观念，他只是提出，数学定律可能支配着常数的逐渐变化。

那么数值呢？所有已公布的常数值都会随着时间而变化，[9]但这里我只讨论其中的三个：万有引力常数、精细结构常数和光速。

牛顿的万有引力常数（G）是最古老的常数，也是变化最大的常数。在20世纪末，随着测量方法变得更加精确，不同实验室测量的G值的差异不但没有减小，反而增大了。[10]

在1973年至2018年，G的数值最低为6.665 9，最高为6.734，相差1.0%（见图3.1）。这些公布的数值至少给出三位小数，有时给出五位小数，估计误差为百万分之几。要么这种精确的表象是虚幻的，要么G确实发生了变化。最近的高数值和低数值之间的差异比估计误差（以标准偏差表示）大40倍以上。[11]

如果G真的变化了呢？或许是因为测量受到地球在太阳周围运动以及太阳系在银河系中移动的影响，又或许G有固有的波动。只要采用的测量结果是不同时间和实验室的平均值，这些变化就永远不会被注意到。

1998年，美国国家标准与技术研究所（National Institute of Standards and Technology）公布了不同日期的G值，而不是将它们平均起来以消除差异，结果显示，G值的变化幅度很大。例如，某一天G值为6.73，几个月后G值为6.64，下降了1.3%。[12]

2002年，麻省理工学院的米哈伊尔·格什泰恩（Mikhail Gershteyn）

领导一个团队首次系统研究了白天和晚上不同时间点 G 值的变化。他们采用两种独立的方法,在长达 7 个月的时间里进行全天候测量。他们发现了一个清晰的每日节律,即 G 的最大值相隔 23.93 小时,与恒星日（地球相对于恒星的自转周期）的长度相一致。

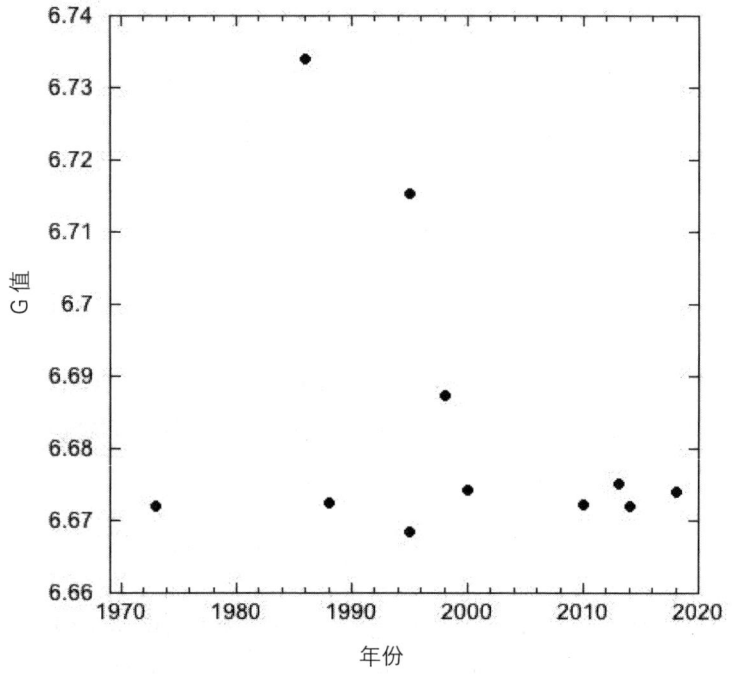

图 3.1　1973 年至 2018 年万有引力常数的数值变化

格什泰恩的团队只研究了每天的波动,但 G 值很可能在更长的时间段内也有变化,已经有一些证据表明 G 值存在年度变化。[13] 加利福尼亚的一个研究小组发现,自 1962 年以来,G 值的波动是振荡的,上下波动的一个周期为 5.9 年。[14]

比较来自不同地点的测量结果,应该能够发现更多潜在的证据。这样的测量数据早已存在,只是埋藏在计量实验室的档案中。这项调查最简单和最便宜的出发点是收集世界各地的实验室在不同时间测量到的 G 值。然后，可以比较这些测量结果，看看波动是否相关。[15] 如果它们是相关的，我们将会发现一些新的东西。

另一种寻找自然界真正变化的方法是比较不同年龄的星系和类星体的天文观测结果，看看它们发出的光是否有差异，如果有，则意味着常数长期变化。澳大利亚天文学家约翰·韦伯（John Webb）将这种方法应用于精细结构常数 α。[16] 在千年之交，他的团队发现，在遥远的天空中 α 会稍微小一些，这表明它在数十亿年的时间里发生了变化。[17] 最开始，许多的物理学家认为韦伯的结果一定是由于错误造成的，但是到了 2010 年，更多来自天空不同部分的数据不仅证实了韦伯的发现，而且给出了意料之外的新结果：α 的变化取决于望远镜朝向的方向。这个常数似乎在宇宙的一边比另一边大。基本常数的变化现在是物理学家们激烈争论的一个问题。[18] 正如韦伯和他的同事约翰·巴罗（John Barrow）所指出的那样，"如果 α 会发生变化，那么其他常数应该也会发生变化，这使得大自然的内部运作比科学家们想象的更加变化无常"。[19]

最后，光速是什么情况呢？根据爱因斯坦的相对论，光在真空中的速度是一个绝对常数，现代物理学就基于这个假设。

早期对光速的测量结果差异较大，但是到了 1927 年，测得的数值已经趋于一致，为每秒 299 796 千米。当时，这方面的权威人士得出结论："当前的光速数值是完全令人满意的，可以被认为是相对稳定的。"[20] 然而，从 1928 年到 1945 年，在世界范围内，光速下降了大约每秒 20 公里。[21] 主要研究者发现的"最佳"数值极为接近，令人印象深刻。一些科学家认为，这些数据表明了光速的周期性变化。[22]

在 20 世纪 40 年代末，光速又提高了大约每秒 20 公里，更高的数值成为新的共识。1972 年，当光速通过定义被固定下来时，这种尴尬的数值变化的可能性就被消除了。此外，在 1983 年，距离的单位米也被重新定义，与光速关联起来。米被定义为光在真空中 1/299 792 458 秒内所走过的距离。因此，如果光速再发生变化，我们将会选择无视，因为单位米的长度将随着光速的变化而变化。秒的定义也与光有关。具体来说，秒被定义为铯-133原子在特定激发态（在技术上被定义为基态的两个超精细能级之间的跃迁）发射的光的振动周期，即 9 192 631 770 个振动周期。

该如何解释1928年到1945年间光速数值的下降呢？现在人们普遍认为，物理学史上的这一非凡现象要归因于计量学家的心理。英国著名计量学家布莱恩·佩特利（Brian Petley）这样解释道：

> 在一个特定时代，实验结果往往倾向于相互一致，这一趋势被形象地描述为"智力相位锁定"（intellectual phase locking）。大多数计量学家都非常清楚这种效应可能存在。事实上，乐于助人的同事们很乐于指出这一点。在实验接近完成的阶段，除了发现错误之外，科学家会更频繁、更积极地与对研究感兴趣的同行进行讨论。撰写实验结果的准备工作也可以提供一个新的视角。所有这些情况结合在一起，造成所谓的"最终结果"在实践中其实并非如此。因此很容易提出这样的指责：当数值最接近其他结果时，人们最有可能停止对纠正的关注。这个指责很难反驳。[23]

根据现有的关于常数变化的理论，如保罗·狄拉克的理论，这些变化是微小的、缓慢的、系统的。另一种可能性是常数在相当窄的范围内波动，甚至可能是一种混沌无序的波动。我们已经习惯了天气和人类活动的波动：报纸和网站经常报道天气、股市指数、货币汇率和黄金价格的波动。也许这些常数也会波动，也许有一天科学期刊会定期报道它们的最新数值。

常数变化的影响将会是巨大的。自然的发展不再显得平稳一致，物理实在的核心可能存在波动。如果不同的常数以不同的速率变化，这些变化将产生不同的时间特性。

多重宇宙

根据人择宇宙学原理，自然界的"定律"和"常数"恰好适合地球上的人类生命。这一事实需要解释一下。如果这些定律和常数稍有不同，碳基生命就不会存在。一种回应是，在大爆炸的那一刻，智能设计者微调了自然的法则和常数，使它们恰好适合生命和人类的出现。这是自然神论的现代版本。但是，诉诸一个神圣的心灵，尽管是一种遥远的、数学的心灵，是与现代科学的无神论精神相违背的。相反，许多宇宙学家更倾向于认为，除了我们自己的宇宙之外，还有无数个实际存在的宇宙，每个宇宙都有不同的定律和常数。在这些"多元宇宙"模型中，我们所处的宇宙正好适合我们这一事实得到了非常简单的解释。这是唯一一个我们可以精确观测到的宇宙，因为它是唯一适合我们的宇宙。没有设计师或神圣的心灵参与其中。[24]

多元宇宙模型之所以会受宇宙学家欢迎，还有另外两个原因。首先，大爆炸早期超快速膨胀时期的模型表明，如果这一时期的膨胀可以产生一个宇宙，即我们所处的宇宙，它也可以产生许多其他的宇宙。[25] 这个被称为"永恒膨胀"的模型不断创造袖珍宇宙，我们的宇宙只是其中一个。多元宇宙观受欢迎的另一个理论原因是超弦理论。这个十维理论和相关的十一维 M 理论产生了太多的可能的解，它们可能对应于不同的宇宙，多达 10^{500} 个。[26]

一些理论家甚至走得更远。宇宙学家马克斯·泰格马克（Max Tegmark）提出，任何数学上可能存在的宇宙都必然存在于某个地方。他说："完全的数学民主是成立的，即数学存在和物理存在是等价的，所以所有的数学结构在物理上也存在。"没有必要将数学限制在超弦理论或任何其他现有的理论中的数学系统里。泰格马克指出，他的理论"可以被视为一种激进的柏拉图主义"。[27]

在旧式的柏拉图主义中，数学定律被视为超越时空的独特真理，但却适用于任何时空。相比之下，多元宇宙理论假设，在宇宙起源或大爆炸时，每个独立的宇宙都有特定的定律和常数。它们以某种方式"烙印"在每个宇宙中。但是它们是如何被记住的呢？相对于其他宇宙的不同定律和常数，一个宇宙是怎么"知道"支配它的定律和常数的呢？正如宇宙学家马丁·里斯（Martin Rees）所说，"物理定律本身就是在大爆炸时'制定出来的'"。[28] 但是，他承认，"把基本定律和常数'烙印'在新宇宙中的机制显然远远超出了我们所能理解的范围"。[29]

一些物理学家和宇宙学家对这些推测并不满意。大量未被观测到的宇宙违反了科学可测性的准则。多元宇宙的支持者声称，以弦理论和M理论形式存在的数学本身为他们的推测提供了证据。但是弦理论和M理论本身是无法检验的，而这些理论是许多推测的基础。批评者彼得·沃特（Peter Woit）将他关于这个主题的一本书命名为《甚至没有错》(Not Even Wrong)。[30] 甚至超弦理论与其他理论（如超对称）通用的一般性预测也没有取得良好的结果。理论物理学家李·斯莫林在2006年总结了这种情况：

> 在过去的30年里，为了寻找大统一、超对称和更高维度的迹象，数百种职业的从业人员花费了数亿美元。尽管进行了这些努力，但至今为止，没有任何支持这些假设的证据浮出水面。对这些观点中任何一个的证实，即使它不能被视为弦理论的直接证据，也将首次表明，至少弦理论所要求的某些部分使我们更接近现实，而不是远离现实。[31]

拒绝多元宇宙理论的物理学家有各种各样的替代建议。一些人把他们的信仰寄托在他们所谓的"终极理论"上，这是一个独特的数学公式，可以预测我们现在所处的宇宙的每一个细节，包括所有所谓的自然常数。宇宙的唯一性将是数学的必然结果。[32] 这个终极的柏拉图式梦想远未实现。但是假设有一天物理学家真的发现了这个公式，那么接下来的问题就是：它从何而来？它一开始为什么会存在？答案可能是一个超级公式。但这个超级公式又从何而来呢？

第三章 自然法则是固定不变的吗?

另一类推测性的理论认为,宇宙是一系列宇宙的一部分,是前一个宇宙的后代,也是下一个宇宙的祖先。这就像古老的印度哲学中伟大的宇宙循环一样:一个宇宙从由梵天神庇佑下的宇宙之蛋中诞生,由毗湿奴神维持其生命和活动,最终被湿婆神毁灭。接着一个新的宇宙出现,以此类推。或者这些循环就是梵天的深呼吸,他呼出一个宇宙,再将其吸回,然后再呼出另一个,如此循环。

在现代宇宙学中,这种古老的循环理论采用了"反弹宇宙"(bouncing universe)模型的形式。大爆炸之后,宇宙膨胀了数十亿年,直到它的膨胀速度减慢,最终停止,然后在引力的作用下再次收缩,最终在大紧缩中自我坍缩。而这是一个新宇宙的开始,即一个大反弹。[33]

这个理论的一个问题是,目前人们认为暗能量会使宇宙加速膨胀,所以坍缩似乎不太可能。为解决这个问题,数学家罗杰·彭罗斯(Roger Penrose)提出,宇宙的指数膨胀最终会大大稀释一切,从而消除所有时空特征。黑洞会蒸发,恒星和星系会解体,甚至基本粒子也会衰变成光子。最后,除了大小不同之外,晚期宇宙将与早期宇宙相似。彭罗斯提出,在这些极端情况下,大小变得无关紧要,晚期宇宙可以成为一系列宇宙中下一个宇宙的早期宇宙。彭罗斯的这个解释神奇地解决了这个问题。斯莫林认为这一假设"令人愉快地荒谬,但也有可能是真的"。[34]

所有这些理论都有一个共同点,那就是相信数学是至高无上的。即使除了我们自己所处的宇宙之外还有许多宇宙,或者是一系列先前的宇宙,但最终是什么支撑着这些宇宙并维持着它们呢?答案是一个超越了它所支配的宇宙的数学公式。换句话说,这是一种新的、极端的柏拉图主义。

进化的习惯

柏拉图主义的替代品是自然规律的进化。它们更像是一些习惯,通过不断重复而变得更强大。自然界中有一种记忆:现在发生的事情会受到以前发生的事情的影响。

有些习惯已经根深蒂固，牢牢确立了数十亿年，比如光子、质子和电子的习惯，它们在宇宙大爆炸后大约 3.7 亿年第一个氢原子出现之前就存在了。当这些最初的原子出现时，它们释放出了现在观测到的宇宙微波背景辐射。[35] 然后，在数十亿年的时间里，分子、恒星、星系、行星、晶体、植物和人类出现了。一切都随着时间而进化，甚至包括化学元素。在宇宙历史的某个时刻，第一批碳原子、碘原子或金原子出现了。

与这些原子习惯相关的"常数"，如精细结构常数和电子上的电荷，同样是非常古老的。在所有分子中，氢可能是最古老的，它先于恒星，在形成新恒星的银河云中大量存在。与这些古老的组织模式相联系的"规律"和"常数"已经牢牢确立，今天它们几乎没有变化。

相比之下，有些分子是非常新的，比如合成化学家在 21 世纪首次制造的数百种化合物。在这里，习惯还在形成。动物的新行为模式和人类的新技能也是如此。19 世纪末，美国哲学家查尔斯·桑德斯·皮尔斯（Charles Sanders Peirce，1839—1914）指出，从一开始就强加于宇宙的固定规律与进化哲学是不一致的。他是最早提出"自然法则"更像是习惯的人之一，他还提出习惯的形成倾向是自发的。他说："它们有轻微的服从已经遵循的规则的倾向，而这些倾向就是它们自己的行动越来越遵守规则。"[36] 皮尔斯认为"习惯的法则就是思维的法则"，成长中的宇宙是有生命的，"物质只是被习惯发展至难以打破的程度而变得迟钝的心智"[37]。

大约在同一时期，德国哲学家弗里德里希·尼采（Friedrich Nietzsche，1844—1900）甚至认为"自然法则"经历了自然选择：

> 在宇宙之初，我们可能不得不假设，作为存在最普遍的形式，是一个尚未机械化的世界，它不受机械法则的支配，但可能蕴含了向这些法则发展的潜能。因此，机械世界的起源可能是一个无序的游戏，最终获得了像现在的有机规律那样的一致性。……我们所有的机械定律都不会是永恒的，而是进化的，并且是无数可能的机械定律中的幸存者。[38]

第三章 自然法则是固定不变的吗？

哲学家和心理学家威廉·詹姆斯（William James，1842—1910）以与皮尔斯相似的口吻写道：

> 如果一个人从根本上接受进化论，那么他不仅应该把它应用到岩层、动物和植物上，而且应该把它应用到星星、化学元素和自然规律上。人们不禁会想，一定有一个很遥远的古代，当时一切都很混乱。渐渐地，在当时所有杂乱无章的可能性中，出现了一些相互联系的事物和习惯，这就是规律性的雏形。[39]

同样，阿尔弗雷德·诺斯·怀特海提出，"时间与空间的区别在于从过去继承模式的行为"。这种模式的继承意味着习惯的形成。怀特海说："人们关于'自然法则'的说法是错误的。实际上并没有自然法则，只有暂时的自然的习惯。"[40]

这些哲学家远远领先于他们的时代。他们认为整个宇宙都在进化。但他们同时代的物理学家仍然相信宇宙是永恒的，它由永恒的物质和能量组成，受不变的定律支配；根据热力学第二定律，宇宙将逐渐走向热寂。大爆炸理论直到20世纪60年代才成为正统。正如皮尔斯、詹姆斯和怀特海清楚地看到的那样，宇宙进化论意味着习惯的进化。

尽管宇宙学发生了这场革命，但大多数宇宙学家仍然认为自然法则是固定不变的。但有些宇宙学家已经开始讨论"自然法则"进化的可能性。特别是，李·斯莫林提出了他所谓的"优先原则"（principle of precedence），即量子过程的结果取决于先前量子过程中发生的事情。[41] 他认为，"大自然会回顾过去，做出它以前做过的事情"。[42] 但是，如果大自然只是回顾过去，并做出和以前一模一样的事情，那么结果将与之前的结果一样而没有进步。因此，必须发生创新，创造新的先例和新的习惯。结果是，"大自然在发展过程中养成了习惯"。[43]

形态共振

我自己的假设是，习惯的形成取决于一个被称为形态共振的过程。[44] 类似的活动模式会跨越时间和空间产生共鸣。这一假设适用于所有自组织系统，包括原子、分子、晶体、细胞、植物、动物和动物社会。所有这些都依赖于一个集体记忆，并成为集体记忆的一部分。

例如，一个正在生长的硫酸铜晶体会与无数先前的硫酸铜晶体发生共振，并遵循相同的晶体组织习惯，即相同的晶格结构。生长中的橡树幼苗会遵循老橡树的生长和发育习惯。当圆网蜘蛛开始织网时，它遵循着无数祖先的习惯，直接跨越时空与它们产生共鸣。学习一项新技能的人越多，比如单板滑雪，其他人就越容易学会，因为他们会与以前的单板滑雪者发生形态共振。

总之，这一假设提出：

1. 包括分子、细胞、组织、器官、有机体、社会和思想在内的自组织系统是由嵌套的层次结构或全息体、形态单位的整体构成的（见图1.1）。在每一个层面上，整体都大于部分的总和，而这些部分本身就是由部分组成的整体。

2. 每个层次的整体性依赖于一个被称为形态场（morphic field）的组织场。这个场在它组织的系统内部和周围，是一种与系统的电磁场和量子场相互作用的振动模式。这样的形态场包括：

（1）塑造植物和动物发育的形态发生场。

（2）组织动物运动、固定动作模式和本能的行为与知觉场。

（3）连接并协调社会群体行为的社会场。

（4）构成心理活动基础并形成心理习惯的心理场。

3. 形态场包含吸引子（attractor，目标）和必经之路（chreode，通往这些目标的习惯性路径），后者引导系统走向最终状态，并保持其完整性，使其不受干扰，保持稳定（见第五章）。

4.形态场是由所有类似的、过去的系统的形态共振形成的,因此包含了累积的集体记忆。形态共振依赖于相似性,不因空间或时间上的距离而衰减。形态场是局域的,在它们组织的系统的内部和周围,但形态共振是非局域的。

5.形态共振涉及形式或信息的转移,而不是能量的转移。

6.形态场是概率场,就像量子场一样,它们通过将模式强加于受其影响的系统中本来可能随机发生的事件而发挥作用。

7.所有自组织系统都受到其自身过去的自我共振的影响,这在保持全息体的特性和连续性方面起着至关重要的作用。

这个假设留下了形态共振实际上如何工作的问题。这里有几种说法。一种说法是,信息的传递是通过隐卷序(implicate order)进行的,正如物理学家大卫·玻姆(David Bohm)提出的那样,隐卷序包含了一种记忆。[45]隐卷序产生了我们可以观察到的世界,即事物位于空间和时间中的显展序(explicate order)。按照玻姆的说法,在隐卷序中,一切都被隐缠在一切之中。[46]形态共振可以通过玻姆提出的量子实相底层的"导航波"(pilot wave)来表达。

在理论家本·戈策尔(Ben Goertzel)的"形态导波"假说中,他认为量子过程的随机性倾向于更大的"模式相似性",这是习惯形成的基础。[47]

或者,形态共振可以穿过量子真空场(也称为零点能量场),它介导所有量子和电磁过程(见第二章)。[48]或者,类似的系统可以通过隐藏的额外维度连接起来,就像在弦理论和M理论中一样。[49]或者,它可能取决于人们尚未想到的新型物理学。

这一假设是极具可检验性的,来自许多研究领域的证据已经证明了这一假设。我将在第六章讨论生物发育和动物行为领域的检验,在第七章讨论人类学习领域的检验。

结晶的习惯

根据形态共振假说的预测，当化学家第一次制造一种新化合物时，这种晶体形态尚不存在形态场，可能很难获得这种化合物的晶体。当晶体第一次出现时，一种新的组织模式就产生了。当化合物第二次结晶时，它将会受到第一次结晶形态共振的世界性影响。当第三次结晶时，它将会受到第一次和第二次结晶的影响，以此类推。随着这种影响的累积，一种新的习惯就形成了。一种化合物结晶的次数越多，它就越容易形成晶体。

事实上，当化学家合成新的化学物质时，他们常常很难使其结晶。有时需要很多年结晶才会出现。例如，几十年来，人们一直认为松二糖是一种液体，直到20世纪20年代它首次结晶。此后，它在世界各地都形成了晶体。[50] 在其他很多情况下，随着时间的推移，新的化合物越来越容易结晶。

更令人吃惊的是，一种晶体出现后，又被另一种晶体所取代。木糖醇是一种被用作口香糖甜味剂的糖醇，于1891年首次制备，在1942年晶体首次出现之前一直被认为是液体。这些晶体的熔点为61℃。几年后，出现了另一种晶体形式，熔点为94℃。此后，第一种晶体就再也没有出现过。[51]

以不同形式存在的同一化合物的晶体被称为多晶型。有时它们是共存的，比如方解石和文石，两者都是碳酸钙的结晶形式，或者石墨和金刚石，两者都是碳的结晶形式。但有时，就像木糖醇的情况一样，新的多晶型的出现可以取代旧的多晶型。下面这段内容摘自一本晶体学教科书，描述了工厂里一种新型晶体自发和意外地出现，可以很好地说明这一原则：

> 一家公司经营一家工厂，从水的溶液中生产酒石酸乙二胺的大单晶。这家工厂把晶体运到几英里外的另一家工厂，在那里切割和抛光，以供工业使用。工厂开业一年后，种植槽里的晶体开始出问题了，有另一种东西的晶体附着在它们上面，并且这种东西生长得

更快。这个问题很快就蔓延到另一家工厂，切割和抛光的晶体表面上也生出了这种东西。需要的材料是无水酒石酸乙二胺，而这种不需要的东西是该物质的一水化合物。经过三年的研究和开发，还有一年的生产，公司一直没有得到这种一水化合物的种子，而在那之后它们似乎无处不在。[52]

有研究者认为，在其他星球上，地球上常见的晶体类型可能还没有出现。他们补充说："也许在我们自己的世界里，还有许多其他可能的固体种类还不为人所知，不是因为它们的成分缺乏，而仅仅是因为合适的种子还没有出现。"[53]

一种多晶型代替另一种多晶型是制药工业中经常出现的问题。例如，抗生素氨苄西林最初以一水合物的形式结晶，每个氨苄西林分子有一个结晶水分子。在20世纪60年代，它开始结晶为具有不同晶体形式的三水合物。尽管经过了不懈的努力，一水化合物还是无法再被制造出来。[54]

雅培公司（Abbott Laboratories）于1996年推出了抗艾滋病药物利托那韦（Ritonavir）。该药物上市18个月后，化学工程师发现了一种以前未知的多晶型。没有人知道是什么导致了这种变化，雅培公司的科研团队也无法阻止这种新的多晶型的形成。在它被发现的几天内，它就占领了生产线。虽然这两种多晶型具有相同的化学式，但第二种形式的可溶性只有第一种的一半，因此服用常规处方剂量的患者无法吸收足够的药物。雅培公司不得不将利托那韦从市场上撤下，并启动了一项紧急计划，以恢复其最初的多晶型。他们最终成功了，但是这种成功并不可靠，因为他们总是会不断地得到两种多晶型的混合物。雅培公司最终决定将药物重新配制为含有溶液的胶囊。在这一过程中，公司花费了数亿美元。此外，在该药被撤回的那一年，公司还损失了约2.5亿美元的销售额。[55]

化学家无法控制结晶，这是一个严峻的挑战。乔尔·伯恩斯坦（Joel Bernstein）在他的《分子晶体的多态性》（*Polymorphism in Molecular Crystals*）[56]一书中写道："这种失控确实令人不安，甚至可能会让人对可重复性的标准产生怀疑,而这种标准是确定一种现象是否值得科学研究的前提条件。"新多晶型的出现清楚地表明化学并非永恒的,而是和生物学一样,是历史的、进化的。现在发生什么取决于以前发生过什么。

多晶型消失的一个可能的解释是,新的形式在热力学上更加稳定,因此比旧的形式更容易出现。在相互竞争的过程中,新形式胜出。在新形式出现之前,没有竞争;一旦新形式形成,就会出现在世界各地的实验室里,而旧的形式就会消失。

毫无疑问,以前晶体的小碎片可以作为"种子"或"核",促进过饱和溶液的结晶过程。这就是为什么化学家们认为新的结晶过程的传播依赖于这些种子从一个实验室转移到另一个实验室,就像一种感染。在化学的民间传说中,一个最受欢迎的故事是,迁徙的科学家将这些种子从一个实验室带到另一个实验室。用剑桥大学一位化学工程教授的话来说,在有些化学家的胡子里,"几乎藏着每一个结晶过程的种子"。[57] 另一种说法是,晶体"种子"会以微小的尘埃粒子的形式在大气中被吹来吹去,然后沉淀在结晶盘中,从而催化新物质的结晶。美国化学家 C. P. 塞勒(C. P. Saylor)评论说,这就好像"结晶的种子像灰尘一样,被风从地球的一端带到另一端"。[58]

因此,新晶体的形成提供了一种检验形态共振假说的方法。根据传统的假设,如果严格排除来自英国实验室的访客,并过滤掉大气中的灰尘颗粒,那么在英国实验室里制造出来的晶体在澳大利亚实验室中就不会更容易形成。如果它们确实更容易形成,这个结果将有利于证明形态共振的存在。我在我的《生命新科学》一书中讨论了晶体的进一步检验。[59]

习惯与创造力

仅仅习惯本身并不能解释进化,它们天性保守,可以解释重复,但不能解释创造力。进化必然涉及这两个过程的结合:创造力产生新的组织模式;那些流传下来的组织模式被重复并成为习惯。有些新模式受到自然选择的青睐，有些则不然。

创造力是一个谜，正是因为它涉及以前从未存在过的模式的出现。我们通常用预先存在的原因来解释事物：因中有果，果随因至。如果我们把这种思维方式应用于创造一种新的生命形式、一件新的艺术作品或一种新的思想，我们就可以推断出，新的组织模式已经存在，它是一种潜在的可能性。在适当的情况下，这种潜在的模式就会变成现实。它是被发现的，而不是被创造的。创造力在于对永恒存在的可能性的显现。换句话说，新的模式根本没有被创造出来，它只在物质世界中显现，而以前它没有显现出来。

这本质上就是柏拉图关于创造力的理论。所有可能的形式总是作为永恒的形式存在，或者作为隐含在永恒自然法则中的数学潜能存在。正如亨利·柏格森（Henri Bergson，1859—1941）所说的那样，"可能的事一直都在那里，就像一个等待时机的幽灵。因此，它会通过一些东西的添加、通过输血或生命的注入而成为现实"[60]。柏格森是一位远远领先于其时代的进化哲学家，对威廉·詹姆斯和阿尔弗雷德·诺斯·怀特海都有影响。在他最著名的著作《创造进化论》（*Creative Evolution*）中，他非常清楚地表明，进化的概念与柏拉图式的思维习惯有了多么深刻的决裂：

> 古人或多或少都是柏拉图主义者，他们以为存在是在永恒不变的理念体系中被彻底地、圆满地一举创造出来的。因此，展现在我们眼前的世界并不能为其增添任何东西，而只是在其基础上的减少或退化。可以说，这个世界的不同状态代表着实有（投射在时间里的影子）和应有（设定在永恒里的理念）之间距离的增加或减少。的确，现代人的观点与此大相径庭。他们不再把时间视为一个闯入者、一个永恒的干扰者，而是很想把时间简化成一个简单的表象。因此，时间只是理性的混乱形式。……现实再次变成了永恒，唯一的区别在于这是支配世界各种现象的法则的永恒，而不是这些现象背后的理念的永恒。[61]

在永恒的宇宙中，永恒的形式或法则似乎是足够合适的。但是进化让它们受到质疑，因为进化是一个创造力发展的过程。创造力是真实存在的，新的组织模式会随着世界的发展而出现。在同义反复的意义上，一切新发生的事情都是可能的，因为只有可能的事情才会发生。柏格森认为，我们不必把一种超越时间和空间的预先存在的现实归于这些可能性，因为它们在真正发生之前是不可知的。

相比之下，自然选择的进化论不是柏拉图式的，而是基于对化石和实际生物体的观察。对于查尔斯·达尔文而言，进化创造力的源泉不是超越自然存在于一个制造机械的上帝的永恒设计和计划之中，也不是佩利自然神学所描述的上帝（参见第一章）。相反，达尔文认为生命的进化是自发进行的。自然本身产生了各种各样的生命形式。

亨利·柏格森将这种创造力归因于生命动力（élan vital 或 vital impetus）。像达尔文主义者、马克思主义者和其他相信突生进化（emergent evolution）的人一样，他否认进化过程是柏拉图式的上帝事先设计和计划好的，而认为进化是自发的和创造性的。他说：

> 大自然比正在实现的计划更加丰富和卓越。计划是分配给一项劳动的术语：它封闭了其指示形式的未来。相反，在生命演化之前，未来的大门仍然敞开着。这是一种创造，由于最初的运动而永远继续下去。这种运动构成了有组织世界的统一性——多产的统一性，具有无限的丰富性，优于任何智力所能想象的统一性，因为智力只是它的一个方面或产物。[62]

这有什么区别吗？

放弃固定规律的教条能够解放我们对于进化的理解。大爆炸理论将宇宙的创造力归因于宇宙的起源。在最初的奇迹中，所有的自然规律以及宇宙中所有的物质和能量突然从无到有，或者从前一个宇宙的残骸中产生。相比之下，一个激进的进化论的自然观意味着一种持续性的创造力，它随着自然的进化而建立新的习惯和规则。

人类的创造力是整个进化过程中不断展开的巨大创造过程的一部分。正如第六章和第七章所讨论的那样，通过形态共振来继承习惯对于我们理解形式、学习和记忆的继承有很大的影响。

就我们所知，当化学家们制造出地球上从未存在过的新化合物时，随着时间的推移，这些化合物应该越来越容易结晶，正如上文所述。但如果这些晶体存在于其他星球上呢？如果形态共振不会随着距离增加而消失，那么这些新晶体应该可以受到来自其他行星上同类晶体的形态共振的影响，并且应该很容易结晶，虽然没有明显的学习效应。

因此，应该有可能发现哪些新的化学物质是地球独有的，哪些是在其他地方存在的。如果系统地测量 1 000 种新化学物质的结晶速率，假如其中有 800 种化学物质的结晶速率在增加，而另外 200 种则没有，那么我们就可以推断出，后者在宇宙的其他地方存在，而前者则没有。即使我们不知道其他行星在哪里，我们也能很轻松地发现哪些是地球上真正的新事物，并推断出其他行星上发生的事情。

给物质主义者的问题

如果自然法则在大爆炸之前就存在，并且从大爆炸的第一刻起就支配着大爆炸，那么它们在哪里呢？

如果自然界的定律和常数都是在大爆炸的那一刻形成的，那么宇宙是如何记住它们的呢？它们的"印记"在哪里？

你怎么知道自然法则是固定不变的而不是不断进化的？

认为自然有习惯而不是有规律的观点有什么问题呢？

总　结

　　"自然法则"是固定不变的，而宇宙在进化，这是前进化宇宙学遗留下来的假设。这些法则本身可能会进化，或者更像是习惯。此外，"基本常数"可能是可变的，它们的值可能在大爆炸的那一刻并没有固定下来。它们今天似乎仍然在变化。自然界可能有一种固有的记忆。每一种生物都可能参与到同类的集体记忆中。晶体之所以会像现在这样结晶，是因为它们以前就是这样形成的。一种特定化学物质在一个地方形成的晶体越多，它们就越容易在地球上的其他地方，甚至是整个宇宙中结晶。进化可能是习惯和创造力相互作用的结果。新的组织形式和模式自发地出现，并受到自然选择的影响。那些幸存下来的更有可能随着新习惯的形成而再次出现，并且通过重复，它们变得越来越遵循习惯。

第四章
物质是无意识的吗?

物质主义的核心观点是物质是唯一的实在,因此,意识不应该存在。而物质主义最大的问题是意识确实存在。你现在是有意识的。主要的对立理论二元论接受意识存在的事实,但并没有一种能令人信服的说法来解释它与身体和大脑有相互作用。二元论和物质主义的争论已经持续了几个世纪之久。在这一章中,我将提出如何从这种毫无结果的对立中向前迈进。

在历史上,科学物质主义是基于对机械论二元论的拒绝而出现的,机械论二元论将物质定义为无意识的,将灵魂定义为非物质的,正如我将在下文讨论的那样。这种拒绝的一个重要动机是消除灵魂和上帝的观念。简而言之,物质主义者认为主观感受是无关紧要的,而二元论者承认感受的真实性,但是无法解释思想是如何影响大脑的。

物质主义哲学家丹尼尔·丹尼特(Daniel Dennett)写了一本名为《意识的解释》(*Consciousness Explained*,1991年)的书,试图通过论证主观感受是虚幻的来消除意识。他被迫得出这个结论,因为他从原则上拒绝接受二元论。他说:

> 我持一种表面上教条化的法则，即要不惜一切代价避免二元论。这并不是说，我认为我可以给出一个彻底的证据，证明所有形式的二元论都是错误的或不合逻辑的，而是说，鉴于二元论被神秘所包裹，接受二元论就是一种放弃。[1]

丹尼特的法则的教条主义不仅是表面上的，这条法则确实很教条。我认为，他所说的"放弃"和"被神秘所包裹"是指放弃科学和理性，退回到宗教和迷信之中。物质主义"不惜一切代价"要求否认我们自己的思想和个人感受的真实性——包括丹尼尔·丹尼特自己的，虽然他通过提出他希望能够有说服力的论点，但他似乎将自己和那些读他书的人视为例外。

弗朗西斯·克里克花了几十年的时间试图从机械论的角度来解释意识。他坦率地承认，物质主义理论是一个"令人惊讶的假设"，它公然蔑视了常识："'你'，你的快乐和悲伤，你的记忆和抱负，你的个人认同感和自由意志，这些实际上只不过是一堆神经细胞及其相关分子的行为。"[2] 克里克大概把自己也包括在这个描述中，虽然他一定觉得他的论点绝不仅仅是神经细胞的自动活动。

物质主义者的动机之一是支持一种反宗教的世界观。弗朗西斯·克里克和丹尼尔·丹尼特一样，是一位激进的无神论者。另外，二元论者的传统动机之一是支持灵魂存在的可能性。如果人的灵魂是非物质的，那么它可能在肉体死后继续存在。

科学的正统观念并不总是物质主义的。17世纪机械论科学的创始人是相信二元论的基督徒。他们将物质降级，使其变得完全无生命和机械化，同时将人类的思想升级，使其与无意识的物质完全不同。通过在两者之间制造一道不可逾越的鸿沟，他们认为他们强化了关于人类灵魂及其不朽性的论点，同时也强化了人类和其他动物之间的差异。

这种机械论通常被称为笛卡尔式二元论。它认为人类的思想本质上是非物质的、无实体的，而身体是由无意识的物质构成的机器。[3] 实际上，大多数人认为二元论的观点是理所当然的，只要他们不被要求去为其辩护。几乎每个人都认为我们有一定程度的自由意志，并对自己的行为负责。我们的教育和法律体系就基于这种信念。我们感受到自己是有意识的存在，有一定的自由选择权。即使是讨论意识，也要以我们自己是有意识的为前提。然而，自20世纪20年代以来，英语世界的大多数科学家和哲学家都是物质主义者，尽管这种学说造成了种种问题。支持物质主义的最有力的论据是，二元论无法解释非物质的心灵是如何工作的，以及它们如何与大脑相互作用。

支持二元论的最有力的论据是物质主义的不合理性和自相矛盾。二元论和物质主义之间的争论已经延续了几个世纪。灵魂—身体或心灵—大脑的问题一直没有消失。但在继续讨论之前，我们需要更详细地了解物质主义者的主张，因为他们的信仰体系主导着科学和医学，每个人都受到了它的影响。

否认自己实在性的思想

大多数神经科学家不会花很多时间思考物质主义信仰所带来的逻辑问题。他们只是继续尝试理解大脑是如何工作的，相信更多确凿的事实最终会提供答案。他们让专业哲学家去捍卫物质主义或物理主义信仰。

物理主义的意思与物质主义大致相同，但它并未断言所有的实在都是物质的，而是断言它是物理的，可以用物理学来解释，因此不仅包括物质，还包括能量和场。实际上，这也是物质主义者所相信的。在接下来的讨论中，我将使用更熟悉的词——物质主义来表示物质主义和物理主义。

物质主义哲学家包括几个思想流派。最极端的立场被称为"取消式物质主义"（eliminative materialism）。例如，哲学家保罗·丘奇兰（Paul Churchland）声称，心智的所有活动都可以归因于大脑，那些相信思想、信仰、欲望、动机和其他精神状态存在的人是"民间心理学"的受害者，在适当的时候，这种不科学的态度将被神经活动的解释所取代。民间心理学是一种迷信，就像对恶魔的信仰一样，它将会随着人们对科学认识的深化而被抛弃。意识只是大脑活动的一个"方面"。思想或感觉只是描述大脑皮层特定区域活动的另一种方式。它们是同一回事，只是讨论的方式不同而已。

其他物质主义者是"副现象主义者"：他们接受而不是否认意识的存在，但把意识看作大脑活动的副产品，没有任何功能，就像影子一样，是一种"副现象"。赫胥黎是这一观点的早期倡导者。在1874年，他将意识比作"机车发动机工作时发出的汽笛声，对机器没有任何影响"[4]。他的结论是："我们是有意识的自动机。"[5]人就像僵尸一样，没有主观感受，因为他们所有的行为都不过是大脑活动的结果。意识什么也做不了，对物质世界没有任何影响。

物质主义的一种最新形式是"认知心理学"，它在20世纪后期主导了英语世界的学术心理学。它将大脑视为一台计算机，将心理活动视为一种信息处理过程。主观感受，比如看到绿色、感觉疼痛或欣赏音乐，都是大脑内部的计算过程，本身是无意识的。

一些哲学家，如约翰·塞尔（John Searle），认为意识可以从物质中产生，就像物理性质可以在不同的复杂程度上产生一样，就像水的湿度可以从大量水分子的相互作用中产生一样。在自然界，确实存在许多不同层次的组织（见图1.1），每一个层次都会出现新的属性，而这些属性并不单独存在于其各个部分。原子具有核粒子和电子所没有的属性，而分子具有原子所没有的属性。水分子与单独状态下的氢原子和氧原子有根本的不同。液态水的湿润性不能用孤立的水分子来解释，而是通过它们在液态水中的组织来解释。新的物理性质在每一个层次上都会"出现"。同样，意识也是大脑新出现的一种自然属性。它不同于其他物理过程，但仍然是物理过程。许多非物质主义者会同意塞尔的观点，即意识在某种意义上是"突现的"，但他们会争辩说，虽然心灵和意识起源于物理性质，但它们在本质上不同于纯粹的物质或物理存在。

最后，一些物质主义者希望进化论能提供一个答案。他们提出，意识是通过自然选择，通过无意识的过程，从无意识的物质中产生的。因为意识被进化出来，所以它们一定受到了自然选择的青睐，实际上，它们一定要有所作为。许多非物质主义者认同这一点。物质主义者希望鱼和熊掌兼得，但是如果意识是通过演化成为自然选择所青睐的一种适应性进化，那么它必须有一些功能；如果它只是大脑活动的副现象，或者是谈论大脑机制的另一种方式，那么它就不能有任何功能。2011年，心理学家尼古拉斯·汉弗莱（Nicholas Humphrey）试图解决这个问题，他提出意识之所以会进化出来，是因为它可以让我们感到"特殊和卓越"，从而帮助人类生存和繁衍。但作为物质主义者，汉弗莱并不认为我们的思想有任何能动性，也就是说，它们不能影响我们的行动。相反，我们的意识是虚幻的，用他的话说，意识是"我们在自己的头脑中为自己上演的一场神秘表演"。[6] 但是，说意识是一种幻觉并不能解释意识：它只是预设了意识。幻觉也是一种意识模式。

如果所有这些理论听起来都不令人信服，那是因为它们确实如此。它们甚至不能说服其他物质主义者，这就是为什么会有这么多对立的理论出现。塞尔将过去50年的争论描述如下：

> 一位哲学家提出了物质主义的心灵理论……然后他遇到了困难……对物质主义理论的批评通常采取或多或少的技术形式，但事实上，在技术上的反对意见背后是一个更深层次的反对意见：所讨论的理论忽略了心智的一些基本特征……这就导致了更疯狂的坚持物质主义论点的尝试。[7]

哲学家盖伦·斯特劳森（Galen Strawson）本身就是一位物质主义者，他对自己的许多哲学家同行愿意否认自己感受的真实性感到惊讶。他说：

我认为，对于人类的轻信，对于人类思想被理论和信仰所支配的可能性，我们要十分清醒，同时保留一丝畏惧感。因为这种否认不仅是哲学史上，还是整个人类思想史上发生的最古怪的事情。[8]

弗朗西斯·克里克承认这个"惊人的假设"并没有得到证实。他承认二元论的观点可能更有说服力。但是，他补充说：

总有第三种可能：这些事实支持了一种看待心智与大脑之间关系问题的新方式，这种方式与当今许多神经科学家所持的相当粗糙的物质主义观点以及宗教观点都有很大不同。只有时间和进一步的科学工作才能帮助我们作出决定。[9]

确实还有第三种方式。

意识物质

盖伦·斯特劳森和许多当代哲学家一样，对看似棘手的物质主义和二元论问题感到沮丧。他得出的结论是只有一条出路。他认为，物质主义必然意味着泛心论（panpsychism），即认为就连原子和分子也有一种原始的心理或感受。泛心论并不意味着原子像我们一样具有意识，而仅仅意味着最简单的物理系统中也有心理或感受的某些方面。更复杂的心理或感受形式出现在更复杂的系统中。[10]

2006年，《意识研究杂志》（Journal of Consciousness Studies）出版了一期特刊，题为《物质主义是否意味着泛心论？》，其中包括斯特劳森的一篇专题文章，以及其他17位哲学家和科学家的回应。他们中的一些人反对他的观点，支持更传统的物质主义，但是他们都承认，他们所支持的物质主义是有问题的。

斯特劳森只对泛心论做了一个概括的、抽象的解释，关于电子或原子如何能被称为有感受的，细节却少之又少，令人失望。但是，像许多其他泛心论者一样，他对物质的聚集（如桌子和岩石）和自组织系统（如原子、细胞和动物）做出了重要区分。他并不认为桌子和岩石有任何统一的感受，虽然其中的原子可能有。[11]造成这种区别的原因是，像椅子和汽车这样的人造物不会自我组织，也没有自己的目标或目的。它们是由人类设计并由工厂组装的。岩石是由自组织的原子和晶体组成的，但外力曾作用于整块岩石，例如，它可能是一块巨石从山上滚下来时分裂出来的。

相比之下，在自组织系统中，复杂的感受形式是自发出现的。这些系统既是物理的，又是感受性的。换句话说，它们是有感受的。正如斯特劳森所说，"很久以前，有一种相对无组织的物质，兼具感受性和非感受性的基本特征。通过许多过程，包括自然选择的进化，它组织成越来越复杂的形式，既有感受的，也有非感受的"[12]。塞尔的解释是，意识是从完全无意识的、没有知觉的物质中产生的，而斯特劳森认为，更复杂的感受形式是从不那么复杂的感受形式中产生的。它们之间只有程度上的不同，而不是本质上的不同。

斯特劳森并不孤单。越来越多的哲学家和神经科学家开始转向泛心论。做出这一转变的最具影响力的人物之一是杰出的美国心灵哲学家托马斯·内格尔（Thomas Nagel）。在2012年出版的《心灵和宇宙：对唯物论的新达尔文主义自然观的诘问》（*Mind and Cosmos: Why the Materialist Neo-Darwinian Conception of Nature is Almost Certainly False*）一书中，他表示支持泛心论。[13]这本书遭到了激进无神论者的猛烈谴责。进化生物学家杰里·科因（Jerry Coyne）断言，内格尔的观点并不比占星术高明。丹尼尔·丹尼特认为这部作品"一文不值"。语言学家斯蒂芬·平克（Stephen Pinker）称其为"曾经伟大的思想家的拙劣推理"。[14]从这些愤怒的攻击可以看出，物质主义者是多么执着于他们的信仰。

2015年，弗朗西斯·克里克在意识研究领域最亲密的合作者克里斯托弗·科赫（Christof Koch）宣布，他也从推崇物质主义跨越到了推崇泛心论。他和朱利奥·托诺尼（Giulio Tononi）合作，在《皇家学会哲学学报》（*Philosophical Transactions of the Royal Society*）上发表了一篇文章，指出：

> 物质主义，或者它的现代衍生物物理主义，极大地受益于伽利略的实用主义立场，即从自然中去除主体性（心灵），以便从操纵者/观察者的外在角度客观地描述和理解自然。但是这样做的代价是忽略了从内在的角度看实在的核心方面，即感受本身。与唯心主义和二元论不同，唯心主义摒弃了物质世界，而二元论在不稳定的结合中接受了物质和意识。泛心论是一种优雅的统一，认为从最小的实体到人类意识，也许到宇宙灵魂（anima mundi），只有一种物质。[15]

2014年，一群来自生物学、神经科学、心理学、医学和精神病学等不同领域的科学家发表了一份"后物质主义科学宣言"（Manifesto for a Post-Materialist Science）。我也是参与者之一。现在已经有三百多人签署了这份宣言。这份宣言的核心观点之一是"意识世界和物质世界之间存在着深刻的相互联系"。正如宣言明确指出的那样，这既不是对科学的否定，也不是对物质重要性的否定，而是提倡一种更广泛、更包容的科学：

> 后物质主义科学并不否认实证观察和迄今为止所取得的科学成就的巨大价值。它试图增强人类更好地理解自然奇观的能力，并在此过程中重新发现心灵作为宇宙核心结构一部分的重要性。后物质主义承认物质，物质被视为宇宙的基本组成部分。[16]

泛心论并不是一个新概念。过去大多数人都相信泛心论，现在依然有许多人相信它。在世界各地，传统的人们认为他们周围的世界是有生命的，在某种意义上是有意识的，行星、恒星、地球、植物和动物都有自己的灵魂。古希腊哲学就是在这种背景下发展起来的，尽管最早的一些哲学家是物活论者，而不是泛心论者；也就是说，他们认为所有事物在某种程度上都是有生命的，而不必假设它们有知觉或感受。在中世纪的欧洲，哲学家和神学家理所当然地认为世界上到处都是有生命的生物；植物和动物都有灵魂，恒星和行星都是由智慧生物统治的。在今天，这种认知通常被视为"天真""原始"或"迷信"的，不被大众接受。塞尔将其描述为"荒谬"的认知。[17]然而，一些最伟大的西方哲学家支持泛心论者的观点，原因与斯特劳森相同。在笛卡尔的哲学观点发表后不久，反对他鲜明的二元论的思想家们开始寻找新的方法来理解身心在自然界中是如何联系在一起的，而不仅仅是在人类的大脑中。

物理和感受

哲学家巴鲁赫·斯宾诺莎（Baruch Spinoza，1632—1677）认为，自然界中的一切都有身体和心灵。心灵和身体是同一基础实在的两个方面，被称为"Deus sive natura"，即上帝或自然，而它们是平行变化的。一般来说，身体与世界的互动越复杂，相应的心灵也就越复杂。在各个复杂程度上，物质最基本的方面是斯宾诺莎所说的conatus，这是一个拉丁语单词，意思是"努力"，既指身体上的，也指心理上的。用他自己的话说：

> 每一件事物都会尽其所能，努力坚持自己的存在……每一件事物努力坚持其自身存在的努力不是因为别的，而是事物真正的本质。[18]

这种努力就相当于动力，而欲望就是一种动力，是一种意识到的动力。斯宾诺莎提出，对任何个人来说，过渡到一种权力更大或更完美的状态被体验为快乐，而权力的减少被体验为痛苦。[19]

戈特弗里德·莱布尼茨（Gottfried Leibniz，1646—1716）是一位博学家和数学家，他独立于艾萨克·牛顿发明了无穷小微积分。牛顿和莱布尼茨都认为世界是一个互联互通的整体。但是，牛顿认为物质是由无意识的粒子组成的，这些粒子通过万有引力吸引着宇宙中的所有其他粒子，而莱布尼茨则认为，宇宙的终极元素是通过意识相互联系的。他把这些终极单位称为单子。单子既是力量的物理中心，也是感受的心灵中心，每一个都是宇宙的反映。正如莱布尼茨所说，"每个单子都是一面活的镜子。……它从自己的角度代表宇宙，和宇宙本身一样有序"[20]。单子有两个主要特征，即"知觉"和"欲望"。知觉是单子不断变化的内部状态，它产生于它们的欲望，而欲望又产生于它们反映宇宙的需要。[21] 单子是力和心灵的统一，而牛顿的粒子只是无意识的力的中心。

在 18 世纪，启蒙物质主义的一些主要支持者将生命的机械论与物质本身有感觉和感受的信念结合起来。朱利安·德拉·美特利（Julien de la Mettrie）是著名的《人是机器》（L'Homme Machine，1748 年）一书的作者，他否认灵魂的存在，但他将构成身体的物质活化，赋予其感觉。[22]

杰出的启蒙哲学家丹尼斯·狄德罗（Denis Diderot）将主体性的领域扩展到所有物质，而不仅仅是生物体。1769 年，他写道："感觉的能力是物质的一种普遍而基本的性质。"[23] 他谈到了"智能粒子"，并补充说："从大象到跳蚤，从跳蚤到敏感的生命原子，万物的起源、自然中的一切都经历着苦难和愉悦。"[24]

从大约 1780 年到 1880 年，泛心论在德国尤其有影响力。哲学家约翰·赫尔德（Johann Herder，1744—1803）认为，力或能量是实在的基本原则，体现了心灵和物理特性。诗人沃尔夫冈·冯·歌德（Wolfgang von Goethe）是赫尔德的朋友，他设想了自然界的两大驱动力：极性和强化。极性与物质维度相关，是"一种不断吸引和排斥的状态"，而强化与精神维度相关，是一种"不断努力上升的状态"，一种进化的必然性。根据"没有心智就不可能有物质"和"没有物质就不可能有心智"的原则，"物质也能够经历强化，精神的吸引和排斥是不可否认的"。[25]

哲学家亚瑟·叔本华（Arther Schopenhauer）在《作为意志和理念的世界》（The World as Will and Idea，1819 年）一书中指出，万事万物

第四章　物质是无意识的吗？

都有意志，通过欲望、感觉和情感表达出来。物质是意志的"客观表现"。包括万有引力和磁力在内的物理力都是自然界意志的表现。

19世纪德语世界的许多哲学家也持有类似的观点，其中两位尤其重要。奥地利科学哲学家恩斯特·马赫（Ernst Mach，1838—1916）曾对阿尔伯特·爱因斯坦的相对论产生了影响，他明确反对物质的机械论概念。他写道："确切地说，世界不是由'物'组成的，而是由色彩、音调、压力、空间和时间组成的，总之就是我们通常所说的个体感觉。"[26] 德国最著名的达尔文进化论支持者恩斯特·海克尔（Ernst Haeckel）在1892年写道："我认为所有的物质都是被赋予了灵魂的，也就是说，都被赋予了感觉（快乐和痛苦）和运动。"他声称，包括微生物在内的所有生物都具有"有意识的精神活动"。无机物也有精神的一面，但"我认为可以归因于原子的、感觉和意志的基本精神品质是无意识的"。[27]

在美国，心理学先驱威廉·詹姆斯提倡这样一种泛心论，认为个体意识和由低等意识与高等意识构成的层次结构构成了宇宙的实在。[28] 哲学家查尔斯·桑德斯·皮尔斯认为，物质和精神是基础实在的不同方面。他说："所有的意识或多或少都具有物质的本质……从外部看一个事物，它会以物质的形式出现。从内部看一个事物，它会以意识的形式出现。"[29]

在法国，哲学家亨利·柏格森通过强调记忆的重要性，将这种思想传统提升到了一个新的高度。所有的物理事件都包含着对过去的记忆，这是使它们能够持久的原因。柏格森的同时代人认为，机械论物理学中的无意识物质在受到外力作用之前保持不变；物质生活在一个永恒的瞬间，其中没有时间维度。柏格森认为，机械物理学以电影的方式处理变化，就好像有一系列静止的、凝固的时刻。但对他来说，这种物理学是抽象化的，忽略了活生生的自然的基本特征。他说："绵延本质上是不再存在的东西向存在的东西的延续。这是被感知和生活的真实的时间。因此，绵延意味着意识。我们把意识放在事物的核心，正是因为我们相信它们具有持续的时间。"[30]

甚至一些最有影响力的现代物质主义者也禁不住会赋予生化系统以主体性。理查德·道金斯的"自私的基因"就是一个物质被赋予生命的例子。道金斯的分子生机论显然是一种修辞手法，而他的哲学同事丹尼尔·丹尼特试图通过赋予基因或复制因子自我复制的"利益"，从基因或复制因子中召唤出一种原始的意识。他说："当一个实体具备能够以某种原始方式延缓自身解体和分解的行为时，它将其'好处'带到这个世界。也就是说，它创造了一种独特的视角。"[31]

体验的场合

阿尔弗雷德·诺斯·怀特海是英语世界领先的泛心论哲学家，他的职业生涯始于任剑桥大学三一学院的数学老师，在那里他教过伯特兰·罗素。他们共同撰写了《数学原理》（*Principia Mathematica*，1910—1913年），这是20世纪数学哲学领域最重要的著作之一。怀特海随后提出了一种相对论，做出了与爱因斯坦几乎相同的预测，而这两种理论都被同样的实验证实了。

怀特海可能是第一个认识到量子物理学根本含义的哲学家。他意识到，物质的波动理论摧毁了传统的旧观念，即物质是在空间中存在的点状实体，它们在时间中运动，但在自身内部并没有时间的概念。根据量子物理学的理论，物质的每一个原始元素都是"一个有组织的振动能量流系统"。[32] 波并非在瞬间存在，而需要一定的时间，而且它的波动连接着过去和未来。怀特海认为物理世界不是由物质对象组成的，而是由实体或者事件组成的。事件是正在发生或是正在变成的过程，其中包含时间维度。这是一个过程，而不是一个实体。正如怀特海所说："一个事件在实现自身的过程中显示出一种模式。"这种模式"需要一段明确的时间，而不仅仅是一个瞬间"。[33]

正如怀海特所明确指出的那样，物理学本身就直指柏格森已经得出的结论。不存在没有时间维度的物质。所有的物理对象都是有时间维度的过程，是一种内在的绵延。量子物理学表明，事件有一个最小的时间周期，因为一切都是振动的，而没有振动是瞬时的。自然界的基本单位，包括光子和电子，既是空间单位，也是时间单位。不存在"瞬间的自然"。[34]

也许怀特海的理论中最令人惊讶和最具独创性的是他将身心关系作为一种时间关系的新观点。人们通常从空间的维度来理解这种关系：你的思想在你的身体内部，而物质世界在你的身体外部。你的心智从内部观察事物；它有内在生命。即使从物质主义的观点来看，心智也确实是"在里面"——在大脑里，被头骨隔绝在黑暗中。身体的其余部分和整个外部世界都在"外面"。

相比之下，对于怀特海来说，心智和物质是一个过程中的不同阶段。它们之间关系的关键是时间，而不是空间。实在是由过程中的时刻组成的，一个时刻影响着下一个时刻。时刻之间的区别要求体验者感受到现在与过去或未来之间的区别。每一个实在都是一个瞬间的体验。当它结束并成为一个过去的时刻时，它被一个新的"现在"的时刻、一个新的体验主体所继承。对新主体来说，刚刚结束的瞬间成了过去的客体，同时也是其他主体的客体。怀特海用一句话总结了这一点："先是主体，然后是客体。"[35] 经验永远是"现在"，而物质永远是"过去"。从过去到现在的纽带是物理的因果关系，就像在普通物理学中一样，从现在到过去的纽带是感觉，或者用怀特海的术语来说，是"涵摄"（prehension，这个词语有多个中文译名，除了"涵摄"之外，还有"摄入""摄受""抓取""把握"和"融会"等），字面意思是抓住或握住。

根据怀特海的说法，每个实际的场合都是由过去的物理原因决定的，也是由自我创造、自我更新的主体决定的。这个主体既选择自己的过去，又选择潜在的未来。通过涵摄，它可以选择将过去的哪些方面带入它现在的物质存在，也在决定其未来的可能性中进行选择。它通过选择性的记忆与过去相连，并通过选择与潜在的未来相连。即使是最小的可能过程，如量子事件，也是物理和精神的；它们在时间维度上是定向的。物理因果关系的方向是从过去到现在，但心理活动的方向却相反，通过涵摄从现在到过去，从潜在的未来到现在。因此，在事件的心理和物理两极之间存在着时间极性：从过去到现在的物理因果关系，以及从现在到过去的心理因果关系。

怀特海并不是说原子和我们一样有意识，而是说它们有体验和感觉。感觉、情感和体验比人类意识更基本，每一个心理事件都受到物质事件的影响和因果制约，而物质事件本身是由已经结束的经历组成的。认知之所以能够发生，是因为过去流入现在，形成并塑造它，同时主体在帮助决定其未来的可能性中进行选择。[36]

怀特海的哲学是出了名的难以理解，尤其是他的关键著作《过程与实在》（*Process and Reality*，1929年），但是他对精神和物质的时间关系的见解指出了一条前进的道路，虽然它们非常抽象，依然值得尝试去理解。他的现代追随者之一克里斯蒂安·德·昆西（Christian de Quincey）是这样描述他的观点的：

> 不妨把实在想象成由无数的"泡沫时刻"组成，其中每个泡沫都既是物理的，又是精神的——一个有感知能力的泡沫或量子……每个泡沫都存在片刻，然后破裂，由此产生的"喷雾"是构成下一个瞬间泡沫的物理极点的客观"物质"……时间是我们对不断发生的瞬时存在之间连续性的体验，这些瞬时存在可以被看作存在或变化的瞬时泡沫，在现在的瞬间中不断涌现和消失。我们觉得这一连串的时刻就像现在流入过去的流动，总是被新的"现在"时刻所补充，而这些"现在"时刻来自我们物化为未来的一个看似取之不尽的源泉……未来只存在于现在时刻的潜在可能性中，在我们的经验中。与此同时，这一切都受到过去的客观影响，即物质世界对当前时刻的制约。主体性（意识）是体验这些可能性的感觉，并从中做出选择，以创造下一个新的体验时刻。[37]

对于意识体验和时间之间的关系，人们已经进行了实验研究，并取得了引人入胜的结果。

意识体验和大脑活动

许多哲学家都在探究精神和大脑之间的关系，而神经科学家本杰明·利贝特（Benjamin Libet）和他的团队通过测量大脑的变化和意识体验的时间，对这一问题进行了实验研究。

首先，利贝特的研究小组通过闪光或在手背上施加一系列快速的温和电脉冲来刺激他们的实验对象。如果刺激时间很短，不到半秒（500毫秒），受试者就会意识不到，尽管他们大脑的感觉皮层会做出反应。但如果刺激持续超过500毫秒，受试者就会清楚地意识到。到现在为止，一切都好。对最短刺激时间的需求本身并不令人惊讶。令人惊讶的是，受试者对刺激的意识不是在500毫秒之后开始的，而是在刺激开始的时候开始的。换句话说，刺激被主观感知到需要半秒钟的时间，但这个主观体验似乎移动到了刺激刚被施加时。"意识体验存在一种自动的主观时间倒退现象……感官体验将从实际延迟的时间中'提前'出来，在这个时间里，神经元状态变得足以引发感官体验，而这种体验在主观上似乎并没有明显的延迟。"[38]

其次，利贝特调查了当人们做出自由的有意识的选择时会发生什么。他通过脑电图仪（EEG）测量了他们大脑的电活动。他将小电极放置在受试者头部表面。受试者安静地坐着，并被要求在他们想做的时候弯曲一个手指或按一个按钮。调查还关注他们何时决定或希望这样做。这个有意识的决定发生在手指运动前200毫秒。这似乎很简单——选择先于行动。值得注意的是，在做出任何有意识的决定之前大约300毫秒，大脑就开始发生电变化。[39] 这些变化被称为"准备电位"。

对于一些神经科学家和哲学家来说，利贝特的发现似乎是证明自由意志是一种幻觉的终极实验证据。大脑首先发生变化，大约三分之一秒后，意识跟随选择，而不是发起选择。因此，导致了"决定"的是无意识的物理过程，而不是自由意志。[40]

利贝特本人对此持不同观点。他认为，在意识到想要采取行动的欲望和实际行动之间的这段时间（200毫秒），人的意识有机会否决这个决定。这不是自由意志，而是"自由抑制"。这种有意识的决定取决于利贝特所说的"意识心理场"（conscious mental field），它产生于大脑活动，但本身并不是由大脑活动所决定的。意识心理场可能是通过影响神经细胞中随机或不确定的事件对大脑活动起作用的。意识心理场还有助于整合大脑不同部分的活动，并具有"回溯"主观体验的特性，因此在时间上是倒退的。[41]

意识心理场将统一由许多神经单元产生的体验。它还能够影响某些神经活动，形成有意识意志的基础。意识心理场将是一个新的"自然"场。它将是一个非物理场，也就是说它不能被任何外部物理手段直接观察或测量。当然，这个属性是有意识的主观体验众所周知的特征，只有产生这种体验的个人才能获得。[42]

如果比利贝特更进一步，如果心理场在神经活动的时间上是倒退的，那么有意识的心理场可能会导致在它之前的准备电位。心理上的因果关系将从未来作用到过去，而物理上的因果关系将从过去作用到未来。物质主义者对利贝特的发现的解释假设因果关系只在一个方向上起作用，即从过去到未来。

但如果心理上的因果关系是相反的，那么有意识的选择可能会触发准备电位。在第九章中，我将讨论更多这方面的实验证据。

意识和无意识

"无意识"这个词至少有两种含义。一种是指完全没有思想、经验和感觉，这就是物质主义者所说的物质是无意识的。物理学家和化学家把他们研究的系统视为这种绝对意义上的无意识。但是，"无意识"这个词还有另一种与此大相径庭的含义。我们自己的大多数心理过程都是无意识的，包括我们的大多数习惯。比如，开车时，我们能一边关注路况，一边和旁边的人说话，却不会意识到我们所有的动作和选择。当我走到一个熟悉的路口时，我可能会自动右转，因为这是我习惯走的路线。我是在各种可能性中进行选择，但这种选择是基于习惯的。相比之下，如果我在一个不熟悉的城市开车，并试图借助地图找到路，那么当我到达一个十字路口时，我的选择取决于有意识的思考。但我们的选择中只有一小部分是有意识的。我们的大多数行为都是习惯性的，而习惯的本质是无意识在发挥作用。

和人类一样，动物在很大程度上也是习惯性的生物。然而，它们对自己的大多数行为并没有意识——就像我们对自己的大多数行为没有意识一样——这一事实并不意味着它们是没有思维的机器。它们既有身体的一面，也有心理的一面，后者是由它们的习惯、感情和潜力所塑造的，它们会无意识地或有意识地在其中进行选择。

如果说电子、原子和分子会做出有意识的选择，这可能不太好理解，但它们可能会在习惯的基础上做出无意识的选择，就像我们和动物一样。

根据量子理论，即使是像电子这样的基本粒子也有许多可供选择的未来可能性。物理学家对它们行为的计算包括考虑它们所有可能的未来。物理学家在计算它们的运动方程时，也考虑到它们所有运动的可能性。[43] 电子是物理的，因为它们重现了它们过去的元素，但它们也有一个心理极点，因为过去的重演与它们的未来潜力会联系起来，而这在某种意义上是向后追溯的。

但我们是否可以说电子有经验、感觉和动机呢？它们会被一种可能的未来所吸引，或者被另一种可能的未来所排斥吗？答案是肯定的。首先，电子是带电的，它们能"感觉到"周围的电场。它们被带正电荷的物体吸引，而被带负电荷的物体排斥。物理学家用数学模型来模拟它们的行为，而不是假设它们的感觉、吸引和排斥是物理力量以外的任何东西，也不是假设它们个体不可预测的行为是由概率以外的其他任何因素控制的。物质主义者会说,只有通过想象力天马行空的隐喻,人们才会认为它们有感觉或感受。但一些物理学家持不同意见,比如大卫·玻姆和弗里曼·戴森(Freeman Dyson)。玻姆指出:"问题在于物质是相当粗糙和机械的,还是变得越来越微妙,变得与人们所说的心智难以区分。"[44] 弗里曼·戴森写道:

> 我认为,我们的意识不仅仅是大脑中化学事件带来的被动附带现象,而是一种主动因素,迫使分子复合物在一种量子态和另一种量子态之间做出选择。换句话说,意识存在于每一个电子,人类意识的过程与量子状态选择的过程只是程度上的不同,而不是种类上的不同。[45]

这些都是很难回答的问题,对"感觉""体验"和"吸引力"等词的意义提出了各种进一步的问题。当应用于量子系统时,它们是隐喻吗?也许是吧。但我们无法在隐喻思维和非隐喻思维之间做出选择。科学中没有无隐喻的领域。整个科学领域充满了法律隐喻,如"自然法则",计算机隐喻的物质主义心灵理论,等等。但这些问题不仅仅是文学或修辞上的,还是科学上的。正如柏格森和怀特海明确指出的,以及利贝特通过实验证明的那样,物质的精神和物理方面,与时间和因果之间的关系是不同的。

在第五章中,我将在自然界的目的性的背景下,探讨从未来流向过去的影响。

这有什么区别吗?

"物质是无意识的吗?"这不仅是一个抽象的智力问题,而且会产生很大的影响。它会影响我们与他人和世界的关系,塑造我们对自己的体验。如果物质主义是正确的,所有的身体,包括你和我,本质上都是无意识的。你的主观体验以副现象的形式出现在你的大脑中，或者它们仅仅是你大脑物理活动的一个方面，但它们不会产生任何影响。你的思维、欲望和决定不能干涉常规的物理因果关系。你的选择是虚幻的。物质主义承诺，在未来的某个时候，人类的所有行为和信仰，包括对物质主义的信仰，都可以通过人类大脑的物理和化学机制以及人体内外的随机事件得到充分的解释。

但如果这些物质主义信仰是错觉呢？也许你真的可以在论据、证据和体验的基础上自由选择你的信仰。也许你真的是有意识的。也许其他动物也有意识，在某种程度上有自由选择的能力。也许所有的有机体都有经验和感觉，无论是物理的还是生物的，包括原子、分子、晶体、细胞、组织、器官、植物、动物、有机体社会、生态系统、行星、太阳系和星系。

你是把自己想象成一个无意识的机械世界里僵尸一样的机器，还是想象成一个能够做出选择的真正有意识的人，与其他有感觉、体验和欲望的存在生活在一起，这还是有很大区别的。

给物质主义者的问题

你认为自己的意识只是大脑活动的一个方面或附带现象吗？

如果"意识"什么都做不了，为什么它会进化成一种适应机制呢？

你是否同意物质主义哲学家盖伦·斯特劳森的观点，即物质主义意味着泛心论？

你自己对物质主义的信仰是由你大脑中的无意识过程决定的，还是由理性、证据和选择决定的？

总　结

　　在 17 世纪的机械论科学中,物质被定义为无意识的,有意识的思想仅限于人类,还有精灵、天使和上帝。精神和物质是二元的。没有人能令人满意地解释非物质的心智是如何与物质的大脑相互作用的。物质主义者拒绝接受这些神秘的非物质实体的存在,只相信无意识的物质。但由于我们自己就是有意识的,这种抹杀意识的做法给物质主义者带来了一个大问题,他们试图敷衍搪塞,或将其视为幻觉。但是,一些哲学家并没有假设物质主义和二元论是唯一的选择,而是探索了这样一种观点,即所有自组织的物质系统都既有物理的一面,也有心灵的一面。它们的心灵将它们与未来的目标联系起来,并受到它们过去的记忆的影响,无论是个体的还是集体的。心智与身体的关系更多地与时间有关,而不是空间。心智会在可能的未来中进行选择。心智的因果关系与能量的因果关系在方向上是相反的,是从虚拟的未来走向过去,而不是从过去走向未来。

第五章
自然是没有目的的吗?

目的与目标或意图有关,无论是有意识的,还是无意识的。目的将生物体与其潜在的未来联系起来。英文单词"purpose"(目的)来源于拉丁语"proponere",意思是提出。表示"意图"的动词"intend"源于拉丁语的"intendere",意为"延伸到"。"goal"这个词来自中古英语"gol",意思是边界或限制。希腊语中表示"目的"的"telos"是英文中表示"目的论"的单词"teleology"的词根。所谓目的论,是指对目的或目标的研究。

这些词都指向一个难以理解的概念。它们存在于虚拟领域,而不是物理现实。它们将生物体与尚未发生的目的或目标联系起来。用现代数学的一个分支动力学的语言来说,它们是吸引子。目的或吸引子是无法衡量的,因为它们不是物质。然而,它们可以影响物质实体,并产生物理效应。当你追求你的目标时,你的活动是可以拍摄和测量的客观现象。一条公狗努力要挣脱绳子冲向发情的母狗,这种力可通过在拴狗的皮带上安装一个弹簧秤来量化。狗的欲望具有可测量的力量和方向。目的或动机是原因,但是它们的作用方式是朝向一个虚拟的未来去"拉",而不是从一个实际的过去来"推"。

中世纪哲学的主流遵循亚里士多德和阿奎那的观点，认为所有的生物都有自己的目标和目的，这些目的和目标来自它们的灵魂。动物和植物的基本目的在于生长、自我维持和繁殖。这些目的和目标被称为"目的因"，通过吸引力这种方式起作用。橡树苗的终极目标是长成一棵橡树，并实现自我繁殖。目的因通过未来的吸引来"拉"，而动力因通过从过去"推"的方式起作用。

17世纪科学的机械论革命废除了目的、目标和目的因。一切都可以用机械的方式来解释，物质从过去被推动，比如在台球物理学中，或者被作用于现在的力所推动，比如万有引力。在科学界，这样的信条已经存在了400年，但是这个信条不符合事实。因此，科学家们不断以变换的形式重新发明目的或目标。

生物体的目的

机器与生物体不同，它们没有内在的目的性。车辆本身没有像马一样跑向一个地方而不是另一个地方的愿望。计算机本身没有目的，而是执行为人类用户服务的程序。导弹不会选择自己的目标，其目标是被预先设定好的，不像赛鸽一样会自发地飞回自己的家。机器可以实现人类的目的，这种目的是外在于机器的，但包括人类在内的生物都有自己的目的和目标。正如下面所讨论的，目的首先是通过形态发生（morphogenesis，这个英文单词是由希腊语中表示"形态"的"morphe"和表示"生成"的"genesis"这两个词组合而成）来表达的，例如山毛榉树是从种子生长起来的，翠鸟是从蛋孵化出来的。

机械论哲学废除了最终原因，因此整个自然界都失去了目的性。生物学领域的学生学会了用新达尔文进化论来解释目的：眼睛不是为了看东西而出现的，而是偶然的基因突变和自然选择的产物；眼睛之所以会进化出来，是因为它们使能看到东西的动物比看不到东西的动物更好地生存和繁殖。这种解释的问题在于，它没有解释生命有机体的目的性，而是预设了它。生物体之所以能够存在，是因为它们的祖先已经具有目的性，能够生长、生存和繁殖。使它们能够更好地做到这一点的特征会受到自然选择的青睐，但是这些以目标为导向的基本活动已经存在于第一批活细胞中。

对于笛卡尔和其他许多科学家来说，即使自然界的其他部分没有目的性，人类仍然是有的。人类有超越物质自然的理性灵魂，在有意识的头脑和有目的的行为方面，他们是独一无二的。人类是大自然的一个例外。但是物质主义反对这种学说。信仰物质主义的人认为人类与大自然的其余部分没有根本区别，没有所谓的非物质人类灵魂，只有机械工作的大脑。

然而，人类仍然是有目的性的，动植物也表现出目标导向的行为。因此，目的不断出现，有时被包装成"目的性"（teleonomy）这样的表达，有时以"自私的基因"这样的面目出现。理查德·道金斯认为这些基因被一种无法抑制的自我复制的欲望所驱使。他说："它们存在于你我之中，它们创造了我们，创造了我们的肉体和心智，而保存它们是我们存在的终极理由。"[1]

大多数生物学家在实际研究中接受了某种形式的目的性。然而，为了保持机械论的科学立场，他们又在哲学上拒绝目的性。在现代生物学中，目的性的问题陷入了矛盾的境地：一方面，科学家在研究中使用了表示目的性的话语；另一方面，却又信誓旦旦地否认目的性的存在。有一个事实加剧了这种混乱，那就是"目的"有两个容易混淆的含义：一个是指生物体通过生长、维持自身和繁殖等活动实现的目标。这些活动遵循祖先遗传下来的模式，是生命体生存和繁衍的基本特性。另一个是整个进化过程是否有任何目标或目的的问题。这些是不同的问题，我把对于可能的进化目的的讨论推迟到本章最后。

并非只有有生命的有机体才会有目标导向。从某种意义上说，一块下落的石头的活动是有指向性的，它被吸引到地面上，然后才会停下来。一块铁会被磁铁吸引，直到它尽可能地靠近磁铁。引力、磁力和电的吸引都能产生有限种类的定向活动。

在这方面，生物体走得更远。生物学家罗素（E. S. Russell）在他的经典著作《有机活动的指向性》(*The Directiveness of Organic Activities*,1945年)中总结了生物体中目标导向活动的一般特征:

1. 当目标达到时,行动就停止了:目标通常是行动的终点。
2. 如果目标没有达到,行动通常会持续下去。
3. 这种行动是可以变化的,如果目标不能以一种寻常的方式达到,就会以另一种方式实现。
4. 从不同的起点可以达到同样的目标。
5. 目标导向的活动会受外部条件的影响,但并不是由外部条件决定的。

一个可以从不同的起点达到相同目标的例子是蜻蜓卵在一半被破坏之后的发育(见图5.1)。卵的后部通常会形成胚胎的后部,但是如果卵的前部被破坏,后部就会形成一个虽然体积更小但是也很完整的胚胎。同样,生物体上的某个部分也具有发育成完整个体的再生能力。例如,扦插的柳枝可以长成一棵新的柳树。如果一只扁虫被切断,每一块都能成为一只新的扁虫。

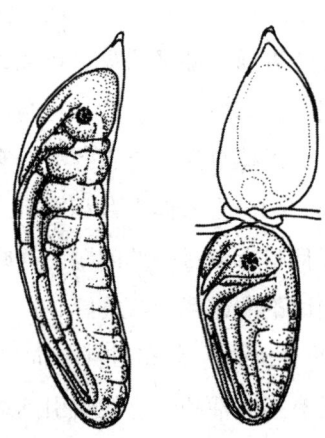

图5.1 左为蜻蜓的正常胚胎。右为卵在产下后不久被从中间拴住,由卵的下半部分形成的虽然小但是很完整的胚胎。
资料来源:韦斯(Weiss),1939年。

即使是单细胞，也有惊人的再生能力。伞藻（Acetabularia）是一种单细胞绿藻，又被称为美人鱼的酒杯，长度约为5厘米，主要由三个部分组成：被称为固着器的根状结构，可以将其固定在岩石上；柄；直径约1厘米的帽状结构（见图5.2）。这个非常大的细胞的一个根状结构中有一个细胞核。随着其不断生长，它的柄变长，形成一系列的轮生体，这些轮生体之后会脱落，最终在顶端形成帽状结构。如果剪断柄，把帽状结构切掉，在切口愈合后，一个新的顶端会生长出来，柄上会再次形成一系列的轮状体，然后形成新的帽状结构。这个过程和正常的生长模式类似。如果反复切掉帽状结构，这一过程可以一次又一次地重复发生。[2]

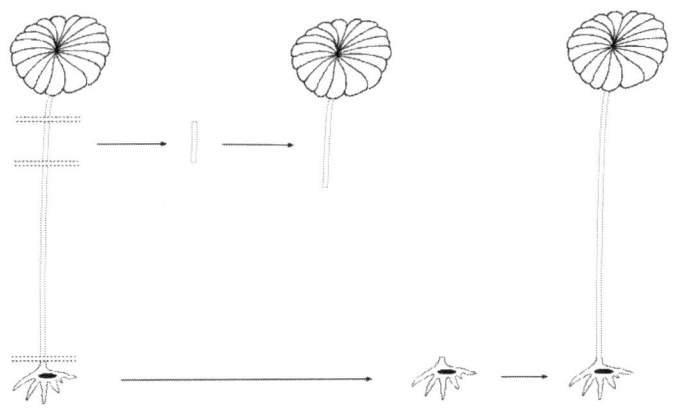

图 5.2 地中海伞藻的再生。这是一种异常巨大的单细胞生物，高达 5 厘米，顶端为绿色的帽状结构，下端通过假根附着在岩石上。细胞基部有一个大的细胞核（黑色椭圆形）。当柄在基部附近被切断后，基部能再生出新的柄和帽状结构（如右图所示）。当柄的上部一段被切除后，即使这部分不含细胞核，也能生长出新的帽状结构和更多的柄。

正如在下一章将讨论的，通常的假设是基因以某种方式控制或"编程"了形态的发展，就好像包含这种基因的细胞核是一种控制细胞的大脑。但伞藻表明形态发生可以在没有基因的情况下产生。如果含有细胞核的根状细胞被切断，伞藻可以存活数月。如果帽状结构被切断，它可以再长出一个新的。更了不起的是，如果从柄上剪下一段，在切口愈合后，一个新的顶端会从原来有帽状结构的那一端生长出来，形成一个新的帽状结构。[3] 形态发生是目标导向的，即使在没有基因的情况下也会朝着形态吸引子的方向移动。

动物行为

和形态发生一样，动物的行为是目标导向的，动物的本能可以被认为是被那些有助于动物成长、生存和繁殖的吸引子所牵引，无论是作为个体还是作为社会群体的成员，例如在蜂群中。但是动物的行为是目标导向的这一事实并不意味着动物的目的是有意识的，就像伞藻的目标导向的生长并不意味着这种藻类是有意识的一样。

本能行为通常由一系列或多或少刻板的行为模式或固定动作模式组成。一个固定动作模式的终点可能是下一个固定动作模式的起点。一系列固定动作模式的终点被称为完成行为（consummatory act），例如，吞咽食物。

正如在形态的发展过程中一样，动物有一种内在的能力来调整或调节它们的行为，以便在受到干扰的情况下也能达到目的。研究动物行为的动物行为学家观察到，许多固定动作模式显示出其有一种"固定"成分和一种相对灵活的"定向"成分。

例如，灰雁会把从巢里滚出来的蛋再滚回去。它会把喙放在蛋的前面，然后将蛋滚回巢里。当蛋被滚动时，蛋会左右摇摆，这时灰雁会左右移动自己的喙。[4] 这些运动以一种灵活的方式发生，以适应蛋的运动，实现将蛋滚回巢的固定目标。

在筑巢行为中，目标导向活动在行为和形态上发生的相似性表现得最为明显。例如，澳大利亚有一种雌性泥黄蜂在坚硬的沙质土壤中挖一个大约3英寸长、1/4英寸宽的窄洞，作为自己的巢。然后，它会在巢里铺上用巢附近的泥土制成的泥球。首先,它用嗉囊中的水分把泥土弄湿,然后用颚将泥土滚成一个泥球,并将泥球搬进洞内,铺在洞壁上。在全部铺好之后,它开始在洞口上方建造一个又大又精致的漏斗结构,这个漏斗结构由许多泥球逐步堆叠建造而成(见图5.3A)。其功能似乎是将寄生蜂拒之门外,当它们试图爬进来时,就会因为无法抓住漏斗光滑的内壁而掉出来。

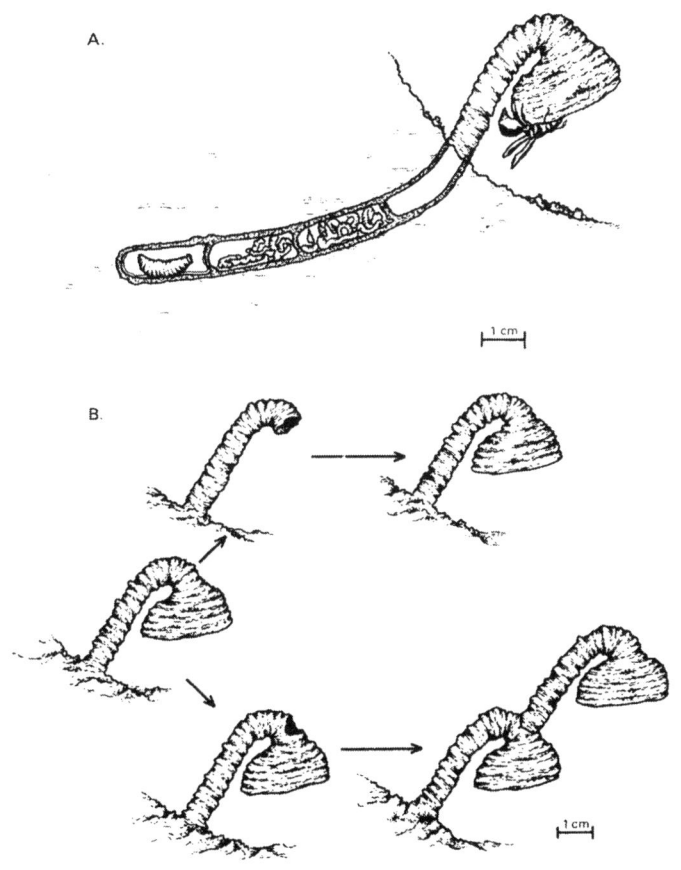

图5.3　A.装满食物的泥黄蜂的巢;B.黄蜂修补漏斗结构。图5.3A是实验人员将原来的漏斗结构破坏后泥黄蜂建造的新漏斗结构。图5.3B是泥黄蜂在正常漏斗结构上方一个洞口处建造的另一个漏斗结构。

资料来源:巴奈特(Barnett)的《现代动物行为学》(Modern Ethology),1981年。

在漏斗结构建成后，泥黄蜂会在巢洞的末端产卵，并开始往巢洞里储备作为食物的毛毛虫，这些毛毛虫被密封在大约2厘米长的巢室里。最靠近入口的一个巢室通常是空的，这样做可能是为了防止寄生虫。然后，它会用一块泥土把巢洞入口堵上，并破坏掉精心建造的漏斗结构，只留下一些碎片散落在地上。

这是一系列固定动作模式。每个动作的终点都会成为下一个动作的刺激。就像胚胎发育一样，如果正常的活动路径受到干扰，胚胎通过不同的路径也可以到达同样的终点。例如，在野外进行的实验中，当泥黄蜂出去收集泥球时，一名研究人员打破了几乎已经完工的漏斗，而泥黄蜂会按照原来的样子重新建造一个漏斗结构。如果研究人员再次将其破坏掉，黄蜂就会再次重建。有一只泥黄蜂把这个过程重复了七次之多。[5]

后来，研究人员从一些泥黄蜂那里偷走了几乎完工的漏斗，并将其移植到其他的巢洞上，而这些巢洞的主人刚刚开始建造自己的漏斗结构，当时正好出去收集泥球了。当这些泥黄蜂带着收集好的泥球回来时，它们发现漏斗已经建好了。它们只是里里外外简单地检查了一下，然后就开始将其当成自己的加以完善。

在建造漏斗茎时，沙子被堆在周围。漏斗茎通常有一英寸长。如果一个快完成的茎被埋在地下，直到只露出不到一英寸，泥黄蜂会继续建造，直到它再次高出地面一英寸左右。

研究人员在不同的施工阶段在漏斗上打洞，泥黄蜂会立刻发现有所损坏，并用泥条加以修复。

最有趣的行为发生在对一种在自然条件下可能永远不会发生的破坏的反应中：在漏斗建成后，研究人员在漏斗的颈部打了一个圆孔。黄蜂很快就注意到了这个圆孔，并从里到外仔细地检查了一遍，但由于表面太滑，它们无法从里面进行修复。过了一段时间，它们开始往洞的外面放泥土，而这是当它们开始在巢的入口洞上建造漏斗结构时所做的。漏斗颈部的孔洞成为建造漏斗的刺激信号，于是泥黄蜂又建造了一个完整的新漏斗（见图5.3B）。

目标导向性使动物能够在受到意外干扰的情况下达到目标，就像发育中的胚胎在受损后会进行调节并产生正常的有机体一样，就像植物和动物会再生失去的结构一样。

吸引子

在许多变化模型中，目标或目的被隐含地视为一个类似于万有引力的吸引子。例如，在化学中，变化过程是根据位势井（potential well）来建模的（见图5.4）。

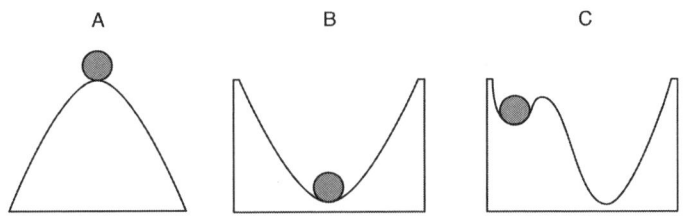

图5.4　一个不稳定系统（A）、一个位势井中的稳定系统（B）和一个部分稳定系统（C）的图解。这个比喻基于重力：球倾向于滚动到最低的位置，这里具有最小的势能。

一个系统会被吸引到最低点，即能量最小的位置。在动力学的数学模型中，目标或终点被表示为"吸引子"。吸引子位于"吸引盆"（basin of attraction）中。这里使用抛小球入盆的比喻。小球会在盆中以不同速度和角度滚动，但最终都会停在同一个地方，亦即盆底，这就是"吸引子"。这个比喻之所以恰当，是因为盆底确实是一个重力吸引子。

在20世纪中期，生物学家康拉德·沃丁顿（Conrad Waddington）用"表观遗传景观"（epigenetic landscape）中的吸引子来描述胚胎发育的目标导向性（见图5.5）。景观中的每个终点代表胚胎发育形成的一个器官，如眼睛或肾脏。山谷代表了这些器官发育的惯常路径或变化过程。发育过程被比喻为沿着这些变化的惯常路径（沃丁顿所说的"必经之路"）滚动的小球。这个模型的一个优点是，即使发育受到干扰，它也能自然地解释正常器官的发育。如果球被推到山谷的一侧，当它被释放时，它仍然会朝着吸引子滚动。沃丁顿认为这些表观遗传景观代表了形态发生的场。

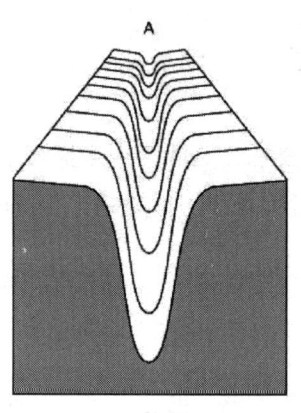 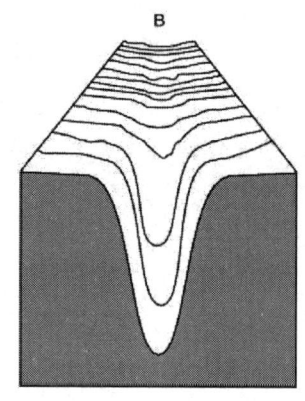

图 5.5　图中 A 是沟壑很深的必经之路，B 是起初沟壑很浅的必经之路。球会沿着沟壑滚向终点，也就是吸引子。

这个表观遗传模景观的吸引子也类似于重力。发育中的系统会被它们的目的或目标所吸引。它们不仅受到过去的推力，还受到未来的拉力。

在 20 世纪 70 年代到 80 年代，法国数学家勒内·托姆（René Thom）利用动态拓扑模型进一步扩展了沃丁顿的思想。沃丁顿的模型是以简图的形式出现的，而托姆的模型则有很强的技术性，依赖于一个叫作微分拓扑学的数学分支，该分支研究的是光滑的表面以及它们转换成具有不同空间属性的对象的过程。他的模型也是动态的。在技术意义上，动力学是对时间变化的研究，并且处于多维相空间中。即使对许多数学家来说，托姆的研究的技术细节也很难理解，但他利用它们从形态发生场中吸引子的角度来模拟发育过程，描绘了动物和植物沿着必经之路朝着发育目标发育的结构，比如眼睛或叶子的结构。[6] 这些场中的吸引子可以解释丧失或受损的结构的再生。

托姆还从吸引子的角度对动物的行为进行了建模。例如，在捕获食物的必经之路中,捕食者寻找、发现并捕获食物,最终将其吞食——用动物行为学的语言来说,这是一种完成行为。[7]

形态发生场中的吸引子只是抽象的数学模型,还是形态发生场真的发挥了因果影响,吸引生物体来实现它们的目标?除了物理学已知的力和场之外,自然界中还有另一种因果关系吗?我认为是有的,我认为这与第四章中讨论的虚拟的未来对现在的影响有关。来自虚拟结局或吸引子在时间上"向后"发生作用的因果关系,与怀特海关于精神和物质的时间区分非常吻合,精神原因是"向后"向过去发生作用的。心智因果从虚拟未来的可能性境界反向流动,在现在与从过去向前流动的能量相互作用,导致发生可观察的物理事件。来自过去的推力和来自虚拟未来的拉力在现在重叠,就像小球在盆子里滚动一样。

虚拟目标是如何在时间上"向后"发挥因果影响的呢?这种因果影响是否仅限于潜在的虚拟境界而不是现实境界呢?或者,将来的事件是否也会对之前的事件产生影响呢?

影响从物质的未来向后流动的可能性似乎不值得考虑。大多数人认为逆时向因果在科学上是不可能的。但令人惊讶的是,大多数物理定律都是可逆的,既可以从过去向未来发生作用,也可以从未来向过去发生作用。1864年,詹姆斯·克拉克·麦克斯韦(James Clark Maxwell)提出,关于电磁波的经典方程组有两种解:一种解描述的是光波从现在向未来移动,符合常规的对于因果关系的理解;另一种解描述的是光波从现在向过去移动,这与普通的因果关系的方向相反。这些逆时向传播的波称为"超前波"(advanced waves),意味着逆时向的影响。超前波是电磁学数学的一部分,但物理学家忽略了它们,因为它们被认为是"非物理的"。

然而,量子力学的一些解释允许物理影响逆时向传播,或者说是承认来自未来的因果影响。在理查德·费曼的解释中,正电子可以被视为逆时向移动的电子。在量子力学的交易诠释(transactional interpretation)中,[8]量子过程被看作是发射器和吸收器之间的驻波,顺时波是从发射体到吸收体，逆时波是从吸收体到发射体。就在你的眼睛吸收了从书页上反射回来的光子的那一刻，它也会发出一种反光子，这种反光子沿着相反的方向运动，就像光子射向你的眼睛一样，抵达书页。在空间和时间中，书页和你的眼睛之间存在一种双向连接，形成了一种"握手"关系。

另一种看待量子力学中时间双向流动的方式是由量子物理学家亚基尔·阿哈罗诺夫（Yakir Aharonov）及其同事提出的。阿哈罗诺夫最为人所知的是他是阿哈罗诺夫-玻姆效应的共同预测者之一，这是量子理论的一个基本方面，与超导和其他几个量子现象有关。不同于通常认为量子过程只沿时间正向传播的观点，阿哈罗诺夫及其同事描述了量子态的反向传播："时间演化被看作是相邻时刻前向和后向状态之间的相关性。"虽然他们的大多数技术性讨论都涉及非常短的时间，但他们指出，如果将同样的原则应用于整个宇宙，将会导致一些非常深刻、激进的结论。宇宙的最终状态——如果存在的话——将会向后发生作用，影响到现在的事件：

> 量子力学使我们能够设定一个真实的未来边界状态——宇宙的假定最终状态。在哲学或意识形态上，一个人可能喜欢或不喜欢宇宙最终状态的想法。然而，关键在于，量子力学提供了一个可以指定初始状态和独立的最终状态的地方。如果有一个最终状态，这个最终状态会是什么，我们不得而知。[9]

阿哈罗诺夫和他的同事认为，量子力学中的时间反转过程可能是时间上"反向"影响的冰山一角。

但是，无论物理系统中是否会发生来自实际未来的时间保留过程，虚拟未来或潜在性的影响在所有组织的发展模式中都具有核心重要性，包括分子。

第五章　自然是没有目的的吗？

蛋白质折叠

　　吸引子对过程的吸引力并不局限于生物体。化学分子的形成也是一种形态发生，而分子是一种形式或结构。它们的形态可以用位势井底部的吸引子来表示（见图5.4）：分子之所以是稳定的，是因为它们是最小能量结构。如果它们受到干扰，被推离井底，它们很快就会回到那里。

　　对于像二氧化碳这样的简单分子，有一个简单、直接的最小能量结构。但是对于像蛋白质这样大而复杂的分子，可能的结构范围变得非常大。蛋白质分子是由多肽链组成的，多肽链是一串氨基酸，可以扭曲、转动和折叠成复杂的三维结构（见图5.6）。一种特定类型的蛋白质分子会折叠成一种独特的结构。在实验室里，许多蛋白质可以通过改变它们的化学环境来展开。[10]当它们被置于适当的条件下时，它们会再次正确折叠。

　　它们会回到一个稳定的终点，而这个稳定的端点是位势井底部的最小能量结构。但这并不能证明它是唯一具有最小能量的结构，可能有成百上千种其他可能的结构具有相同的最小能量。事实上，从DNA编码的线性氨基酸序列开始，通过计算来预测蛋白质的三维结构，可以得出太多的解。[11]在蛋白质折叠的文献中，这被称为"多重最小值问题"（multiple-minimum problem）。[12]

　　有令人信服的理由认为蛋白质并不会在所有这些可能的最小值中进行"测试"，直到找到正确的解。因蛋白质折叠研究而获得诺贝尔奖的克里斯蒂安·安芬森（Christian Anfinsen）是这样说的：

　　　　如果聚合物链通过围绕结构的各种单键的旋转随机探索所有可能的构型，将需要太长时间才能达到天然构型（Configuration）。例如，如果展开的多肽链的各个残基只能存在于两个状态中（这是一种严重低估），那么对于一个由150个氨基酸残基组成的链，可能随机产生的构象（Conformation）的数量是10^{45}个（当然，其中大多数可能在立体上是不可能的）。如果每个构象都可以以分子旋转的频率

（每秒钟旋转 10^{12} 次）进行测试（这是一个过高的估算），要测试所有可能的构象大约需要 10^{26} 年。

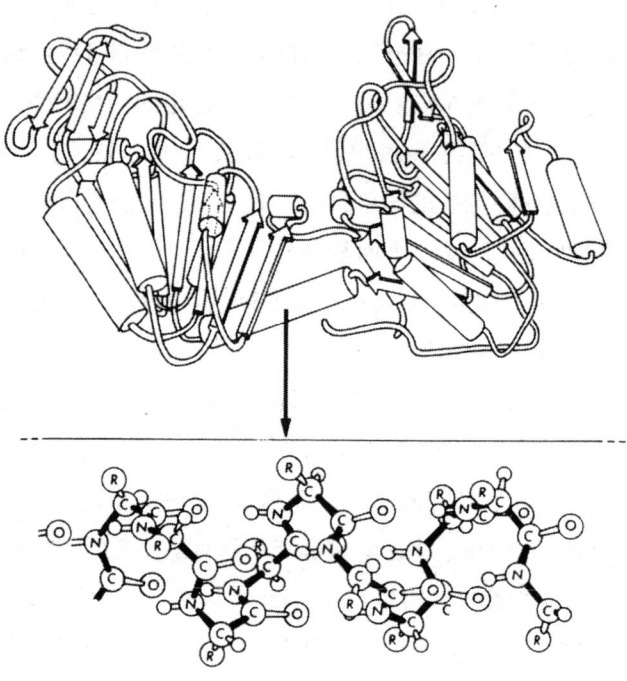

图 5.6　上图是磷酸甘油酸激酶的结构，这是一种从马的肌肉中分离出来的酶。α 螺旋用圆柱体表示，β 链用箭头表示。下图是更详细的 α 螺旋的部分结构，显示了原子的相对位置。
资料来源：出自班克斯（Banks）等人的《磷酸甘油酸激酶的序列、结构和活动》（Sequence, Structure and Activities of Phosphoglycerate Kinase），1979 年。

由于核糖核酸酶或溶菌酶等蛋白质链的合成和折叠可以在大约 2 分钟内完成，因此很明显，在折叠过程中并没有遍历所有的构象。相反，在我们看来，作为对局部相互作用的响应，肽链沿着各种可能的低能途径（数量相对较少）被引导，可能通过独特的中间态，走向最低自由能的构象。[13]

但是，折叠过程不仅可能沿着特定的路径被"引导"，而且可能被一种能量最小的特定构象所吸引，而不是被任何其他具有相同最小能量的构象所吸引。折叠途径可以被认为是蛋白质形态发生场的一条必经之路，而最终的三维结构则是一个吸引子。和生物形态发生一样，化学形态发生也是目的导向的。仅靠能量无法在这些可能性中进行选择，也无法决定系统所采用的特定结构。[14]

每两年都会有一场国际竞赛，竞赛的目的是获得对特定蛋白质折叠方式的最佳预测（被称为结构预测关键评价，Critical Assessment of Structure Prediction，简称 CASP）。参加比赛的团队会收到一系列蛋白质的氨基酸序列，并且必须计算出它们能折叠成的三维结构。2018 年，来自谷歌 DeepMind 项目的一个团队赢得了比赛，他们对 43 个蛋白质中的 25 个预测出了最准确的结构。第二名的团队只对 3 个蛋白质预测出了最准确的结构。

但谷歌的研究人员并非运用第一性原理做出了这些预测，而是用数千种已知蛋白质的氨基酸序列和三维结构的数据训练机器学习系统，然后这些系统通过在已知蛋白质中寻找相似的氨基酸序列，来预测未知蛋白质的结构。[15] 这是一项令人印象深刻的技术成就，但它也凸显了这样一个事实，即经过四十多年的艰苦努力，蛋白质结构仍然无法运用第一性原理预测出来。

还原论的失败

物质主义者曾经相信原子是终极永恒的现实，并渴望用这些微小粒子以及它们之间的相互作用来解释一切。它们被认为是所有物质解释所依赖的坚实基础。但是 20 世纪的物理学表明原子并不是固体的惰性粒子。它们是由亚原子粒子组成的振动活动结构，而亚原子粒子本身就是活动的振动模式。还原论者现在需要从粒子物理学和基本物理力的角度来解释一切。思想可以被还原为大脑，大脑可以被还原为神经细胞的化学和物理，细胞可以被还原为分子，分子可以被还原为原子，原子可以被还原为亚原子粒子。本着这种原子论的精神，许多科学家相信，一旦物理学家解释了基本场和粒子，其他一切都只是细节问题。史蒂芬·霍金表达了标准的观点：

> 由于分子的结构和它们之间的相互反应是所有化学和生物学的基础，原则上，量子力学使我们能够在测不准原理设定的范围内，预测我们周围看到的几乎所有的事物。（然而，在实践中，包含多个电子的系统所需的计算非常复杂，我们无法做到。）[16]

即使是李·斯莫林，虽然他可能对多元宇宙论持不同意见，但他也是一个传统的还原论者。他说："我们只需要 12 个粒子和 4 种力就能解释已知世界的一切。"[17] 和许多其他物理学家一样，霍金和斯莫林只是理所当然地认为，只要有了基本粒子的综合理论，所有的化学、生命和精神现象都可以用这些微观实体来解释。这是旧的物质主义议程换了新装。将事物分解并分析各个部分相对比较容易。问题是要理解整体，不仅要考虑各个部分，还要考虑它们之间的相互作用以及它们的整合方式。这些相互作用不在于部分本身。

为了研究赛鸽体内的分子，必须先杀死赛鸽，把它的组织和细胞磨碎，然后分离出分子成分。但在这个过程中，鸽子的所有结构和活动都被破坏了，就像建筑物的布局在拆除时被摧毁一样。对瓦砾的化学分析并不能确定建筑物的结构，同样，也不能通过对赛鸽分子的分析来重构其形态和归巢行为。就像在下一章中将讨论的那样，即使对鸽子的基因进行了充分的分析和测序，也不可能预测鸽子的结构和行为模式。

还原论的方法忽略了形态发生场、必经之路和吸引子。它假设一切都可以通过物质之间的物理相互作用和粒子的随机碰撞从底层开始解决，以及从过去推导到未来。然而，由于处理组合问题时可能出现的组合数量的急剧增加，这一尝试注定会失败。一个例子是，试图通过假设蛋白质会随机探索所有可能的折叠模式,直到找到稳定的最小能量结构,以此来预测蛋白质的三维结构,这样的尝试失败了。正如我们刚才看到的,一个小蛋白质需要大约 10^{26} 年的时间来完成这个过程,远远长于宇宙的年龄,即 10^9 年。此外,它不会发现唯一的最小能量结构,因为存在多个最小值。

正如勒内·托姆所指出的那样,随着系统变得更加复杂,数学的解释力迅速下降。他说:

> 量子力学在起初研究氢原子时表现得非常出彩,但是在将其应用到更为复杂的情况时,逐渐在各种近似中变得黯淡无光。……当我们进入化学领域时,数学算法的效率下降加速。任何复杂程度的两个分子之间的相互作用都难以用精确的数学来描述。……在生物学领域,如果我们摒除种群理论和形式遗传学,数学的使用仅仅局限于对一些局部情况(神经冲动的传导、动脉中的血流等)进行建模,这些情况略有理论意义但实际价值有限。……当从物理学转入生物学时,数学的可能用途会相对迅速地退化,这一点专家们当然知道,但不愿向公众透露。还原主义方法所给予的安全感实际上是一种幻觉。[18]

托姆认为,在对形态发生和行为建模时,需要的是定性而不是定量的数学模型,就像他提出的形态发生场、必经之路和吸引子模型一样。托姆的模型是拓扑学的,也就是说,它们是关于形式的,而不是关于数量的。例如,在捕猎的必经之路中,动物捕获它的猎物(猎物最初是与动物分开的,是动物外部的),然后吃掉它。猎物现在在动物体内,成为它的一部分。[19] 其他建模方法包括系统理论,它将细胞、有机体、社会或生态系统都视为具有自身"涌现特性"的整体,而不是试图自下而上地解释它们。系统的各个部分之间通过包括反馈回路在内的关系网相互联系。[20]

因此,有三种主要的整体方法。第一,系统理论家渴望建立系统

"涌现特性"的新型数学模型，但隐含地假设只涉及已知的物理场和力。第二，包括勒内·托姆在内的其他整体思想家是柏拉图主义者，他们试图在数学形式或结构中寻找最终的解释。[21] 第三，这是我自己遵循的方法：形态发生场、必经之路和吸引子是因果因素，它们的性质超出了我们所熟悉的物理学领域的力和场。它们内部有时间性：它们包含了先前由形态共振给出的类似系统的记忆，它们通过一种时间上"向后"的因果关系吸引生物体走向目的或目标。我将在下一章中更详细地讨论这些想法。

进化有目的性吗？

进化过程作为一个整体是否有目标或吸引子？物质主义者会从原则上说"不"。这种否定是物质主义哲学不可避免的历史后果。

物质主义者否认进化的目的性，该否认不是基于证据的，而是一种假设。在意识形态的基础上，物质主义者被迫将进化的创造力归因于偶然。

17世纪的机械革命废除了自然界的灵魂和目的性，只有人类的思想是例外。包括人的身体在内的其他一切都被机械地解释为来自过去的推动，而没有来自未来的拉动。自然被认为像一台机器一样无限期地运行着，它由运动中的永恒物质组成，遵循着永恒的法则。只有人和神才有目的性。

随着19世纪初物质主义和无神论的兴起，神的目的性被废除，只剩下人类的目的性。随着科学、技术和经济发展，当人类的目的性被集体汇聚到进步之中时，它们呈现出一种新的改变世界的强度。大多数人仍然相信自然是不变的，虽然早期的进化论（如伊拉斯谟·达尔文和拉马克的理论）指向了不同的观点。

随着1859年查尔斯·达尔文的《物种起源》的问世，生物进化论成为主流。一切生命似乎都在不断发展。有些科学家和哲学家认为，进化显示了自然本身的创造力，有些科学家和哲学家则认为进化是神的创造活动的印记，但是无神论者否认在进化中有任何神的活动或目的。

在20世纪下半叶，新达尔文主义者坚持认为，所有的创造力归根结底都是随机突变和自然选择的盲目力量的问题，是偶像性和必然性的相互作用。当大爆炸理论在20世纪60年代成为主流时，物质主义的前提意味着宇宙进化的整个过程必须是没有目的性的，就像地球上的生物进化一样。

因此，标准的科学观点认为，宇宙和生物的进化都是没有目的性的。根据人择宇宙学原理，宇宙适合生命存在（至少在地球上是这样）的事实，并不意味着宇宙作为一个整体有任何目的性。在无数的宇宙中，它恰好是拥有适合生命生存条件的这一个。

进化没有目的性的观点并不是一个可检验的科学理论。作为一种哲学假设，它是物质主义世界观的一部分。这种观点一直受到神学家的质疑，而且受到一些无神论者的质疑，尤其是美国哲学家托马斯·内格尔。在《心灵与宇宙》一书中，他提出，在宇宙进化过程中，生命和心灵的出现不仅仅是一个物理、化学和偶然的问题；它们可能是由其他东西决定的，即"宇宙形成生命、意识和与它们不可分割的价值的倾向"[22]。

未来的引力

正如我们所看到的，在吸引子模型中，重力是对终点或目标的吸引力的隐喻，如位势井、动态吸引子、形态发生场中的吸引子、必经之路和动物行为的吸引子。所有这些目的性活动的模型都是从我们对重力的体验中借鉴而来的。

重力对我们的体验如此重要，以至于我们认为它是理所当然的。我们在重力的作用下生活、移动和存在，就像鱼在水中一样。如果我们丢东西，它们就会掉下来。我们直立行走，在重力的作用下保持平衡。当我们躺下睡觉时，我们屈服于它。如果我们带着降落伞在3万英尺的高空跳下飞机，重力会把我们拉向地面。

重力是一种吸引力，它拉动着任何受其影响的东西。引力场中的物体被拉向未来。引力的作用方向是朝向未来目标的。从这个意义上说，它在时间上是向后的。

对于一块从山上落下的石头来说，来自未来的引力不是一种隐喻，而是一种描述。但是宇宙的演化呢？一切都被吸引着朝着一个引力目标或吸引子的方向发展吗？根据爱因斯坦的广义相对论，整个宇宙都在宇宙引力场中，这个引力场不是在空间和时间中，而是在时空中。引力将所有的东西拉在一起，如果相反的力不够强大，它会导致物质坍缩成黑洞，就像重恒星燃烧殆尽一样。同样，如果导致宇宙膨胀的能量小于一个临界值，那么宇宙将开始收缩，并加速走向最终黑洞的尽头，即大坍缩。这是最终的宇宙吸引子，是引力最终趋向的终点。然后也许它会诞生一个新的宇宙。

与引力的收缩力相反的是使空间膨胀的暗能量。根据罗杰·彭罗斯的理论（见第二章），如果有足够的暗能量，空间将继续呈指数级膨胀，直到所有结构都解体；物质将被稀释，直到所有的区别都消失在光子和其他无质量粒子的无特征海洋中。[23] 对于彭罗斯来说，这种最终状态会以某种方式转化为下一个宇宙的大爆炸。

在一种情况下，一切都将被吸进一个终极黑洞。这将是黑暗的胜利。在另一种情况下，它被升华成无限的光。这将是光明的胜利。与此同时，收缩力和膨胀力共同维持着宇宙。膨胀的能量从过去推动，给宇宙一个时间之箭，而通过引力，一切都被拉向未来的统一，至少是一个虚拟的统一，也可能是一个实际的统一。

宇宙中的所有生物都像是这个宇宙过程的缩小版：统一的场把它们拉向未来的吸引子，而过去的能量推动它们前进。它们都嵌入在更大的整体中——分子中的原子，细胞中的细胞器，生态系统中的动物，太阳系中的地球，星系中的太阳系——它们都有自己的目的和吸引子。

复杂性和多样性

浩瀚得难以想象的宇宙包含着数十亿个星系,每个星系又有数十亿颗恒星。它超越了我们观察能力的极限,超越了我们可以接收光或任何其他形式的电磁辐射的视界。它包含了无数的原子、分子、晶体、恒星和星系。地球上有各种各样的生命形式。人类领域有各种各样的语言、文化形式、社会模式、技术创新、小说和电影、体育、电子游戏等等。宇宙的基本特征似乎是丰富性、多样性和创造性。然而,在宇宙大爆炸的那一刻,宇宙还没有这些特征。随着时间的推移,多样性不断增强,组织的复杂性也在增强。

物质主义者认为,这个过程最终可以用能量、自然法则和偶然性来解释,没有来自未来终点或吸引子的引力。但这是一种信仰行为,因为他们不能证明所有的进化都是没有目的性的,而是假设如此。

如果进化是有目的性的,其中之一一定是多样性和复杂性的扩散。创造力本身能成为一种目的吗?

一些进化哲学家,如亨利·柏格森,认为进化过程的目标是获得持续的创造力。创造力是真实的;它不是一个固定计划的展开。柏格森的上帝是一个通过进化过程创造自己的上帝。他说:"上帝没有任何已造之物。他是永不停歇的生命、行动和自由。这样设想的创造力并不是一个谜。当我们自由行动时,我们自己也可以体验得到。"[24] 这种创造力的基础是柏格森所说的"生命的动力"或"生命之流"。

但是,就像宇宙不断膨胀或经济不断增长的想法一样,复杂性永远在不断增强的想法是无法令人满意的。我们习惯了有开头、中间和结尾的故事。

神和人的目的

在犹太教和基督教的传统中,人类历史是一段有终点的旅程,宇宙历史也是如此。起初是创世,万物和谐。后来,亚当和夏娃吃了分别善恶树上的果子，便堕落了，结果是辛劳、痛苦、竞争、争斗和谋杀，以及善行和预言，也就是我们所知道的人类历史。最终会有一个终点，一个最终的救赎，一个转变。在普通历史结束时，天堂将被恢复，和谐将被重新建立。

这个故事的原始历史版本是犹太人脱离被埃及奴役的旅程，他们穿过旷野，到达应许之地，在那里，天堂将在世上重建。

但现实却与此大相径庭。当犹太人到达应许之地时，那里并不是空荡荡的，而是生活着巴勒斯坦人。和现在一样，无尽的冲突随之而来。因此，随着弥赛亚的到来，普通历史的终结被投射到未来。对基督徒来说，耶稣就是弥赛亚。但历史仍在继续。基督教的神学家们期待着一个新的历史终结，那时基督会再临，并在世间建立一个千年的天堂。

在整个中世纪，基督教国家中出现了一连串的千禧年运动。历史学家诺曼·科恩（Norman Cohn）在他的经典研究《千禧年的追求：中世纪革命的千禧年派和神秘的无政府主义者》(*The Pursuit of the Millennium: Revolutionary Millenarians and Mystical Anarchists of the Middle Ages*，1957 年）中对此有精彩的描述。[25] 作为"现代科学之父"，弗朗西斯·培根将这种千年精神世俗化了。他指出，一种新的通往应许之地的旅程将由人类自己通过征服自然来实现。作为先锋队的将是一支科学祭司的队伍，他们的目的是"认识事物的原因和隐秘的运动；扩大人类的帝国，以影响所有可能的事情"[26]。这种通过科学和技术实现进步的愿景成为启蒙运动世俗哲学的基础。它的资本主义、共产主义和社会主义形式几乎支配着整个现代世界。

19 世纪生命进化论的发现和 20 世纪宇宙进化论的发现，将人类进步置于一个更为广阔的背景之中。但这些发现也在人类和自然之间拉开了越来越大的鸿沟。物质主义科学充斥着人类的目的，尤其是对经济和技术进步的渴望，但与此同时，它否认了自然的生命和目的。许多世俗人文主义者相信，进化在某种程度上预言——甚至要求——人类继续向上发展。[27] 与此同时，物质主义在经济和社会方面的表现在全球范围内取得了胜利,而这对其他物种和地球气候的影响可能是灾难性的。

意识的进化

所有宗教都认为人类意识在世界和人类命运中起着至关重要的作用。人类有参与终极存在或上帝或宇宙意识或神圣生命或涅槃的潜力。所有的宗教都是从对这种联系的直接体验开始的——通过古印度先知或哲人,通过佛陀的启蒙,通过希伯来先知,通过耶稣基督,通过穆罕默德。

与更伟大的存在合一的体验或者说是神秘的体验普遍得令人惊讶。1969年由生物学家阿利斯特·哈代(Alister Hardy)爵士建立的牛津大学宗教体验研究小组(Religious Experience Research Unit)发现,英国有成千上万的人认为自己"与一个比自己更伟大的存在接触过",对这些人中的大多数人来说,他们的神秘经历改变了他们的生活。此外,还有成千上万的人有过濒死体验,在大多数情况下,这些体验都产生了改变人生的效果。

印度教和佛教传统上认为生命和宇宙是无限循环的。它们是重复的,而不是渐进的。然而,人类个体可以通过与宇宙的思想或精神建立联系,逃脱这种循环。

印度教和佛教的原始形式本质上都不主张进化。事实上,在印度教的宇宙学中,每个宇宙周期都有四个时代,而我们目前正处于最后一个时代,即铁器时代(kali yuga),这是一个充满冲突和不和的时代,文明退化,人们距离神最为遥远。相比之下,藏传佛教徒看到的是一个渐进的过程,开悟的众生以新的转世来为众生的解脱而努力。他们将继续这样做,直到所有人都从生与死的循环中解脱出来。印度哲学家室利·奥罗宾多(Sri Aurobindo,1872—1950)采用了精神和物质双重进化的视角,指出人类将发生转变,实现"神圣的人生"。[28]

耶稣会士、生物学家泰亚尔·德·夏尔丹（Teilhard de Chardin，即德日进，1881—1955）认为，整个进化过程正在走向一个"最大组织复杂性"的终点，他称其为欧米茄点。欧米茄点是整个宇宙进化过程的吸引子，通过它，意识将被转化。

传统宗教是在已知的宇宙还很小的时候发展起来的。无线电和太空望远镜使我们能够看到远远超出我们银河系的宇宙，看到一个比任何人想象的都要大得多的宇宙。如果人类意识的转变是进化的目标，那么为什么在银河系中，除了我们的太阳之外，还需要有10亿颗恒星，并且在银河系之外，还有数十亿个其他星系呢？人类意识是独一无二的，还是意识弥漫了整个宇宙？我们的意识最终会和其他心灵产生联系吗？这些都是悬而未决的问题。无论是传统科学还是传统宗教，都没有任何现成的答案。像泰亚尔·德·夏尔丹和室利·奥罗宾多这样的哲学家认为，意识是进化过程的核心，从而指出了超越科学家推测的新的可能性。但是，即使对于最物质主义的科学家来说，意识作为人类知识的母体，作为科学本身的基础，也有着特殊的地位。

这有什么区别吗？

在个人层面上，承认自然界的目的性意味着人类的目的性不是唯一的。像动物和植物一样，我们的身体有生长、愈合和维持自身的内在力量。我们和其他动物一样有目标导向的行为。我们的许多目标，如捕获食物、繁殖后代以及与社会群体中的其他成员合作，都与许多其他物种相似。我们自己的生命以及我们的社会和文化的生命都嵌入在更大的系统中，比如地球、太阳系、银河系，最终是整个进化的宇宙。没有更广泛的目标感，我们的生活会显得毫无意义。

从科学的角度来看，认识到植物和动物的目的性比机械论的方法能给人带来更深刻的理解。

从虚拟的甚至是实际的未来到现在，从吸引子到它们所吸引的系统的因果影响，对一般自然的理解，特别是对心灵的理解具有重要意义。正如第九章将讨论的那样，来自未来的影响甚至可以通过实验检测到。

从精神的角度来看，未来与更高或更包容的意识状态的联系可能会成为精神的吸引子，将个人和社会拉向更高统一的体验。

给物质主义者的问题

你怎么知道自然没有目的性？这仅仅是一个假设吗？
如果自然没有目的性，你自己怎么能有目的性呢？
吸引子是如何吸引的？
有证据表明物质主义者相信整个进化过程是没有目的性的吗？

总　结

自组织系统有自己的目的或目标，它们会朝着这些吸引子的方向移动。所有生物都表现出目标导向的发育和行为。发育中的植物和动物会朝着发育终点的方向被吸引，如果它们的发育中断，它们通常可以通过不同的途径到达相同的终点。动物的行为是为了达到目的或实现"完成行为"。在物理学中，目标导向的行为是用吸引子来建模的，就好像未来的结局在时间上有"向后"的影响。一些量子理论家提出，因果影响发生的方向既可以从过去朝向未来，也可以从未来朝向过去。像蛋白质折叠这样的化学过程似乎也指向吸引子或目的。目的导向行为通常是无意识的。即使是人类，大多数目的和目标也是习惯性的。有意识的目的是例外，而不是常规。进化和进步都可以用吸引子来解释，其影响可以从未来的目标向后发生作用。

…

第六章
所有的生物遗传都是物质性的吗？

几千年来，遗传的一般原理在全世界都已为人所知：子女通常与父母相似；他们通常更像他们的直系亲属，而不是与他们没有血缘关系的人。同样的原则也适用于动物和植物，这也是常识。早在达尔文的进化论和孟德尔开创性的基因研究出现之前，人们就已经有选择性地培育植物和动物，创造了一系列令人惊讶的驯化品种，例如狗的品种有阿富汗猎犬，也有哈巴狗，卷心菜的品种有小球卷心菜，也有羽衣甘蓝。

孟德尔和达尔文的发现建立在许多代农民和育种者的成功的基础之上。达尔文研究这个课题多年。他订阅了《家禽记事报》（*Poultry Chronicle*）和《醋栗种植者记录报》（*Gooseberry Growers' Register*）等专业出版物，并在肯特郡唐豪斯（Down House）的花园里种植了 54 种醋栗。他借鉴了猫和兔子爱好者、马和狗饲养者、养蜂人、园艺师和农民的经验。他加入了伦敦的两个养鸽俱乐部，拜访鸽子爱好者，看他们的鸽子，并饲养了他能得到的所有品种的鸽子。他在《动物和植物在家养下的变异》（*The Variation of Animals and Plants Under Domestication*，1868 年）一书中总结了自己在这方面丰富的知识，而这也是我最喜欢的生物学书籍之一。选择性育种的力量表明,有一个类似的过程在野外自发地起作用,即自然选择。

现在,遗传学是生物学的核心。标准的观点是遗传信息被编码在基因中。"遗传"和"基因"这两个词通常被视为同义词。在1953年发现DNA的结构之后,遗传的本质似乎从分子的角度得到了充分的理解,至少在原则上是这样。2000年完成的人类基因组计划是技术上的终极胜利。

从物质主义的观点来看,非物质性的继承是不可能的,除了文化的继承。每个人都同意,文化传承——比如说,通过语言——涉及一种非基因性的信息传递。但是,所有其他形式的遗传都必须是物质性的,没有其他的可能性。

已知有几种形式的物质遗传是非基因性的。细胞直接从母细胞遗传细胞组织和结构的模式,如线粒体,而不是通过细胞核中的基因。这种非核遗传被称为细胞质遗传。动物和植物也会受到其祖先所获得的特征的影响。正如下面所讨论的那样,获得性特征的遗传可以通过表观遗传实现,而不是通过遗传基因实现;表观遗传是通过化学变化实现的,不会影响基因深层的遗传密码。

我首先探讨现在不太熟悉的形式和组织的非物质传递的概念,这曾经被视为标准观点。

非物质形式

在古代,几乎没有人相信棘果植物或鹰的形状仅仅是通过种子或卵遗传的。柏拉图认为,植物和动物在某种程度上是由他称之为"理念"或"形式"的生命智能塑造的。每个物种都是由自己的超验理念或形式塑造的。像勒内·托姆这样的现代柏拉图主义者将这些超验的理念视为永恒的数学定律。物种的理想形态是一种数学结构或模型,它在具体的植物或动物身上被"具体化"。棘果植物的数学模型并没有嵌入基因中,而是存在于一个超越空间和时间的数学领域。人类的数学模型仅仅是这些终极数学原型的近似值。

柏拉图的弟子亚里士多德更详细地探讨了自然世界是如何运转的。物种的形式既存在于时空之外，也存在于时空之内。它们是内在的，而不完全是超验的。身体的形式不是在一个超然的心灵领域中的原型，而是在灵魂中，它吸引着发展中的动物或植物走向它的最终形式。灵魂既是身体的形式因，也是目的因，是吸引生物体的目的或目标。

在欧洲中世纪，亚里士多德的理论经过托马斯·阿奎那的修改和解释，成为正统的因果关系理解的基础。一个变化的过程涉及四种原因，分别是质料因、动力因、形式因和目的因。例如，在核桃从一颗坚果成长为一棵核桃树的过程中，质料因是构成植物的物质：坚果本身和它在生长过程中从周围环境中吸收的物质，比如土壤中的水和矿物质。动力因是驱动它的能量，来自阳光。形式因是形式或结构方面的原因，是核桃树灵魂中的形式。目的因是植物生长的目标或目的，即成熟的核桃树产生果实来实现自我繁殖。

建筑学上的类比可以提供另一种思考四因说的方式。要想盖房子，必须有建筑材料，比如砖块和水泥，这些是质料因。把它们放在正确的位置需要建造者和他们的机器的能量，这些是动力因。他们放置材料的位置是由建筑师设计指定的，这是形式因。所有这些活动的发生都是因为买房的人想住在里面，这是目的因。这四个原因都是必要的：没有建造房屋的材料，没有建造者的劳动，没有建造房屋的设计或动机，房屋就不会存在。在有生命的有机体中，非物质的灵魂提供了计划和目的。

17世纪机械论革命的一个基本特征是废除了灵魂，以及形式因和目的因。一切都可以用质料因和动力因来机械地解释。这意味着生物体形式的来源必须已经作为一种物质结构存在于受精卵内部。

前成形说与后生说

从 17 世纪到 20 世纪初,生物学家分为两大阵营:机械论者和生机论者。两个阵营都需要解释遗传。生机论者延续了亚里士多德的传统,认为生物体是由灵魂或非物质性的生命力形成的。问题是,他们不能说出这些非物质性的力是如何工作的,或者它们是如何与物体相互作用的。

机械论者倾向于物质上的解释,但他们也很快就遇到了问题。首先,他们提出动物和植物已经以微小的形式存在于受精卵中。换句话说,它们是预先形成的。发育是这些预先形成的物质结构的生长和展开,或者说是"膨胀"。少数前成形说的支持者认为,这些未展开的微小有机体来自卵子,但大多数人认为它们存在于精子中,一些人声称已经证明了这一点。一位显微镜学家在马的精子中看到了微小的马,在驴的精子中看到了长着大耳朵的微小的驴。还有一位在人的精子中看到了小人(见图 6.1)。

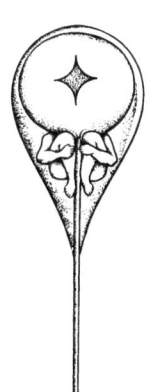

图 6.1 18 世纪早期显微镜下的人类精子,里面有一个小人。
资料来源:出自科尔(Cole)著《性生殖的早期理论》(Early Theories of Sexual Generation),1930 年。

尽管前成形说易于理解，显微镜证据似乎也支持这一理论，但在解释世代传承方面陷入了严重的理论困境。正如其生机论对手指出的那样，如果兔子是从受精卵中一个微小的兔子长大的，那么这个卵子中的微小兔子在其生殖腺中肯定还含有更加微小的兔子，如此无限循环下去。[1]

到了 18 世纪末，前成形说终于被驳倒。当研究人员详细观察发育中的胚胎时，他们发现出现了以前不存在的新结构。例如，肠道是通过腹面组织层向内折叠形成的，首先形成一个沟槽，然后逐渐转变为一个封闭的管道。[2] 到了 19 世纪中叶，证据已经压倒性地表明，发育涉及之前并不存在的新结构的形成。发育是表观发生的。之前卵子中没有的新结构出现了。

后生说支持柏拉图学派和亚里士多德学派的思想。两者都不认为受精卵细胞质中包含了一个有机体所有的形态。其形态来源于柏拉图所说的理念或灵魂。

相比之下，机械学家面临着令人生畏的挑战，他们要解释更多的物质形式是如何从更少的物质中产生并以一种高度有序的方式发展的。在 19 世纪 80 年代，奥古斯特·魏斯曼（August Weismann，1834—1914）认为他已经找到了答案。他从理论上把生物体分为两部分：体质（或称体细胞质）和种质（存在于受精卵中的一种物质结构）。他认为种质是一种活跃的媒介，包含着决定体质形态的"决定子"（determinant）。种质会影响体质，反之则不成立。这些"决定子""指导"着成年有机体的形成，但种质本身会通过卵子和精子无变化地遗传下去（见图 6.2A）。

到了 20 世纪中叶，细胞核内染色体中基因的发现似乎证实了魏斯曼的理论。这些基因就是种质，在每次细胞分裂的过程中基本上保持不变。20 世纪 50 年代遗传物质 DNA 结构的发现和遗传密码的破解表明，魏斯曼的学说可以被还原到分子水平。DNA 为种质，蛋白质为体质（见图 6.2B）。DNA 编码蛋白质的结构，反之则不然。弗朗西斯·克里克称其为分子生物学的"中心法则"（central dogma）。与此同时，新达尔文理论用自然选择导致的基因随机突变和种群中基因频率的变化来解释进化。

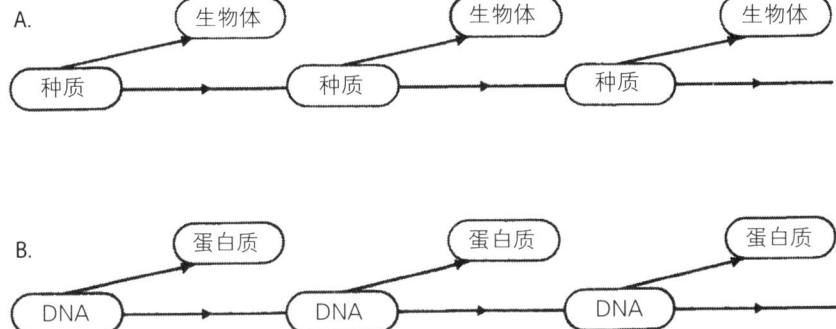

图 6.2 A 描述魏斯曼的种质连续学说，生物体被视为短暂的实体。B 描述分子生物学的"核心法则"，从 DNA 和蛋白质的角度解释了魏斯曼的学说。

分子遗传学的成功与新达尔文主义的进化论相结合，似乎为物质遗传理论提供了压倒性的证据。但这场胜利只能算是夸夸其谈，而不是现实。

基因为什么被高估了

关于基因作用的夸夸其谈和它们的实际作用之间存在着巨大的鸿沟。生物技术的投资者和大众科学的读者都被这些夸夸其谈所迷惑。这个问题可以追溯到魏斯曼，他认为决定子有很强的能动性，控制和指导着生物体的发育。实际上，他为灵魂的属性赋予了一种特殊的物质，即种质。遗传程序和自私的基因同样被赋予了生命力，包括"塑造物质"和"创造形式"的能力。[3]

多亏了分子生物学的发现，我们知道了基因的真正作用。它们编码氨基酸序列，这些氨基酸串在一起形成多肽链，然后折叠成蛋白质分子。此外，一些基因也参与控制蛋白质的合成。

DNA 分子就是分子。它们不是特定结构的决定子，虽然生物学家经常说"决定"结构或"决定"活动的基因，比如"决定"卷发的基因或"决定"麻雀筑巢行为的基因。基因并不是自私无情的,好像里面装着流氓小人。它们也不是生物体的计划或指令,只是为蛋白质分子中的氨基酸序列编码。

在普及基因方面,理查德·道金斯可能比其他任何作家的贡献都要大。遗憾的是,他生动的比喻极具误导性。例如,他是这样描述人体的所有细胞都包含整套人类 DNA 副本的:

> 这种 DNA 可以被看作一套如何制造身体的指令。……这就好像一座巨大建筑物的每个房间里都有一个书柜,里面装着建筑师对整座建筑物的设计图。细胞中的"书柜"叫作细胞核。在人类身上,建筑师的设计图多达 46 卷,在其他物种身上,这个数字会有变化。这些"卷"被称为染色体。[4]

理查德·道金斯所做的是将生机论的目的性生命要素投射到 DNA 分子上。他试图将灵魂挤进化学基因中,从而赋予其指令、计划、目的和意图,而这些基因实际上不可能拥有。他承认这些只是隐喻,并补充说:"顺便提一下,当然并没有什么'建筑师'。"[5] 尽管他偶尔会做出免责声明,但他整个论点的力量却依赖于以人类为中心的隐喻和变得有生命的分子。他是一个披着分子外衣的生机论者。

遗传程序的隐喻是另一种隐蔽的生机论。这种目的性的生命要素被比喻为一个计算机程序。这个隐喻试图弥合遗传特征(比如,向日葵的形态)与其内部的 DNA 和蛋白质分子之间的鸿沟。如果基因以某种方式编程了向日葵的发育,那么这个复杂的生命结构与其中的 DNA 分子之间的鸿沟似乎就不那么令人不安,即使人们对于向日葵程序的性质以及它如何生成向日葵的机制几乎一无所知。

遗传程序的隐喻不可避免地暗示着发育是由一个预先存在的目的性原则组织的,这个原则要么类似于心智,要么是由心智设计的。计算机程序是由人类智能为了实现特定目的而设计的,并通过计算机的电子设备起作用。计算机是一台机器,但程序不是。

值得注意的是,在现代计算理论的奠基人之一艾伦·图灵(Alan Turing)的思想中,程序和灵魂之间的类比起到了中心作用。年轻时,在他所深爱的朋友克里斯托弗·莫尔康布(Christopher Morcomb)于1930年去世之后,他对生存问题产生了极大的兴趣。起初,他采取了传统的二元论观点,主张存在非物质性的精神。后来,他找到了一个更具科学味道的心灵模型,将心智看作一套程序系统。这些程序可以在特定的物理机器中"体现",但它们本身独立于物质化身。[6] 程序可以在任何特定计算机毁灭后幸存下来,并在另一台计算机中体现,就像一个轮回转世的灵魂。

如果遗传程序存在于基因中,那么身体的所有细胞都将会以相同的方式编程,因为它们通常包含完全相同的基因。例如,你的手臂和腿部的细胞在基因上是相同的。你的四肢包含类型完全相同的蛋白质分子,以及在化学上相同的骨骼、软骨和神经。然而,手臂和腿部有不同的形状。显然,仅凭基因本身无法解释这些差异。它们必须依赖于发育过程中在不同的器官和组织中产生不同影响的形成性影响。这些影响不可能在基因内部,而是延伸至整个组织和器官。在大多数传统解释中,到了这个阶段,关于遗传程序的概念逐渐消失,被模糊的陈述所取代,比如"物理化学活动尚未被完全理解的复杂时空模式""尚不清楚的机制"或"构建复杂性的并行和连续操作链"。[7]

虽然许多生物学家现在承认这是具有误导性的,但遗传程序仍然在现代生物学中扮演着重要的概念角色。似乎有一种对这样的观念的需求。机械生物学是在与生机论相对立的情况下发展起来的。它通过否认生物体是由有目的性的、类似于心智的原则[8]组织的来定义自己,然后以遗传程序和自私基因的形式重新发明了这些原则。尽管现代生物学的主导范式在名义上是机械的,但是与生机论非常相似,其中"程序"、"指令"或"信息"扮演着以前被赋予灵魂的角色。

机械论者一直指责生机论者试图用空洞的词语,如生命因素和灵魂，来"解释一切，因而什么都没有解释"。但在机械论的外表之下，这些生命因素确实具有这种特征。金盏花是如何从一颗种子长成的？因为它在基因中被编程为这样。蜘蛛是如何本能地织网的？因为它的基因中编码了相关信息。诸如此类，不一而足。

分子生物学尚未兑现的承诺

在 20 世纪 80 年代，新技术的发展使基因克隆成为可能，并揭示了基因密码中的"字母"序列，当时的兴奋氛围让人难以忘怀。这似乎是生物学的巅峰时刻：生命本身的遗传指令终于被揭示出来，为生物学家修改植物和动物基因、实现比他们想象的更为丰富的可能性打开了大门。几乎每周都有报纸头条报道新的突破，如"科学家发现对抗癌症的基因""基因疗法为关节炎患者带来希望""科学家发现衰老的秘密"等等。

新生的遗传学看起来前程无限，很快整个生物研究领域的研究人员都忙着将其技术应用于各自的专业领域。这方面的显著进展引发了一个宏伟的愿景：揭示人类基因组中全部基因的构成。正如哈佛大学的沃尔特·吉尔伯特（Walter Gilbert）所说的那样，"对于我们是谁的'圣杯'的寻找现在已经进入了最后阶段。最终目标是获取我们基因组的所有细节"。人类基因组计划于 1990 年正式启动，预算为 30 亿美元。

人类基因组计划是有意将"大科学"引入生物学的一次尝试，而生物学之前更像是一个家庭小作坊。物理学家习惯于庞大的预算，部分原因是冷战的结果：人类在导弹和氢弹、数十亿美元的粒子加速器、太空计划和哈勃太空望远镜上投入了巨额资金。雄心勃勃的生物学家对物理学充满了羡慕之情。他们梦想着生物学有一天能够拥有高知名度、高声望和数十亿美元的项目。人类基因组计划实现这一梦想。

与此同时，20 世纪 90 年代市场投机的浪潮导致了生物技术的繁荣，且于 2000 年达到了巅峰。除了官方的人类基因组计划外，赛雷拉基因公司（Celera Genomics）还开展了一个由克雷格·文特（Craig Venter）领导的私人基因组计划。该公司计划对数百个人类基因申请专利，并拥有它们的商业权益。和许多其他生物技术公司一样，赛雷拉基因公司的市值在2000年的头几个月飙升到了惊人的程度。

具有讽刺意味的是，公共和私人基因组计划之间的竞争导致了泡沫的破裂，而此时基因组测序甚至还没有完成。2000年3月，公共基因组计划的领导者宣布他们所有的信息将免费提供给所有人。这引发了时任美国总统克林顿于2000年3月14日发表一项声明："我们的基因组就像一本记载着人类全部生命的书，它属于人类每一个成员。……我们必须确保人类基因组研究的收益不是以美元计算的，而是以改善人类生活为衡量标准。"[9] 媒体报道称总统计划限制基因组专利。股市对此做出了戏剧性的反应。用文特的话说，这是一场"让人感到恶心的暴跌"。在两天内，赛雷拉基因公司的估值损失了60亿美元，而整个生物技术股市则下跌了5 000亿美元。[10]

面对这场危机，克林顿在演讲后的一天发表了更正声明，表示他的声明无意对基因的可专利性或生物技术产业产生任何影响。但伤害已经造成，股市估值再也没有恢复过来。虽然后来许多人类基因被申请专利，但只有其中极少数对拥有它们的公司产生盈利。[11]

2000年6月26日，克林顿、时任英国首相托尼·布莱尔、克雷格·文特和官方基因组项目负责人弗朗西斯·柯林斯（Francis Collins）宣布了人类基因组草图的发布。在白宫的新闻发布会上，克林顿说：

> "我们今天在这里庆祝完成了对整个人类基因组的第一次测绘。毫无疑问，这是人类有史以来制作的最重要、最神奇的地图。它将彻底改变大多数（如果不是全部的话）人类疾病的诊断、预防和治疗……人类即将获得极强的治愈能力。"

时任英国科学部部长索尔兹伯里勋爵（Lord Salisbury）说："我们

现在有可能实现我们对医学所期望的一切。"[12]《自然》杂志的一位编辑宣称，在21世纪末，"基因组学将使我们能够彻底改变生物体，以适应我们的需求和品味……[并且]将使我们能够将人类形态塑造成任何可以想象的形状。如果我们想要，我们可以有额外的肢体，甚至可能有翅膀可以飞翔"[13]。

这一惊人的人类基因组测序成就确实改变了我们对自己的看法，但结果并非如预期的那样。第一个意外是人类的基因数量如此之少。与预测的10万个或更多不同，最终的基因数约为23 000。这个数字令人非常困惑，尤其是与比我们简单得多的其他动物的基因组相比。果蝇约有17 000个基因，海胆约有26 000个基因。许多植物物种的基因数远远超过我们，例如水稻约有38 000个基因。

2001年，黑猩猩基因组计划的主任斯万特·帕博（Svante Paabo）预计，当黑猩猩基因组的测序完成时，将有可能找到"使我们不同于其他动物的深刻有趣的遗传先决条件"。然而，四年后，当完整的黑猩猩基因组序列发布时，他的解释极为低调："我们无法从中看出为什么我们与黑猩猩如此不同。"[14]

"遗传性缺失问题"

在人类基因组测序完成阶段性工作之后，人们的情绪发生了巨大的变化。一旦分子生物学家知道了一个生物的"程序"，就能理解生命，这样的乐观情绪消失了，取而代之的是这样一种清醒的认识：基因序列和实际人类之间存在巨大差距。实际上，人类基因组的预测价值被证明很小，在有些情况下其效果甚至还不如一个卷尺：高个子的父母往往会生出高个子的孩子，而矮个子的父母往往会生出矮个子的孩子。通过测量父母的身高，可以以80%至90%的准确度预测他们孩子的身高。换句话说，身高是80%至90%可遗传的。最近的"全基因组关联研究"比较了30 000人的基因组，发现了大约50个与身高有关的基因。令所有人惊讶的是，综合考虑起来，这些基因仅解释了身高遗传的约 5%。换句话说，"身高"基因并不占身高遗传率的 75% 到 85%。大部分可遗传性是缺失的。现在已知有许多其他遗传性缺失的例子，包括许多疾病的遗传性缺失，这使"个人基因组学"的价值非常值得怀疑。自 2008 年以来，这种现象在科学文献中被称为"遗传性缺失问题"。

2009 年，包括人类基因组计划前负责人弗朗西斯·柯林斯在内的 27 位著名遗传学家在《自然》杂志上发表了一篇关于复杂疾病遗传性缺失的论文。他们承认，尽管有 700 多份基因组扫描出版物，花费了 1 000 多亿美元，但遗传学家们只发现了非常有限的人类疾病遗传基础。[15] 2010 年，在《自然》杂志为庆祝人类基因组初稿完成十周年而发表的一系列特别文章中，一个共同的主题是数据收集的复杂性与对数据的理解之间的"不匹配"。在一篇名为《个体化医疗的现实检验》(*A Reality Check for Personalised Medicine*) 的文章中，作者指出："信息的数量与我们解读信息的能力之间从未有过如此巨大的差距。"[16]

2011 年，在庆祝人类基因组实际发表十周年之际，人们的语气甚至更为保守："虽然基因组学已经开始在一些情况下促进诊断和治疗，但在医疗保健有效性方面的深刻改进实际上是许多年内无法实现的。"[17] 一些批评者走得更远。生物科学资源项目主任乔纳森·莱瑟姆 (Jonathan Latham) 评论道：

> 对于为什么常见疾病的基因没有被发现，最可能的解释是，除了少数例外，它们不存在。……似乎进一步搜索可能挽救局面的可能性并不大。要想更好地利用这笔资金，应该去解决这个问题：如果遗传基因不是我们最常见疾病的原因，我们能找出是什么原因吗？[18]

但是基因组方法的支持者并没有放弃，全基因组关联研究已经使用了越来越详细的测序技术和依赖于"大数据"的越来越复杂的统计方法。考虑到可能影响身高的许多不同基因，还有可能会发现令人印象深刻的统计相关性。虽然这些理论上的胜利似乎证明了基因组学的统计方法是正确的，但是当进行测试时，结果并不令人印象深刻。这种涉及多个基因、高度依赖于统计学的方法的预测价值仍然非常有限。

在 2011 年发表的一项研究中，根据没有亲属关系的个体的基因组可以预测的身高遗传率为 15%，[19] 这比早期的方法有所改进，但仍远低于通过测量亲属的身高而无须对任何基因进行测序来预测的遗传率。

这些问题似乎在 2019 年得到了解决。《自然》杂志的一篇新闻报道称，"身高的缺失遗传性被发现了"。这篇文章声称，答案在于以前的搜索中没有出现罕见的基因变异。这项新研究依赖于来自 2 万多人的全基因组序列——对每个人的 DNA 中 60 亿个碱基的完整解读；换句话说，就是他们"遗传密码"中的所有"字母"。这个由 42 名研究人员组成的团队还在基因组调查中考虑了人们之间的家庭关系。在进行了高度复杂的统计分析后，他们声称，在罕见的基因变异中发现了大多数缺失的身高遗传性。基因组方法的支持者称赞这一结果"令人放心"。[20] 然而，虽然研究人员声称基因和身高之间的统计相关性令人印象深刻，高达 79%，[21] 但这些统计相关性的预测价值要低得多。研究人员实际上并没有试图根据基因组预测人们的身高，他们只是在一个大的基因组样本中寻找基因和身高之间的相关性。这在预测一个不属于原始统计研究的人的身高方面有多大用处呢？该团队的负责人彼得·维舍尔（Peter Visscher）乐观地估计，这一概率为 30% 至 40%，[22] 但这只是一种猜测而非研究结果，与用卷尺预测的 80% 的概率仍相差甚远。

虽然这篇发表在《自然》杂志上的报道充满热情，标题中也有这样的说法，但它最后还是提出了这样的警告：

> 遗传的复杂性意味着了解许多常见疾病的根源（如果研究人员要开发有效的治疗方法，这是必要的）将花费相当多的时间和金钱，而且可能需要对数十万甚至数百万个全基因组进行测序，以找出能够解释大部分疾病遗传成分的罕见的基因变异。[23]

第六章 所有的生物遗传都是物质性的吗？

这种被稀释的乐观情绪可能仍然过于乐观。展望未来，一组研究人员已经计算出，在有了数百万人的完整基因组的大数据可以利用，并将巨大的计算能力应用于数据集时，可能会发生什么。这一假设情景的结果表明，遗传性缺失问题不太可能消失，或者正如研究小组所说，"这个差距不太可能被完全弥合"。[24]

尽管存在所有这些问题，一些科普书籍仍然声称遗传就是基因的同义词。虽然存在遗传缺失问题，基因决定论仍然存在。2018年，伦敦大学国王学院的行为遗传学家罗伯特·普洛明（Robert Plomin）出版了一本名为《基因蓝图：DNA究竟如何塑造我们的性格、智力和行为》（*Blueprint: How DNA Makes Us Who We Are*）的书。他在书中声称，一个人的基因组可以让这个人的未来在出生时就被预测出来。他理所当然地认为，所有可遗传的特征都与基因有关，因此可以用DNA来解释。他说："我们所继承的只是我们的生命开始时单细胞中的DNA序列。"[25]他把对遗传性缺失问题的简短讨论放在了一个脚注中。他还忽略了表观遗传，即父母获得的适应性可以在不改变基因的情况下遗传给后代，如下文所述。

然而，普洛明不得不承认，到目前为止，全基因组关联研究的预测能力并不令人印象深刻。考虑到人类受精卵的基因组，无法准确预测诸如身高和易患疾病等复杂性状的遗传。基于基因组的预测仅占多种疾病遗传的10%左右。[26]

在他自己的专业领域——行为遗传学领域，普洛明承认，了解一个人的基因组，只能将精神分裂症遗传风险的7%与基因联系起来，而个体遗传差异所占的比例不超过1%。个体遗传差异的平均效应小于0.01%。[27]尽管他的书标题醒目，但普洛明承认"遗传性的实际情况远远低于人们的期望"[28]。他还提到，当他看到自己的基因组分析时，他惊讶地发现，他在患精神分裂症的可能性中处于第85百分位——也就是说，85%的人更有可能患上精神分裂症。他写道："但是我一点也不觉得自己有精神分裂。……而且，据我所知，我的家族中没有任何患有精神分裂症的人。"[29]

在20世纪90年代，对BRCA基因（乳腺癌基因）突变的识别使乳腺癌和卵巢癌风险增加的妇女得以被发现。只有一小部分人（大约1/400）有这些突变基因。携带这些突变基因的女性比没有这些突变基因的女性更容易患乳腺癌。然而，它们并不是导致乳腺癌的主要原因。在被诊断患有乳腺癌的女性中，只有大约10%的人携带这些突变基因。[30]

BRCA突变基因的鉴定是基因组学最伟大的成功案例之一，虽然预测能力并不强。尽管如此，基因组方法还是被扩展到对其他类型癌症的研究中，被寄予催化医学突破的厚望。2006年，一项名为"癌症基因组图谱"（Cancer Genome Atlas）的试点项目在美国启动，投资1亿美元，后来该项目成立国际癌症基因组联盟（International Cancer Genome Consortium），该联盟汇集了来自16个国家的科学家，对成千上万种肿瘤的基因组进行测序。该项目于2015年结束，发现了近1 000万个与癌症相关的突变基因。但是，尽管取得了技术上的胜利，结果却令人失望。正如《自然》杂志上的一篇报道所说，"大多数突变形成了一种令人眼花缭乱的奇怪基因大杂烩，肿瘤之间几乎没有什么共同点"[31]。此外，如此庞大的数据量很难使用："癌症基因组学数据大约有20拍字节（1拍字节等于10^{15}字节），非常庞大且难以处理，只有具有强大计算能力的机构才能使用它们。"直观地说，光是下载这些数据就需要四个月的时间。[32]

投资者的分子黑洞

希望从分子技术中获得高额回报的股市投资者的乐观情绪不断受到打击。在2000年生物技术泡沫破裂后，许多生物技术公司要么倒闭，要么被制药或化学公司收购。2004年《华尔街日报》上一篇题为《生物技术惨淡的底线：超过400亿美元的亏损》[33]（*Biotech's Dismal Bottom Line: More Than $40 billion in Losses*）的文章指出："生物技术……或许还能成为经济增长的引擎，治愈致命疾病。但很难说这是一项好的投资。几十年来，生物技术行业不仅财务回报为负，而且通常每年的亏损都在加剧。"[34]

2006年，哈佛商学院发表了一份详细的行业分析报告。相关研究人员发现，"只有很小一部分"生物技术公司曾经盈利过，而且突破性进展的承诺一次又一次失败。该行业的捍卫者辩称，还需要更多时间，但哈佛商学院的分析却得出了相反的结论："考虑到生物技术行业尤其是特定公司的总体长期表现极其糟糕，如果说有什么不同的话，那就是资本过于有耐心了。"[35]

尽管如此，新的生物技术公司仍在不断涌现。许多人烧掉了数亿美元，却一无所获。[36] 其中大多数承诺会带来新的、高利润的医学进步，而另一些则旨在生产新品种的转基因作物或农场动物。

自2015年左右以来，一种名为CRISPR-Cas9的新型基因编辑技术已经成为新一波生物技术初创公司的热门基础。这些技术很可能会催生一些专门的医疗应用，特别是用于罕见的遗传疾病，以及在植物育种方面的一些小众应用。[37] 一种被称为"起始编辑"的新基因编辑技术可以更精确地操纵DNA序列。[38] 但是精确基因编辑的用途非常有限，因为很多性状都是多基因的，也就是说，它们受到大量影响很小的基因的影响，而不是一两个可以精确编辑的主基因。

虽然它的商业记录平淡无奇，但在分子生物学和生物技术方面的巨额投资已经对生物学的实践产生了广泛的影响，哪怕只是创造了这么多的就业机会。对分子生物学毕业生的需求已经改变了生物学的教学。分子方法现在在大多数大学中占主导地位，它强烈地影响了中学的科学教学。

正是因为对分子生物学的高度重视，它的局限性正变得越来越明显。对越来越多的动植物物种的基因组排序，以及对数千种蛋白质结构的确定，正使分子生物学家陷进了他们自己提供的数据中。实际上，他们可以测序的基因组和可以分析的蛋白质数量是无穷无尽的。分子生物学家现在依靠快速发展的生物信息学领域的计算机专家来存储并试图理解这种前所未有的信息量，这有时被称为"数据雪崩"（data avalanche）。[39] 这一切意味着什么呢？

分子生物学的进步还带来了其他重大惊喜。在20世纪80年代，当在果蝇中发现一个被称为同源异型盒基因的基因家族时，人们非常兴奋。同源异型盒基因决定胚胎或幼虫发育过程中四肢和其他身体部位的形成位置，它们似乎控制着身体不同部位发育的模式。这些基因的突变会导致额外的、无功能的身体部位的生长。[40] 这些被称为同源异型突变，如下所述。乍一看，同源异型盒基因似乎为形态发生的分子解释提供了基础，它们是关键的开关。在分子水平上，同源异型盒基因充当了蛋白质的模板，可"开启"其他基因的级联反应。

这项对参与发育调控的基因的研究是进化发育生物学这一新兴领域的一部分。但在这方面，分子生物学也是自身成功的受害者：它表明形态发生仍然无法用分子来解释。事实证明，在各种不同的动物中，分子控制系统是非常相似的。苍蝇、爬行动物、老鼠和人类的同源异型盒基因几乎是相同的。虽然它们在决定身体构造方面发挥了一定作用，但它们不能解释生物体的形态。由于果蝇和人类的同源异型盒基因如此相似，所以它们无法解释果蝇和人类之间的差异。令人震惊的是，在许多不同的动物群体中，身体构造的多样性并没有反映在基因水平的多样性上。正如一些著名的分子生物学家所评论的那样，"在我们最希望发现变异的地方，我们发现了守恒、缺乏变化"[41]。

表观遗传学与获得性性状的遗传

20世纪生物学中最大的争议之一涉及获得性特征的遗传，即动物和植物继承其祖先获得的适应性的能力。例如，如果一个健美运动员获得了发达的肌肉，那么他的孩子也会有发达的肌肉。奥古斯特·魏斯曼和遗传学提出了相反的观点，否认生物体可以继承其祖先获得的特征，认为它们只传递自己遗传的"决定子"或基因。

在达尔文的时代,大多数人认为获得的特征确实可以遗传。让－巴蒂斯特·拉马克在他的进化论中认为这是理所当然的,他的进化论比达尔文早发表了五十多年,而获得性遗传通常被称为"拉马克遗传"。达尔文也认同这一观点,并引用了许多例子来支持这一观点。[42] 在这方面,达尔文是一个拉马克主义者,不是因为他受到了拉马克的影响,而是因为他和拉马克都接受了后天特征的遗传。[43]

拉马克着重强调了行为在进化中的作用:动物为了满足需求而形成的新习惯导致了器官的使用或废弃,相应地,这些器官要么加强,要么减弱。经过几代的时间,这一过程导致了遗传性越来越强的结构变化。拉马克所举最著名的例子是长颈鹿,它的长脖子是通过几代长颈鹿伸长脖子吃树叶的习惯而获得的(见第一章)。在这方面,达尔文也同意拉马克的观点,达尔文提供了各种关于生活习惯的遗传影响的例证。例如,他提出,鸵鸟可能由于一代又一代不使用翅膀而失去飞行能力,并通过一代又一代不断增加腿部的使用而获得了更强壮的腿。[44] 达尔文非常清楚习惯的力量,对他来说,习惯几乎就是自然的另一个名字。弗朗西斯·赫胥黎这样总结了达尔文的观点:

> 对他来说,一个结构意味着一种习惯,而一种习惯不仅意味着一种内在的需要,也意味着一种外在的力量,不管是好是坏,有机体都必须习惯于这种力量。……因此,从某种意义上说,他更应该把自己的书叫作《习惯起源》,而不是《物种起源》。[45]

问题是没有人知道获得的特征是如何遗传的。达尔文试图用他的"泛生论"来解释这一现象。他提出,身体的所有单位都产生了"形成物质"的"小粒",这些小粒分散在身体各处,聚集在植物的芽和动物的生殖细胞中,并通过这些细胞传递给后代。身体的所有单位都会释放微小的"泛子"(gemmules),这些泛子分散在整个身体内,并在植物的芽和动物的生殖细胞中聚集，通过它们传递给后代。[46]

20世纪西方流行的新达尔文主义理论与达尔文主义理论不同，它否认获得性特征的遗传，而支持基因的遗传。在这一理论的支持者看来，拉马克主义的获得性特征遗传观点为异端邪说。相反，在苏联，获得性特征的遗传观点在20世纪30年代到60年代成为正统理论。在特罗菲姆·李森科（Trofim Lysenko）的科学领导下，许多研究似乎支持获得性特征可遗传的观点。李森科得到了斯大林的支持，而孟德尔主义遗传学家遭到了迫害，有些甚至被杀害，[47]这进一步加剧了西方对获得性特征可遗传性的反对。关于遗传本质的科学问题变得非常政治化，意识形态而不是科学证据主导了这一争论。

在千禧年前后，关于获得性特征不可遗传的禁忌开始瓦解。人们逐渐认识到某些获得性特征确实可以遗传，这种遗传现在被称为"表观遗传"。某些表观遗传依赖于基因的化学附着，尤其是甲基。基因可以通过DNA本身的甲基化，或者结合它的蛋白质的甲基化，或者小RNA分子（sRNA）来"关闭"。[48]这些发现改变了我们对进化的理解，表明新达尔文主义理论过于狭隘，因为基因本身以外的影响也可以影响遗传。[49]

这是一个迅速发展的研究领域，植物和动物中存在许多表观遗传的例子。例如，毒素可能会影响几代人。在一项研究中，如果怀孕的大鼠接触到一种常用的农业杀菌剂，它儿子的睾丸发育会受到损害，并且在以后的生活中精子数量很少。这种影响会父子相传，一直延续四代。[50]

最近一项对老鼠的研究表明，父亲的恐惧会传给它们的子辈和孙辈。如果在雄性老鼠闻到合成化学物质苯乙酮时对其施加轻微电击，它们就会对这种气味产生厌恶。至少在两代之内，它们的后代在嗅到这种气味时会表现出恐惧，即使它们以前从未嗅过这种气味。这种效应甚至在通过体外受精受孕的母亲身上也发生了。母亲从未见过父亲，但子辈和孙辈仍然会继承父亲的恐惧效应。[51]

在常用的模式生物秀丽隐杆线虫中，食物偏好的遗传有很强的表观遗传效应。如果将这种线虫的食物加入合成化学物质苯甲醛，那么这些线虫的后代会被苯甲醛所吸引，但这些后代的后代不会这样：这种效应在第二代就会消失。然而，如果连续给这种线虫的4代喂食苯甲醛味的食物，那么它们的后代至少在接下来的40代里都会被苯甲醛所吸引。这种获得性的食物偏好是稳定遗传的。[52]

获得性状的遗传也发生在无脊椎动物中，比如水蚤。在有捕食者的情况下，水蚤会在其捕食者释放的化学物质的刺激下迅速发育出巨大的防御刺。[53] 它们的后代即使没有暴露在捕食者面前，也会有这些刺。[54]

在植物中，由肥料引起的生长速率差异可以通过表观遗传的方式传递。例如，在高肥力条件下生长的亚麻的后代在后续几代中仍然比对照组亚麻更大、更重，即使它们在同样的土壤中生长，而没有施加太多的肥料。[55] 在一些物种中，包括烟草和番茄，受到昆虫或病原体攻击的植物的后代比未受攻击的相似植物的后代具有更强的抵抗性。[56]

人类也存在表观遗传。瑞典一项针对1890年至1920年间出生的男性的研究表明，他们在童年时期的营养状况会影响其孙辈患糖尿病和心脏病的发病率。许多常见的家族遗传疾病可能会通过表观遗传的方式传递。[57] 越来越多的证据表明，创伤的影响在人类中也具有表观遗传效应，就像在老鼠身上一样。[58] 人类表观基因组计划（Human Epigenome Project）是一个国际性的公私合作组织，于2003年启动，旨在帮助协调这一快速发展领域的研究。[59]

在新达尔文主义理论中，查尔斯·达尔文关于通过泛生来遗传获得性状的假设被忽视，然后被遗忘。但现在事实证明，实际上存在可以导致生殖细胞表观遗传修饰的物质，即小RNA分子，其功能类似达尔文所说的"泛子"。达尔文的泛生论是很有先见之明的。[60]

在20世纪中期，李森科和其他苏联生物学家在西方被妖魔化，因为他们肯定动物和植物的后天特征是遗传的。西方生物学家认为苏联的这项研究一定是骗人的，因为他们认为这种形式的遗传是不可能的。但是从表观遗传学的角度来看，我们能确定几乎所有在苏联发表的关于遗传的论文都是错误的吗？难道所有的苏联遗传研究人员都错了吗？他们中的一些人是不是在研究我们现在所说的表观遗传，然后如实报告他们的发现？在苏联生物学期刊中的成千上万篇论文中，很可能存在一些宝贵的发现。毫无疑问，这些期刊仍然可以在科学图书馆中找到。如果懂俄语的生物学家重新审视这些文献，他们可能会发现隐藏的宝藏，从而找到富有成效的新研究方向。

基因组赌约

到了 2009 年，很明显，基因组计划的许多承诺都没有实现。但许多生物学家仍然相信，基因组原则上解释了生物体，编程了其发育。英国著名生物学家、英国广播公司科学顾问刘易斯·沃尔珀特（Lewis Wolpert）就基因的作用及其解释力发表了一份振聋发聩的声明。在 2009 年 1 月，他宣称，借助更多信息和计算能力，"只要有一个受精卵，我们就能掌握新生儿的所有细节，包括任何异常。我们还可以对卵子进行编程，使其发育成我们想要的任何形态。这一切成为可能的时刻终将到来"。[61]

几个月后，作为 2009 年剑桥大学科学节的最后一项活动，沃尔珀特和我就"生命的本质"进行了辩论。[62] 沃尔珀特重申了他对基因组预测能力的信心。我向他挑战打赌。我说我准备拿一瓶香槟酒打赌，他的预言 10 年甚至 20 年内都不会实现。经过片刻的考虑，他说可能需要 100 年。对于今天活着的人来说，这显然是一个无法证实的预言。在我们公开辩论之后，我们继续我们的讨论，我问他他认为 20 年可以实现什么。起初，他认为老鼠的所有细节都可以根据它的基因组来预测。然后，在进一步考虑后，他一步步降低难度，从鸡开始，然后是青蛙，再到线虫。我们最终达成了正式的赌约。赌注是一箱上等波特酒，维苏威酒店（Quinta do Vesuvio）2005 年出品。我们各自支付了一半酒钱。这箱酒被存放在葡萄酒协会的酒窖里。专家表示，它在 2029 年应该会完全成熟。这个赌约于 2009 年 7 月在《新科学家》杂志上公布如下:"到了 2029 年 5 月 1 日,假设获得动植物受精卵的基因组,我们将能够在至少一个案例中预测由其发育而来的生物的所有细节,包括任何异常。"沃尔珀特打赌这将会发生。我打赌不会。如果结果不明显,将请皇家学会做出裁定。[63]

英国的一家博彩公司现在已经向公众开放了这个赌约。2019 年 10 月,沃尔珀特获胜的赔率是 5/2,我获胜的赔率是 1/4。[64] 如果你在沃尔珀特身上下注 2 英镑,而他赢了,那么你将得到 7 英镑(5 英镑的奖金加上你的初始赌注)。如果你在我身上下注 4 英镑,而我赢了,那么你将会得到 5 英镑(1 英镑的奖金加上你的初始赌注)。这意味着博彩公司估计我比沃尔珀特更有可能获胜。随着时间的推移,赔率可能会发生变化。

我认为沃尔珀特对基因组的预测能力的信念是错误的,因为基因使生物能够生成蛋白质,但并不能解释胚胎的发育。问题始于蛋白质本身。基因编码蛋白质中氨基酸的线性序列,然后这些蛋白质会折叠成复杂的三维形式。沃尔珀特假设,根据基因指定的氨基酸序列,可以依据第一性原理计算出蛋白质的折叠过程。经过了 50 年密集的、资金充足的研究(详见第五章),这一假设已经被证明是不可能的。即使蛋白质折叠问题能够解决,下一步将是尝试基于数亿个蛋白质和其他分子的相互作用来预测细胞的结构,这将引发一个巨大的组合爆炸,可能的排列比宇宙中的所有原子还要多。

随机的分子排列根本无法解释生物体是如何工作的;相反,细胞、组织和器官以一种模块化的方式发育,受到形态发生场的塑造。发育生物学家在 20 世纪 20 年代首次认识到这一点(详见第五章)。沃尔珀特本人也承认这些场的重要性。在生物学家中,他以提出"位置信息"的概念而闻名,位置信息是指细胞"知道"自己在发育器官(如肢体)的形态发生场中的位置。但他认为形态发生场可以被归为标准的化学和物理学。我不这么认为。我提出这些场具有组织能力或系统性质,涉及其他科学原理。

基因组的预测能力因对表观遗传的认识而进一步减弱。即使基因保持不变，获得的特征也可以遗传。沃尔珀特的预测认为不存在表观遗传。

形态共振和形态发生场

虽然表观遗传打破了针对获得性状遗传的禁忌，但它并没有挑战遗传是物质性的这一物质主义假设；它只是另一种形式的物质遗传。它影响哪些基因被"开启"或"关闭"，就影响细胞制造哪些蛋白质。但基因和蛋白质本身无法解释形态发生或本能行为。理解遗传组织模式的唯一方式是通过更高层次模式、"系统属性"或场的自上而下的因果关系。理解自上而下的因果关系如何通过场起作用的一种方法是想象有一个磁场，影响通过场的整体上下流动。整个磁场的出现是由内部小磁畴的排列造成的。磁场反过来作用于这些磁畴，并使它们保持排列整齐。如果将磁铁加热到临界温度以上，它将失去磁性，因为磁畴的排列被打乱，导致整体磁场消失，这就像一个生物体的死亡。

形态发生场包含一系列嵌套的形态发生单位或全子（详见第一章的图1.1）。狐猴的形态发生场协调了其四肢、肌肉和器官的场；器官的场协调了组织的场；组织的场协调了细胞的场，依此类推。

有两种主要的思考形态发生场的方式。第一种是将它们视为基本的数学结构，这样我们就再次回到了柏拉图形式的理论，正如勒内·托姆明确提出的那样。这样一来，形态的遗传就变成了化学基因和蛋白质与永恒的数学相互作用的问题。基因和蛋白质并不提供形态，而数学提供形态。

第二种，形态发生场中可能包含历史。它们通过形态共振从先前的相似生物那里继承它们的形态。它们仍然可以在数学上建模，但这些模型并不能解释场，只是对场进行建模。遗传依赖于基因，依赖于基因表达的表观遗传修饰以及形态共振。

第六章　所有的生物遗传都是物质性的吗？

物质主义理论和形态共振假说之间的区别可以通过与电视机的类比来说明。屏幕上的图像取决于电视机的物质组件和为其提供能量的电源，还取决于通过电磁场接收到的看不见的传输。一个拒绝接受看不见的影响的怀疑论者可能会尝试用电视机的组件（例如电线、晶体管等）以及它们之间的电气相互作用来解释屏幕上的一切图像和声音。通过仔细的研究，他会发现损坏或去除其中一些组件会影响电视机产生的图像或声音，并且这种影响是可重复、可预测的。这一发现会强化他的物质主义信念。他无法准确解释电视机是如何产生图像和声音的，但他希望，如果对这些组件进行更详细的分析，并建立更复杂的相互作用的数学模型，最终将得出答案。

一些组件的突变，例如一些晶体管的缺陷，会通过改变图像的颜色或扭曲它们的形状来影响图像；而在调谐电路中的组件的突变会导致电视机从一个频道跳到另一个频道，产生一组完全不同的声音和图像。但这并不能证明晚间新闻报道是由电视机组件之间的相互作用产生的。同样，基因突变可能会影响动物的形态和行为，但这并不能证明形态和行为是在基因中编程的。它们是通过形态共振遗传的，这是一种来自外部的对生物体的无形影响，就像电视机对来自其他地方的传输进行共振调谐一样。

一些基因突变会影响调谐，结果是胚胎的一部分与一个形态发生场产生共鸣，而不是另一个，从而产生不同的结构，就像将电视机调到不同的频道一样。例如，果蝇和其他苍蝇一样，通常有两对翅膀，翅膀后面有一对被称为平衡棒的平衡器官（见图 6.3A）。特定同源异型盒基因（在双胸基因复合体中）的突变可以导致额外一对翅膀的发育，而不是平衡棒（见图 6.3B）。这种突变被称为同源异型突变。果蝇中的另一种同源异型突变会导致腿代替触角。在植物中，同源异型突变同样会导致一些结构被其他结构替代，例如在豌豆植物中，一种同源异型突变会产生没有卷须的叶片：所有的卷须都被叶片替代。在另一种同源异型突变中，所有的叶片都被卷须替代。这并不意味着改变的基因"编程"了叶片或卷须，或者腿或触角。相反，根据形态共振假说，这意味着突变基因影响了调谐系统，从而使通常调谐到天线场的胚胎结构调谐到了腿场，或者调谐到卷须场而不是叶片场。

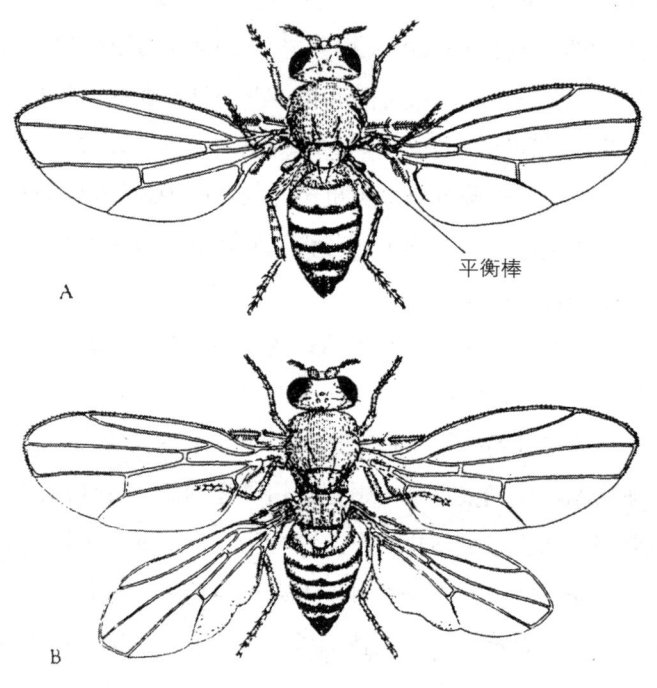

图 6.3　A 为普通果蝇。B 为双胸突变果蝇。这种果蝇的第三胸节会转化成为第二胸节的副本，长出另外一对翅膀，而不是平衡棒。

其他类型的突变会影响结构的细节，就像电视机组件的一些缺陷会影响声音或图像的细节一样。例如，一些突变的果蝇眼睛是白色的，而不是正常的红色。一种有助于合成红眼色素的酶的编码基因发生突变，导致果蝇无法制造红眼色素，因此它们的眼睛变成了白色的。这有一个令人满意的简单解释：一个随机突变的基因产生了一个有缺陷的酶，从而导致了眼睛颜色的改变。但这个细节对于解释眼睛本身的形态发生并没有任何帮助，眼睛经由形态发生场中的一系列必经之路，被拉向它们的形态吸引子，即成熟的、能够正常工作的眼睛。

柏拉图主义者希望有一天这些场能够被数学解释。唯一真正的替代方案是形态发生场通过形态共振从先前的相似生物中遗传下来，同样被遗传的还有它们的必经之路和吸引子。这种遗传不是物质性的，但它仍然是物理的，因为它是自然的，而不是超自然的。它涉及从过去到现在的形式或信息的谐振传递。这种来自过去的记忆共振是通过时间和空间进行的，不会因距离而减弱，而是基于相似性：越相似，共振越强。

形态共振假说是可以通过实验来证明的。如果果蝇在异常条件下发育异常，那么异常发生的次数越多，在相同的条件下通过累积的形态共振再次发生异常的可能性就越大。而如果动物，比如松鼠，在一个地方学会了一种新的技巧，学会这种技巧的松鼠越多，那么学会这种技巧对全球同一物种的松鼠来说就应该变得越容易。已经有实验证据表明这些效应的发生，详细讨论可参考我的著作《生命的新科学》(*A New Science of Life*)和《过去的存在》(*The Presence of the Past*)。

从广义上讲，形态共振就是一种表观遗传。某些形式的表观遗传涉及基因表达的可遗传修饰，而这种修饰是通过 DNA、RNA 或与 DNA 结合的蛋白质甲基化的变化来实现的。但是有些表观遗传可能不依赖于这种变化，仅通过形态共振来实现。而表观遗传可能经常涉及两种效应：基因表达的分子修饰和形态共振。物质表观遗传是从父母传递给子代的，而通过形态共振的遗传可以发生在没有从获得新适应性或行为形式的父母那里继承下来的相似生物中。这些可能性可以通过适当的实验加以分析。[65]

从形态共振的角度来看，遗传缺失问题并不令人惊讶。基因和基因表达的表观遗传修饰不能解释遗传形式和行为的所有细节，因为遗传既依赖于基因，也依赖于形态共振。

双胞胎

对于先天和后天或者基因和环境的相对重要性的辩论不仅是科学问题，也是一个政治问题，自19世纪以来一直激起激烈的争议。自由主义哲学家约翰·斯图尔特·密尔（John Stuart Mill）传播了一种社会进步的信仰，认为政治和经济改革可以通过改变环境来改变人性。这些思想对自由主义、社会主义和共产主义等进步政治运动产生了重要影响。

另外，查尔斯·达尔文的表弟弗朗西斯·高尔顿（Francis Galton，1822—1911）为遗传的优势提供了强有力的科学依据，这通常被用来支持一种更保守的政治哲学。在他的《遗传天才》（*Hereditary Genius*，1869年）一书中，他认为英国最显赫的家族的声望更多地取决于先天而不是后天。高尔顿是优生学的先驱，"优生学"这个词就是他创造的。他还意识到，通过研究同卵双胞胎可以探讨先天和后天的问题。他认为同卵双胞胎具有相似的遗传体质，而异卵双胞胎并不比普通的兄弟姐妹更相似。果然，他发现同卵双胞胎在很多方面都有惊人的相似之处，包括发病甚至死亡时间。[66]

一些政治哲学家利用高尔顿关于遗传的观点来为英国的阶级体系辩护，而高尔顿本人提出，国家应该调节人口的生育，通过选择性繁殖来改善人性。优生学运动在美国有大量追随者，并在纳粹德国达到巅峰。不出意料，纳粹科学家对双胞胎现象非常感兴趣。臭名昭著的约瑟夫·门格勒（Josef Mengele）在奥斯威辛集中营最爱的项目之一是对同卵双胞胎的研究，双胞胎们被关押在特殊的营房中。门格勒告诉他的一位同事："不利用奥斯威辛集中营提供的在双胞胎研究方面的可能性，那将是一种罪孽、一种罪行。再也不会有这样的机会了。"[67]

与此同时，行为主义学派的心理学家采取了相反的方法。他们相信通过环境调适可促进人类的进步。正如行为主义创始人约翰·B.沃森（John B. Watson）所表达的那样：

第六章 所有的生物遗传都是物质性的吗？

假设我们把一对双胞胎带到实验室，从他们出生到20岁之间开始严格地沿着完全不同的方向进行培养。我们甚至可以让其中一个孩子在没有语言的环境中长大。我们这些在儿童和动物培养方面花了多年时间的人，一定会意识到这两种最终产品就像白天和黑夜一样不同。[68]

在第二次世界大战后，同卵双胞胎研究的主要人物是教育心理学家赛尔·西里尔·伯特爵士（Sir Cyril Burt），他声称研究过53对分开养育的同卵双胞胎。伯特关注智力的遗传，通过智商测试来衡量，并声称遗传因素的影响比环境要大得多。但令基因决定论者感到遗憾的是，伯特的一些数据被证明是伪造的。[69] 然而，随着20世纪60年代基因密码的解读和分子生物学的发展，基因决定论变得日益有影响力，并被新的双胞胎研究所加强，其中最著名的是1989年开始的明尼苏达双胞胎研究。

明尼苏达大学的研究团队研究了1 400对同卵双胞胎和异卵双胞胎，包括出生后不久就被分开的双胞胎。他们发现，分开养育的同卵双胞胎在许多方面都表现出惊人的相似性，比如幸福感、社会支配力、疏离感、攻击性和成就。他们还发现双胞胎智商有很高的相关性，几乎与伯特被指控虚构的数字一样。[70] 还有一些异常引人注目的相似之处。例如，双胞胎"吉姆"（都被他们的收养家庭称为詹姆斯）出生后不久就被分开了，他们的生活经历显示出惊人的相似之处。他们俩都住在这个街区唯一的房子里，后院的一棵树周围有一条白色的长凳；两人都对赛车感兴趣；他们都有精心设计的工作室，制作迷你野餐桌或迷你摇椅。[71] 他们也有相似的疾病史。[72]

形态共振为同卵双胞胎的研究提供了新的视角。因为他们在基因上是相同的，并且在胚胎发育过程中共用同一个子宫，所以他们比其他任何两个人都更相似。相似性越大，形态共振就越强。因此，同卵双胞胎之间的形态共振将比任何其他人之间的共振更强烈。因此，他们的活动模式、习惯或健康问题可能会通过形态共振影响他们，即使他们在出生后不久就分开了。同卵双胞胎之间的许多惊人的相似之处可能取决于形态共振而不是基因。

模因和形态场

在标准物质主义观点中，所有的遗传都是物质性的，除了文化传承之外，人人都同意文化传承是通过不同的方式发挥作用的，主要是通过动物和人类的模仿学习。1976年，理查德·道金斯基于类比基因，提出了"模因"（meme）一词，将其作为文化传承的单位。

> 模因的例子包括曲调、思想、流行语、服装时尚、制作陶器或建造拱门的方法。就像基因在基因库中通过精子或卵子从一个身体跳到另一个身体一样，模因在模因库中也通过从一个大脑跳到另一个大脑的过程进行繁殖，广义上讲，这个过程可以被称为模仿。[73]

这个概念本身已经证明是一个成功的模因，表明有对这样一个概念的需求。[74] 物质主义哲学家丹尼尔·丹尼特将模因概念用作他关于心灵理论的基石。[75] 但是，"模因"这个词过于原子化和还原主义，一些研究者提出了新的术语，用来指代由多个模因连接在一起形成的更大结构，如"共适应模因复合体"（co-adapted meme complex）或"模因复合体"（memeplex）。[76]

无神论者特别喜欢将宗教看作是模因复合体的概念，认为宗教就像感染其他人大脑的病毒。[77] 他们认为自己对此免疫。但根据他们自己的理论，物质主义本身必须是一种类似病毒的模因复合体，感染了物质主义者的大脑。当物质主义的模因复合体特别具有毒性时，它会将受害者变成热心的无神论者，以便能够从他们的大脑跳跃到尽可能多的其他人的大脑。

尽管有关模因及其在文化和宗教中的作用有着种种猜测，但它们的本质仍然是不明确的。物质主义者喜欢把它们看作是存在于物质大脑内部的物质结构，但从未有人在大脑内找到过模因，或者看到模因从一个大脑跳到另一个大脑。它们是看不见的。实际上，它们是组织或信息的模式，我提议将它们看作是通过形态共振从一个大脑传递到另一个大脑的形态场。[78] 从物质主义的角度看，基因遗传和文化传承之间存在一种基本的本质差异，因为前者是物质性的而后者不是。把模因看作是物质对象的做法是为了克服这个问题，但这只是一种修辞手法，而不是一个可以进行科学测试的假设。

从形态共振的角度看，形态和行为的遗传传递与行为模式的文化传递之间只存在程度上的差异，而不是本质上的差异。两者都依赖于形态共振。形态场不是原子的和微粒的，而是在嵌套的层次结构或整体结构中组织起来的，这更自然地符合文化传承模式的结构。例如，语言是由一系列嵌套的层次组成的：音素、词汇、音节、短语、句子（见图1.1）。我将在第七章进一步讨论形态场在思维和记忆中的作用。

扩展进化综论

新达尔文主义的进化理论将进化视为种群基因频率变化的过程，其推动力是基因的随机突变和自然选择。这一狭隘观点在当前受到许多进化理论家的质疑，他们更倾向于一种更为多元化的进化观，即"扩展进化综论"（extended evolutionary synthesis）。[79] 这一理论考虑了生物对其环境变化的适应能力。其中一些适应是表观遗传的。扩展进化综论更接近于查尔斯·达尔文自己的进化观，而不是新达尔文主义者的观点。与拉马克和达尔文一样，扩展进化综论强调了动物自身习惯对其进化的影响。它还将文化传承融入进化理论中。[80]

形态共振为适应性、行为、社会组织和文化传承提供了一种新的视角，从而进一步扩展了这一进化综论的范围。

这有什么区别吗？

基因是几乎所有遗传的基础，这一信念不仅是一种智识理论，而且具有巨大的经济和政治影响。它导致了数千亿美元的基因组和生物技术项目投资。如果基因是生命的关键，那么人们就想拥有并利用它们。但是，如果基因被高估了，基因组学将永远无法实现它曾经激起的美好愿景。少数公司生产了有用的产品，但大多数公司做出的承诺从未实现。

自20世纪60年代以来，以基因为中心的生命观一直主导着科学，对我们的一般文化产生了有害的影响。以贪婪和掠夺行为著称的安然公司的首席执行官杰弗里·斯基林（Jeffrey Skilling）说，他最喜欢的书是《自私的基因》，而在2001年安然公司倒闭之前，自私基因理论一直是安然公司创业文化的重要组成部分。斯基林在安然公司倒闭后因联邦重罪指控被判入狱12年。他将新达尔文主义解释为自私最终对受害者也是有益的，因为它淘汰了失败者，迫使幸存者变得强大。[81]

基因并不是利己主义的和自私的，尽管有这样的说法。作为更大整体的一部分，它们在生物体的发育和功能中协同工作。如果说它们对人类有什么道德启示的话，那就是生活依赖于共同努力，而不是残酷的竞争。

对遗传的更广泛的理解，包括基因、基因活动的表观遗传修饰和形态共振，带来了许多新的问题，并有助于将生命科学从分子生物学和新达尔文主义的狭隘视野中解放出来。这在科学上有很大的不同。首先，"基因"这个词不再是"遗传"的同义词。基因是遗传的一部分，但不是其全部。形态共振可能是形态和行为遗传的基础。这种共振是物理的，但不是物质的。同样，形态共鸣也可能在文化传承中起着重要作用。通过形态共振，动物和植物与它们的祖先联系在一起。每个个体都利用并为物种的集体记忆做些贡献。动物和植物继承了它们的物种和品种的习性，这同样适用于人类。

我们对遗传学认识的扩展会改变我们对自己、对前辈的影响和我们对尚未出生的后代的影响的看法，也会改变我们对于进化的理解。

给物质主义者的问题

刘易斯·沃尔珀特认为:"到了2029年5月1日,假设获得了动植物受精卵的基因组,我们将能够在至少一个案例中预测由其发育而来的生物的所有细节,包括任何异常。"你同意吗?

如果同意,你愿意赌多少?

如果你相信基因为生物体"编程",你认为程序是如何工作的?

你认为数学模型最终会解释形态和行为的遗传吗?如果是这样,生物体是数学的"具体化"吗?

你认为遗传性缺失问题应该如何解决?

总 结

之所以说基因被高估了,是因为它们并不"编码"或"编程"生物体的形态和行为。它们决定蛋白质分子中氨基酸的顺序,有些还参与控制蛋白质合成。人类基因组计划和其他基因组计划在科学和经济上都令人失望,因为它们基于对基因功能的错误认识。发育和行为的遗传可能依赖于具有固有记忆的组织场。此外,植物和动物获得的特征可以通过基因表达的修改而不是突变,通过表观遗传传给它们的后代。生长和行为的习惯可以通过物种的集体记忆来遗传,每个个体都从中汲取,并为其作出贡献。生物体通过形态共振的过程遗传了没有在基因中编码的形态和行为习惯。形态共振可能也是文化传承的基础,与形态和本能的遗传相比,尽管在程度上有所不同,但在本质上并无区别。对进化的新认识正在逐步形成。

第七章
记忆是以物质痕迹的形式储存的吗？

我们认为记忆是理所当然的，就像我们呼吸的空气一样。我们所做、所见、所想的一切都是由习惯和记忆塑造的。我写这本书的能力，以及你读这本书的能力，都是以对单词及其含义的记忆为前提的。我骑自行车的能力依赖于无意识的习惯记忆。我还记得学校里教过的一些事实，比如黑斯廷斯战役发生的年份——1066年；我能认出多年前第一次见到的人；我还记得去年夏天在加拿大度假时发生的一些具体事件。这些都是不同种类的记忆，但都涉及过去对我现在的影响。我们的记忆是我们所有经历的基础。很明显，动物也有记忆。

记忆是如何工作的？大多数人想当然地认为，记忆一定以某种物质痕迹的形式储存在大脑中。在古希腊，这些痕迹通常被比作蜡的印痕。在20世纪早期，它们被比作电话交换机中电线之间的连接，而现在它们被比作计算机中的内存存储系统。虽然比喻在变，但几乎所有的科学家和几乎所有人都认为痕迹理论是理所当然的。从物质主义的观点来看，记忆必须以物质痕迹的形式储存在大脑中。它们还能在哪里呢？神经学家史蒂文·罗斯（Steven Rose）这样表述了标准的假设：

第七章 记忆是以物质痕迹的形式储存的吗?

记忆在某种程度上"存在于"头脑中,因此,对生物学家来说,也"存在于"大脑中。记忆是以什么方式存在的呢?它必须至少包括两个独立的进程:一方面,是学习有关我们周围世界的新事物;另一方面,在稍后的某个日期,回忆或记住那件事。我们推断,在学习和记忆之间的东西必须是大脑内的一些永久记录,一种记忆痕迹。[1]

这似乎是显而易见且直截了当的。质疑它似乎毫无意义。然而,记忆的痕迹理论确实是非常值得质疑的。它引发了令人震惊的逻辑问题。尽管进行了一个多世纪的研究,花费了数十亿美元,但寻找记忆痕迹的实验一直未能成功。对于持承诺物质主义(promissory materialism)观点的人来说,这种失败并不意味着记忆痕迹理论可能是错误的;他们认为,这只是意味着我们需要花更多的时间和金钱来寻找这些难以捉摸的痕迹。

但记忆痕迹并不是唯一的选择。在古代世界,特别是普罗提诺等一些哲学家对记忆是否是物质印象表示怀疑,[2]并主张它们是灵魂而非身体的非物质方面。[3]包括亨利·柏格森和阿尔弗雷德·诺斯·怀特海在内的现代哲学家将记忆视为跨越时间的直接连接,而不是大脑中的物质结构(参见第四章)。路德维希·维特根斯坦(Ludwig Wittgenstein)也认为我们需要考虑跨越时间的其他类型的因果关系:

> 我多年前见过这个人,现在又见到他了,所以我认出了他。为什么我的神经系统中一定有这种记忆?为什么一定有某种东西以某种形式储存在那里?为什么一定会留下痕迹?为什么不存在一种在生理层面上找不到对应的心理规律呢?如果这颠覆了我们的因果关系概念,那么现在正是颠覆它的时候了。……为什么不应该有这样一个自然法则,它连接一个系统的开始和结束状态,而不包括中间状态?[4]

我的观点是，记忆依赖于形态共振。每一个个体都受到自己过去的形态共振的影响。形态共振依赖于相似性。生物体与过去的自己的相似性大于它们与同物种的任何其他成员的相似性，也大于它们与任何其他物种的成员的相似性。自我共振具有高度特异性。个体记忆和集体记忆都依赖于形态共振；它们在程度上而非本质上存在差异。

我从记忆的痕迹理论开始说起，然后讨论共振假说，最后探讨验证这一假说的方法。

逻辑和化学问题

一些现代哲学家指出，除了在寻找记忆痕迹方面屡屡失败这一事实之外，记忆痕迹理论还有一个无法解决的逻辑问题。

为了寻找或重新激活记忆痕迹，必须有一个检索系统，这个系统需要识别它正在寻找的存储记忆。要做到这一点，它必须做出识别，这意味着检索系统本身必须有记忆。因此，这是一种严重的倒溯论证：如果检索系统被赋予了记忆存储，这反过来又需要一个具有记忆的检索系统，以此类推，永无穷尽。[5]

此外还有一个结构性的问题。记忆可以持续几十年，但神经系统是动态的、不断变化的，神经系统中的分子也是如此。正如弗朗西斯·克里克所说的那样："除了DNA这种遗传物质之外，我们体内几乎所有的分子都会在几天、几周或最多几个月的时间内更新。那么，记忆是如何储存在大脑中，使其痕迹相对不受分子更新的影响的呢？"他提出了一种复杂的机制，即每次替换一个分子，以保持记忆存储结构的整体状态。[6]但是目前还没有发现这种机制。

几十年来，最流行的理论是，记忆必须依赖于神经细胞之间连接（突触）的变化。然而，寻找记忆存储的尝试却一次又一次遭遇失败。

但首先，我要讨论一些似乎是常识的证据：记忆一定存在于大脑内部，因为大脑损伤会导致记忆的丧失。

脑损伤和记忆丧失

脑损伤会导致两种记忆丧失：逆行性失忆症（即忘记损伤前发生的事情），以及顺行性失忆症（即忘记损伤后发生的事情）。

最著名的逆行性失忆症发生在脑震荡之后。在头部受到重击后，人可能会失去意识，瘫痪数秒或数天，这取决于撞击的严重程度。随着他逐渐恢复说话的能力，在大多数方面可能看起来很正常，但是无法回忆起事故发生前发生的事情。通常情况下，随着恢复的进行，最先被回忆起的是那些很久以前发生的事情，然后才是那些最近发生的事情。

在这种情况下，失忆症不可能是由于记忆痕迹被破坏，因为失去的记忆又回来了。但是，虽然许多记忆恢复了，但在紧接着头部受到打击之前发生的事情可能永远不会恢复，可能会有一段永久的空白期。例如，一个驾车者可能会记得接近发生事故处的十字路口，但仅此而已。类似的"短暂性逆行性失忆"也会发生在电休克疗法中，这种疗法针对一些精神病患者使用，方法是让电流通过他们的头部。他们通常不记得电击之前发生了什么。[7]

短期记忆中的事件和信息会被遗忘，因为意识的丧失阻止了它们被连接到可以被记住的关系模式中。因为无法建立这样的联系，所以无法将短期记忆转化为长期记忆。在脑震荡患者恢复意识后的一段时间内，这种情况通常会持续一段时间，这有时被描述为"记忆缺陷"。一旦发生这种情况，人们几乎是在事情发生后很快就忘记了。

每个人都认为记忆的形成是一个积极的过程。无法构建记忆会阻碍新记忆的形成；如果这些模式一开始就没有形成，它们就无法被回忆起来。

有些类型的大脑损伤会对人们的认识和回忆能力产生非常具体的影响，[8] 而有些则会导致特定的障碍，如失语症（语言使用障碍），这是由大脑左半球皮层不同部位的损伤引起的。这些损伤会破坏大脑活动的组织模式。[9] 但是，这些损害的影响都不能证明记忆的丧失是因为假设的记忆痕迹被破坏了。相反，这种损伤可能会首先影响构建新记忆的能力，比如记忆缺陷，或者损害回忆的能力。

那么老年痴呆症呢，也就阿尔茨海默病？有这种疾病的人，其蛋白质积聚形成被称为斑块的异常结构，损害神经细胞和它们之间的连接，最终导致神经细胞死亡和脑组织损失。早期症状包括不能记住最近发生的事情、丢失东西、忘记名字以及在熟悉的地方迷路。随着病情的发展，越来越多的记忆丧失，直到患者甚至无法认出亲密的家庭成员。这是否意味着他们所有的记忆痕迹都被摧毁了？或者这是否意味着他们的回忆能力已经受损？

一种被称为回光返照的现象表明，至少在某些病例中，这种疾病主要影响了回忆的能力。一些患有阿尔茨海默病或其他精神障碍的人在死前几天或几个小时会恢复到头脑非常清晰的状态。几个世纪以来，医生们一直在记录回光返照的例子，直到今天仍然如此。在最近的一个例子中，一位患有阿尔茨海默病的老年妇女多年来既不与家人交谈，也不回应家人，但在她去世前一周，她开始与孙女聊天，询问各个家庭成员的情况。她的孙女说，这就像和一个沉睡了二十年才醒来的人说话。[10]

难以捉摸的记忆痕迹

记忆的物质主义理论假定你所记得的一切都以某种方式储存在你的大脑中，作为物质性的记忆痕迹存在。你的童年记忆，在学校学到的知识，最近度假的片段，你认识的人的面孔，所有你知道的词语和名字，上班时走的熟悉路线，像开车这样的技能，以及你所记得的其他一切，都存在着物质性的痕迹。然而，在大脑中寻找记忆痕迹的尝试一次又一次地失败了。每次失败之后，都会有新的尝试，而这些尝试又会失败。然后还会有另一些尝试。整个研究计划所依据的是这样一个假设，即虽然始终找不到证据，但记忆一定是以物质形式存储的。

这些假设中的记忆痕迹有时被称为"印迹"（engrams），通常它被认为依赖于神经细胞内的化学变化，或者是在突触发生的化学或物理变化。突触是神经细胞之间的连接点，它们能够通过释放神经递质或通过电信号传递化学信号到相邻的细胞。

这种对记忆痕迹的长期探索可以追溯到19世纪90年代，当时伊万·巴甫洛夫（Ivan Pavlov）研究了狗等动物如何学会将刺激（如听到铃声）与喂食联系起来。经过反复训练，只要听到铃声，狗就会分泌唾液。巴甫洛夫称之为条件反射。对于当时的许多科学家来说，这项研究表明动物的记忆依赖于由神经纤维组成的"反射弧"，这些神经纤维就是大脑中的电线和它们之间的连接，就像电话交换机中传入和传出电线之间的连接一样。然而，巴甫洛夫本人并没有声称记忆存在于某个固定脑区，因为他发现条件反射可以在脑部的大规模手术损伤中幸存下来。[11] 那些对此知之甚少的人不会被基于实际证据的怀疑所困扰，在20世纪头几十年，许多生物学家自信地认为，所有的心理活动，包括人类记忆，最终都可以归结为通过大脑中的物质连接在一起的反射链。这些连接就是所谓的记忆痕迹。

神经科学家先驱卡尔·拉什利（Karl Lashley，1890—1958）通过长达三十多年的一系列开创性实验彻底推翻了这一理论。为了在老鼠、猴子和黑猩猩的大脑中找到特定记忆痕迹的位置，他对它们进行了各种各样的训练，从简单的条件反射到解决难题。训练结束后，他通过手术切除部分大脑或切断神经束，然后研究该部分组织对动物记忆的影响。令他惊讶的是，他发现在大量脑组织被切除后，这些动物仍然能记住它们所学到的东西。

拉什利对所谓的条件反射弧线通过运动皮层的路径产生了怀疑，因为他发现，经过训练对光做出特定反应的大鼠，在几乎所有的运动皮层都被切除后，表现几乎与对照组老鼠一样出色。

在对猴子进行的类似实验中，拉什利首先训练它们打开带有锁扣的盒子，然后移除猴子的大部分运动皮层。这次手术造成了猴子暂时性的瘫痪。两三个月后，当猴子恢复了协调移动的能力后，如果再让它们打开盒子，它们很快就打开了，没有随意的探索动作。

拉什利随后表明，在大脑的关联区域被破坏、在大脑皮层上做一系列深切口以及去除小脑等皮层下结构后，习得的习惯仍能保留下来。

拉什利最初是学习反射理论的热情支持者，但后来不得不放弃了这一理论：

> 最初的研究计划着眼于追踪整个大脑皮层的条件反射弧线……实验结果总是违背这样的设想。相反，它们强调了每个习惯的统一性，指出将任何学习描述为一系列的条件反射是不可能的，学习更多依赖于大规模神经网络的参与，而不仅仅是某些局部传导路径。[12]

拉什利指出：

> 神经网络的特点是，当它受到任何激发模式的影响时，它可能会产生一种活动模式，这种模式会通过激发的传播扩散到整个功能区域，就像液体表面在几个点受到干扰时会产生一种扩散开来的波纹干涉模式。

换句话说，他提出记忆依赖于大脑的活动波，而不是神经细胞之间固定的物质连接。他认为，回忆涉及"大量神经元之间的某种共振"[13]。

拉什利的想法被他以前的学生卡尔·普里布拉姆（Karl Pribram）进一步推进，后者提出记忆以一种分布的方式存储在整个大脑中，类似于全子中的干涉模式（一种光场的摄影记录，而不是由透镜产生的图像），后文将对此展开讨论。[14]

即使在神经系统相对简单的无脊椎动物中，记忆痕迹也被证明是难以捉摸的。在对经过训练掌握特定技能的章鱼进行的一系列实验中，当大脑的各个部分被移除后，它们仍然可以记住所学的内容。大脑中似乎没有特定的区域是"储存"记忆的地方。研究人员不得不得出一个看似矛盾的结论："记忆既无处不在，又无迹可寻。"[15]

第七章 记忆是以物质痕迹的形式储存的吗?

重新尝试寻找记忆的物质痕迹

尽管这些结果令人沮丧，但一代又一代研究人员一次又一次地尝试在大脑的特定区域寻找记忆的痕迹。20世纪80年代，史蒂文·罗斯和他的同事们认为他们终于成功地在小鸡的大脑中找到了痕迹。他们训练小鸡时，为了避免小鸡啄小彩色LED灯，让它们在啄了特定颜色的LED灯后感到恶心，当小鸡再次遇到这些刺激时，它们会相应地避免啄LED灯。罗斯和他的同事们研究了这些小鸡大脑的变化，发现左前脑特定区域的神经细胞在学习时比没有学习时发育更加活跃。他们认为已经找到了记忆的细胞基础，[16]但是失望很快就来了。

的确，在学习过程中，一组特定的细胞变得活跃起来。这一发现与对幼鼠、小猫和猴子大脑发育的研究相一致，这些研究发现，大脑中活跃的神经细胞比不活跃的神经细胞发育得更快。但是活跃细胞的更多发育并不能证明它们含有特定的记忆痕迹。在训练一天后，实验人员将小鸡左前脑的活跃细胞区域移除，它们仍然能记住它们所学的东西。大脑中参与学习过程的区域对于记忆的保留并不是必需的。假设的记忆痕迹再次被证明是难以捉摸的，而那些寻找记忆痕迹的人不得不再次假设在大脑的其他地方有未知的"存储系统"。[17]

在最近的一系列实验中，研究人员研究了老鼠如何通过迷宫。记忆的形成涉及大脑中颞叶的活动，尤其是海马体。形成长期记忆的能力依赖于一个叫作长期增强（long-term potentiation）的过程，这个过程涉及海马体神经细胞的蛋白质合成。然而，记忆又一次被证明是难以捉摸的。一旦记忆被建立起来，大脑两侧海马体的破坏并不能把它们抹去。因此，研究人员得出结论，假设的记忆痕迹一定以某种方式从大脑的一个区域移动到了另一个区域。埃里克·坎德尔（Erik Kandel）在2000年因研究海蛞蝓的记忆而获得诺贝尔奖，他在诺贝尔获奖感言中提请人们注意其中的一些问题：

海马体和正中颞叶的不同区域是如何在外显记忆的存储过程中相互作用的？例如，我们不明白为什么记忆的初始存储需要海马体，而一旦记忆存储了几周或几个月，就不需要海马体了。海马体向新皮层传递了哪些关键信息？我们对外显（陈述性）记忆的回忆也知之甚少。……大脑的这些系统特性需要的不仅仅是分子生物学自下而上的方法。[18]

随着一项名为光遗传学的复杂新技术的发展，印迹理论似乎获得了新生。该技术结合了基因工程和光刺激，在2010年被《自然方法》杂志选为"年度方法"。该技术通过基因工程，使神经细胞产生光敏蛋白，其中一些是荧光的，因此标记的细胞可以被看到，并被光激活或灭活。当这项技术被用于研究老鼠在学习新的空间任务或条件反射般害怕某一刺激时大脑的变化时，人们非常兴奋。

一些研究人员称这些活化的细胞为"印迹"，[19] 科普作家们宣布，印迹终于被发现了。[20] 例如，在一个被广泛宣传的实验中，麻省理工学院的研究人员对暴露在光线下时的老鼠进行电击，以制造恐惧记忆。老鼠在学会害怕光线时被激活的神经元被一种叫作光敏感通道蛋白的光敏蛋白进行标记。随后，研究人员利用激光穿过头骨上的一个洞，重新激活了被标记的细胞。老鼠采取了一种防御性的、一动不动的蹲伏姿势，而这是它们恐惧反应的标志。[21] 恐惧记忆似乎被重新激活了。

这真的能够证明印迹的存在吗？这些"印迹"存在于学习发生时变得活跃的细胞中，这种活动导致它们被基因工程的光敏蛋白标记。然后这些细胞可以被光敏蛋白吸收的光重新激活。换句话说，这些细胞中的基因工程蛋白本身就起到了一种物理记忆痕迹的作用。研究人员创造了他们一直在寻找的东西。他们创造了人造印迹。

然而，研究人员可以在神经细胞中创造痕迹，并通过光线重新激活这些痕迹，这一事实并不能证明记忆在自然条件下是通过"印迹"发挥作用的。无论如何，海马体和学习过程中活跃的细胞中的人造"印迹"会随着时间的推移而逐渐消失。要解释为什么当这些"印迹"消失时,动物仍然能记住它们所学的东西,这些记忆应该在新皮层中被重新分配和"巩固"。这种记忆的转移依赖于睡眠,在睡眠期间,海马体会进行"神经重放"(neural replay),这与活动的"尖波波纹"(sharp-wave ripples)有关。[22]

正如我们所看到的那样,海马体不可能是储存长期记忆的地方,因为在记忆得到巩固后,并不会随着海马体的破坏而消失。2018年,德国图宾根的一组研究人员将标准理论总结如下:"对事件的记忆,尤其是各元素之间的关系,最初是编码到海马体网络中的,但是在巩固过程中,这些表征在几天、几周和几个月内被重新分配到作为长期存储的新皮层网络中。通过这种方式,记忆可能会独立于海马体。"[23] 再一次,所谓的记忆痕迹被证明是难以捉摸的。

记忆痕迹理论的更多问题

如果记忆痕迹依赖于特定神经细胞的"印迹",或者依赖于这些细胞之间的连接,那么重新激活记忆应该涉及那些所谓的记忆痕迹所在的细胞。但事实似乎并非如此。

在对老鼠进行的一项非常详细的研究中,研究人员观察了杏仁核(大脑中与恐惧反应有关的区域)的神经活动,在六天的时间里,对每只老鼠杏仁核中数百个单独神经细胞的活动进行了监测。当老鼠受到引起恐惧的刺激时,这一区域的细胞群变得活跃起来。但是令研究人员惊讶的是,在不同的日子里,不同的细胞会参与其中。重要的似乎是一大群细胞的整体活动模式。在不同的日子里,不同的细胞扮演着不同的角色。研究人员指出,"目前还不清楚是什么机制在细胞更替的情况下保留了信息"[24]。

多年来的标准观点是,记忆痕迹的物理基础是神经细胞之间的连接。这些连接是通过树突发生的,树突是神经细胞扩散出来的分支结构。神经细胞通过突触相互连接,树突表面有许多突触。

在一项对海兔学习过程的详细研究中，人们发现当学习过程发生时，海兔会形成更多的树突。正如标准理论所预测的那样，随着记忆的丧失，树突的数量也会减少。如果记忆储存在更多的突触中，那么当记忆形成时出现的新突触应该与记忆消失时消失的突触是相同的，但事实并非如此。学习过程中出现的突触与记忆丧失时消失的突触之间没有关系。其中一名研究人员总结说："我们发现这完全是随机的。"[25]

关于记忆痕迹的标准理论的失败导致一些研究人员推测记忆根本不是储存在突触里的。这些突触可能对检索记忆很重要，但实际上并不存储记忆。相反，可能有隐藏的或"神秘的"记忆或"沉默的印迹"。一些神经科学家认为，这些"沉默的印迹"可能在细胞内部，而不是在细胞之间的连接处。他们正在恢复20世纪50年代流行的一种观点，即记忆可能以某种方式存储在RNA分子中，甚至存储在神经细胞细胞核内DNA的表观遗传修饰中。

2016年，该领域的19位顶尖研究人员在一个论坛上得出结论，"记忆机制仍然是生物学中未解决的重大问题之一"[26]。正如2018年的一篇评论文章所总结的那样："思想和实验方法的多样性表明印迹问题仍然没有解决。经过几十年的努力，这个领域依旧很年轻。"[27]

虽然神经系统被重塑，但记忆依然很稳定

经历完全变态的昆虫在解剖结构和生活方式上会发生巨大的变化。咀嚼树叶的毛虫和后来从蛹中出来的飞蛾是同一种生物，这可能令人难以置信。在蛹中，几乎所有的毛虫组织在成虫的新结构发育之前就已经溶解了，大部分神经系统也溶解了。

在最近的一项研究中，华盛顿特区乔治敦大学的玛莎·韦斯（Martha Weiss）和她的同事发现，尽管在变态过程中经历了所有的变化，飞蛾仍能记住它们在毛虫时期学到的东西。他们通过将接触乙酸乙酯的气味与轻微的电击联系起来，训练卡罗来纳狮身人面像蛾的毛虫学

会避免这种气味。经过两次幼虫蜕皮和蛹内蜕变后,成年蛾依然厌恶乙酸乙酯的气味,虽然它们的神经系统已经发生了根本性的变化。韦斯和她的同事们进行了谨慎的控制,发现这是一种真正的学习转移,而不仅仅是被测试的毛虫吸收的气味的残留。[28]

成年飞蛾记住幼虫经历的这种能力很可能具有进化意义。如果幼虫的经历影响了成虫的行为,那么雌蛾可能倾向于避免在有害植物上产卵,而偏爱有营养的植物,即使该物种的成员以前从未遇到过这些植物。对特定寄主植物的新偏好模式可以在一代建立,并将在其后代中持续存在。一个物种可以很快进化出新的进食习惯。

如果所有的记忆都是以物质痕迹的形式储存起来的,那么在大部分神经系统解体之后,学到的东西从毛虫到飞蛾的延续确实令人费解。

更值得注意的是,当动物的大脑被完全切除时,它们依然能记住已经掌握的东西。

涡虫属的扁虫具有非凡的再生能力。一条扁虫可以被切成几块,每一块都可以形成一条完整的新扁虫。在塔夫茨大学进行的一系列有趣的研究中,迈克尔·莱文(Michael Levin)和他的同事们训练扁虫对它们移动的表面上的一种模式做出反应。当它们掌握了这项任务后,研究人员切除了它们的头部,从而切除了它们的大部分神经系统。它们很快就长出了新的头,并且还记住了它们所掌握的本领。这个实验清楚地表明,它们的记忆并没有储存在它们的大脑中,否则它们的记忆就会在被斩首时失去。[29]

北极地松鼠提供了在自然状态下哺乳动物大脑重塑的例子。当这些动物冬眠时,它们的中枢神经系统会发生巨大的变化,大脑中的"树突树"会被大量修剪。这个修剪过程包括了与记忆的形成和提取有关的区域,比如海马体。当它们在春天醒来时,它们的神经细胞会迅速再生出新的树突。在最近的一些实验中,地松鼠在冬眠前接受了两项任务的训练,在两个盒子之间跳跃或穿过一根管子。当它们六个月后醒来时,神经系统重新生长,它们的表现没有受到影响。它们的记忆在神经细胞连接结构的巨大变化中幸存了下来。[30]

记忆的物理痕迹比以往任何时候都更加让人难以捉摸。所有这些寻找记忆痕迹的努力都失败了，对此，最简单的解释就是记忆痕迹根本就不存在。

神经连接组

另一个试图揭示学习和记忆本质的研究方向是绘制动物神经系统的"接线图"。基因组是生物体中完整的 DNA 序列，与之类似，大脑中神经细胞之间连接的综合图谱被称为连接组（connectome）。

在 20 世纪 80 年代的第一个草稿之后，第一个完整的连接组于 2019 年完成。涉及的动物是一种微小的线虫，叫作秀丽隐杆线虫，大约一毫米长。这在技术上是一个巨大的胜利，它使得这种雌雄同体的线虫所有 302 个神经元之间的联系得以描述，同样得到描述的还有雄性由 385 个神经元组成的更大的神经系统。[31] 然而，从这些详细的结构信息既不能推断出这种线虫的行为，也不能揭示记忆的本质。只有死去的线虫才能被切成薄片来研究它们神经系统的连接图，所以不能用这种方法来研究学习前后的连接。此外，一个标准品系中的所有线虫也不一样。即使是同一条线虫两侧神经元之间的连接也有 10% 到 40% 的差异，而"个体蠕虫之间的差异预计至少有这么大"。[32]

正如《自然》杂志上的一篇评论所说：

> 新的连接组突出了神经回路的一个令人烦恼的点以及连接组本身的前景：单从结构推断功能是很困难的。……虽然可以识别出有趣的模式，但特定行为反应的独特回路并不明显。……功能回路可能是通过单个突触的动态调节自发产生的。连接组同时显示了所有这些突触，对于哪些突触在特定时间可能处于活跃状态提供的线索很少。[33]

第七章 记忆是以物质痕迹的形式储存的吗？

同样的局限性也适用于部分完成的果蝇和其他几种动物的连接组。人类大脑的局限性要强得多。在2009年启动的"人类连接组计划"（Human Connectome Project）中，麻省理工学院和其他地方的研究人员正试图利用脑组织薄片和复杂的计算机分析图像，绘制出人脑中神经细胞之间数万亿个连接中的一些。人类大脑中大约有1 000亿个神经元。正如麻省理工学院研究小组负责人承现峻（Sebastian Seung）所指出的那样，"在大脑皮层中，人们相信一个神经元与其他10 000个神经元相连"。这是一个雄心勃勃的项目，但它并不能揭示记忆的本质。第一，只有人死了，大脑才能被切开，所以学习前后的变化不能用这种方法来研究。第二，不同人的大脑存在很大差异，没有相同的"线路"。第三，现在我们知道，人类大脑的可塑性比科学家过去认为的要强。大脑的连接会随着时间而变化。神经可塑性可以一直持续到成年之后。神经系统的内在变异性在像老鼠这样的小动物身上更容易看到。德国马克斯·普朗克研究所（Max Planck Institute）的一个试点项目研究了老鼠耳朵中控制两块小肌肉的15个神经元的连接图。虽然这项工作是技术上的杰作，但它并没有得出独特的连接图。在同一只动物的左右耳中，神经细胞之间的连接模式是不同的。[34]

与正常大脑结构最显著的偏离发生在婴儿时期患有脑积水的人身上。在这种情况下，颅骨的大部分被脑脊液填满。随着他们的成长，他们颅骨的大部分可能会继续被液体填充，而不是神经组织。英国神经学家约翰·洛伯（John Lorber）发现一些患有严重脑积水的成年人表现正常得令人惊讶，这促使他提出了一个引人深思的问题："人的大脑真的有必要吗？"他扫描了600多名脑积水患者的大脑，发现大约60人的颅腔95%以上都充满了脑脊液。其中有些人严重智障，但有些人基本上正常，有些人的智商超过了100。一个智商126、拥有谢菲尔德大学一等数学学位的年轻人"几乎没有大脑"。他的大脑贴着头骨有一层薄薄的大约一毫米厚的脑细胞，其余的空间充满了液体。[35]任何用标准连接组来解释他的大脑的尝试都注定要失败。虽然他的大脑不到正常大脑大小的5%，但是他的智力和记忆基本上仍能正常运作。

全息图和隐卷序

最后一种似乎表明记忆储存在大脑中的证据来自对大脑特定区域的电刺激对记忆的唤起。怀尔德·彭菲尔德（Wilder Penfield）和他的同事们在对有意识的病人进行脑部手术期间进行了一系列著名的调查，测试了轻度电刺激对大脑皮层不同区域的影响。当电极接触到部分运动皮层时，患者的四肢就会移动。用电刺激听觉或视觉皮层会使患者产生听觉或视觉幻觉，如嗡嗡声或闪光。例如，对次级视觉皮层的刺激会让患者产生花朵、动物或熟悉的人的幻觉。当颞叶皮层的某些区域受到刺激时，有些患者会回忆起类似梦境的记忆，比如一场音乐会或一次电话交谈。[36]

彭菲尔德最初认为，记忆的电唤起意味着它们存储在受刺激的组织中，他将其命名为"记忆皮层"。经过进一步考虑，他改变了观点："这是个错误……记忆并不在大脑皮层。"[37] 像拉什利和普里布拉姆一样，他放弃了局部记忆痕迹的想法，转而支持它们广泛分布在大脑其他部位的理论。

分布式记忆存储最流行的类比是全息摄影，这是一种无镜头摄影，其中干涉图案被存储为全息图，从中可以对原始图像进行三维重构。如果全息图的一部分被破坏，整个图像仍然可以通过其余部分进行重构，尽管清晰度会有所下降。整体存在于每个部分中。普通的照片就不是这样了：如果你撕掉一半，你就失去了一半的图像。如果你撕下半张全息图，整个图像仍然可以重新生成。

但是，如果全息波形根本没存储在大脑中呢？起初，普里布拉姆认为全息记忆存储是大脑中的一个物质过程，就像全息图是物质结构一样。但是，他后来得出了一个更为激进的结论，完全放弃了物质痕迹的观点。他认为大脑是一个"波形分析仪"，而不是一个存储系统。他把大脑比作一个无线电接收器，从"隐卷序"中接收波形，并使它们变得清晰。[38] 在这方面，他受到了量子物理学家大卫·玻姆的影响，玻姆认为整个宇宙是全息的，即整体包含在每一个部分中。[39]

这个全息结构本身并不是物质性的。根据玻姆的观点，可观察的或显化的世界是从隐卷序中出现的显展序。[40] 玻姆认为隐卷序包含着一种记忆。在一个地方发生的事情被"内射"或"注入"到可能无所不在的隐卷序中，当隐卷序展开为显展序时，这种记忆会影响发生的事情，使这一过程具有与形态共振非常相似的特性。用玻姆的话来说，每一个瞬间都"包含着对前一刻的重新注入的投射，这是一种记忆，所以这将导致对过去形式的普遍复制"[41]。

大卫·玻姆和我讨论了形态共振和通过隐卷序进行的记忆传递之间的关系，并得出结论，两者产生了相同的预测，可能是对同一现象的不同思考方式。

跨越时间的共振

现有的证据表明，记忆不能用局部的物质痕迹或印迹来解释。大脑活动涉及数千或数百万个神经细胞的电活动的节律模式，而不是像电话交换机中的电线或计算机接线图那样简单的反射弧。这些神经活动模式建立并响应大脑中电磁场的变化。[42] 整个大脑的振荡场通常在医院使用脑电图（EEG）进行测量，在这些整体节律中，在大脑的不同区域有许多辅助的电活动模式。如果要记住这些模式或系统特性，那么跨越时间的共振似乎比神经末梢的化学储存更有可能。

一个多世纪以来，资金充足的密集研究一直未能确定大脑中的记忆痕迹。在今后很长一段时间里，研究人员可能还会继续寻找，但他们可能永远找不到。因为记忆可能依赖于生物体自身过去的共振。大脑可能更像一台电视机，而不是一台硬盘录像机。你在电视上看到的东西取决于电视机对不可见的场的共振调谐。没有人能通过分析你电视机里的电线和晶体管来了解你昨天看了什么节目。

出于同样的原因，脑损伤和像阿尔茨海默病患者那样的大脑退化导致记忆丧失的事实并不能证明记忆储存在受损的组织中。如果我剪断一根电线，或者从你的电视机的声音电路上拆下一些元件，我就能把它弄得哑然无语，但是这并不意味着所有的声音都存储在受损部件中。痕迹理论认为记忆是以物质形式储存在大脑中的。另一种说法是共振理论：记忆是通过过去类似活动模式的共振转移的。我们和过去的自己调谐，我们的记忆并非储存在脑子里。

记忆的共振是一个更广泛的假设的一部分。形态共振假说认为，在所有自组织系统中，振动活动模式都会发生跨越时空的共振。[43] 形态共振是结晶和蛋白质折叠习惯的基础（见第三章），也是形态发生场和本能行为模式遗传的基础（见第六章）。如下文所述，它在学习迁移过程中发挥着至关重要的作用。形态共振提供了一种看待所有五种基本记忆的新方法，它们分别是习惯化、敏感化、共振学习、识别和回忆，下面我将分别加以探讨。

习惯化和敏感化

习惯化是指习惯事物。如果你听到一种新的声音，或者闻到一种新的气味，一开始你可能会注意到它，但如果没有变化，你很快就会不再注意到它。通常情况下，你不会注意到衣服对身体的压力，或者你的臀部对所坐的座位的压力，或者时钟滴答的声音，或者周围的许多其他背景噪声。

习惯化是一种最基本的记忆，是我们对环境的所有反应的基础。一般来说，我们不会注意到那些保持不变的事物，而是会注意到变化或差异。我们所有的感官都是根据这个原理工作的。如果你正在凝视着风景，任何移动的东西都会立即引起你的注意。如果背景噪声有变化，你就会注意到。我们的整个文化都遵循同样的原则，这就是为什么八卦和新闻报道很少关注一成不变的事情。它们关注的是变化或差异。

其他动物也以同样的方式适应它们的环境。它们通常会对新事物做出反应，因为它们对其还不习惯，所以经常会表现出警觉或回避。这种反

第七章 记忆是以物质痕迹的形式储存的吗?

应甚至会发生在单细胞动物身上,比如生活在沼泽池塘里的喇叭虫。每个喇叭虫都是一个喇叭状的细胞,上面覆盖着一排排细小的、跳动的纤毛。纤毛的活动会在细胞周围形成水流,将悬浮颗粒运送到位于微小漩涡底部的口部(见图7.1)。这些细胞靠底部的一根"足"附着在其他物体之上,细胞的下半部分被一根黏液状的管状物所包围。如果它所附着的表面有轻微的震动,喇叭虫就会迅速缩回到这个管状物中。如果什么都没有发生,大约半分钟后,它会再次延伸,纤毛会恢复活动。如果同样的刺激重复出现,它就不会再缩回去,而是继续其正常活动。这不是因为它疲劳了,因为如果遇到新的刺激,例如被触摸,它会再次缩回去。[44]

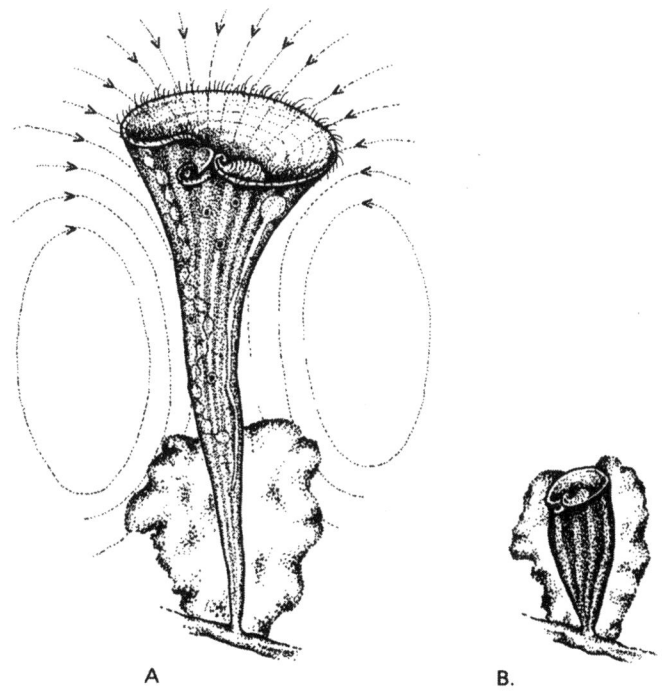

图7.1 A 为单细胞生物喇叭虫,它周围的水流是由它的纤毛的运动引起的。B 表示如果受到不熟悉的刺激,它会迅速缩回到管状物中。
资料来源:出自詹宁斯(Jennings)的《低等生物的行为》(Behavior of the Lower Organisms),1906 年。

喇叭虫的细胞膜上有电荷，就像神经细胞一样。当它们受到刺激时，一个动作电位扫过细胞表面，非常类似于神经冲动，这会导致细胞收缩。[45] 随着它习惯了这样的刺激，细胞膜上的受体对机械刺激变得不那么敏感，动作电位也不会被触发。[46] 由于喇叭虫是一个单细胞，它的记忆不能用神经末梢或突触的变化来解释，因为它没有。

其他没有神经系统的生物也有记忆能力。例如，像巨型阿米巴变形虫细胞一样的黏菌就可以学会解决迷宫和逃离陷阱。它们也可以习惯无害的化学物质，起初它们会排斥，但随后就能习惯了。[47] 植物也习惯于无害的刺激。[48] 例如，敏感植物含羞草在受到机械干扰时会将叶子闭合起来。在实验中，把种在花盆里的含羞草从15厘米的高度反复扔下来，一开始它出现了完全的闭合反射，但在反复扔下很多次之后，含羞草习惯了这种无害的刺激，停止对其做出反应。这种记忆至少持续了六天。相比之下，当它受到新的刺激时，如快速的振动，它会做出完全的叶片闭合反射，这表明它对于从高处落下缺乏反应并不是因为它的叶子已经精疲力竭，而是因为习惯化。[49]

习惯化涉及一种记忆，当无害和无关的刺激再次出现时，这种刺激能被识别出来。对此，形态共振理论给出了一个直截了当的解释，即有机体会与自己过去的活动模式形成共振，包括在对无害刺激作出戒断反应后恢复正常。当受到重复刺激时，有机体会与之前的反应模式产生共振，包括恢复正常活动。它会更快地恢复正常活动，反应越来越少，直到无害的刺激被忽略。它通过自我共振来适应。一种新的刺激之所以引人注目，正是因为它是新的、陌生的。

所有的动物，不论大小，不论有无神经系统，都会发生习惯化。在长度超过一英尺长的巨型海兔身上，人们详细研究了习惯化的影响。它的神经系统相对简单，并且在不同的个体中是相似的。通常情况下，这种海兔的鳃是伸展的，但如果被触摸，它的鳃就会收缩。如果重复无害的刺激，这种反射很快就会停止，因为它已经习惯了，就像喇叭虫一样。埃里克·坎德尔和他的研究小组发现，只有四个运动神经细胞负责这种收缩反应。随着习惯化的发生，感觉神经细胞不再刺激运动细胞，因为它们在与运动细胞相连的突触上释放的化学递质越来越少。乍一看，这似乎为习惯化提供了一个物质性的解释。但是，由于习惯化的作用，感觉细胞的功能发生了变化，释放较少的化学递质，这一事实并不能证明记忆是以化学方式储存在突触中的。整个系统可能由于自共振而发生习惯化，就像喇叭虫一样。在各种复杂程度的动物中，包括我们自己，自共振可能是习惯化的基础。

敏感化是习惯化的对立面：动物对可以产生有害影响的刺激变得更加敏感。我们自身也会表现出敏感化反应，黏菌和植物也是如此，甚至像喇叭虫这样的单细胞生物也是如此。如果一股有毒的颗粒流流向喇叭虫，它就会缩回到管状物里。下次再接触同样的颗粒时，它会收缩得更快。在几次接触后，它会继续向管状物内部收缩，直到它的固着器离开原来的附着对象。这时它就会离开这里，直到找到一个更安静的地方安顿下来，并建造一个新的管状物，恢复正常的生活。坎德尔和他的团队研究了当海兔对有害刺激变得敏感时，其神经细胞发生的变化。习惯化导致感觉神经元在与运动神经元的突触中释放的神经递质减少，而敏感化导致释放的神经递质增加。[50]

同样，也没有必要假设敏感化背后的记忆是以细胞内化学变化的形式储存的。和习惯化一样，敏感化也符合自共振模型。当一种过去被证明有害的刺激发生时，生物体就会对同样的刺激产生共振，从而产生更大的反应。此外，敏感化可以达到一个阈值，此时生物体会做一些不同的事情。喇叭虫会游走，[51] 而海兔会释放含有过氧化氢的有毒墨水。[52]

共振学习

许多动物通过模仿群体其他成员来学习行为模式。例如，一些鸟类，如黑鹂，通过倾听附近成年鸟的歌声来学习部分歌曲。这是一种文化传承。在人类身上，文化传承达到了最高的发展水平，每一个人都学习了各种各样的行为模式，包括语言的使用，以及许多身心技能，如算术、吹长笛或编织。从形态共振的角度来看，这些技能的迁移是一种共振过程。

在20世纪80年代，神经科学家发现，当动物看到其他动物执行特定动作时，它们大脑运动部分的变化会映射它们所看到的动物大脑的变化。这些反应通常被从"镜像神经元"（mirror neurons）的角度加以解释：大脑活动映射了被观察动物的活动，并且涉及在执行动作本身时发生的相同类型的变化。但是，如果认为镜像神经元这个术语暗示这种活动需要特殊类型的神经，那么它就会误导人。最好是将其视为一种共振。事实上，镜像神经元的发现者之一维托里奥·加莱斯（Vittorio Gallese）将对另一个人的动作或行为的模仿称为"共振行为"。[53]

共振行为是一个新术语，但这种现象本身并不是一个新发现。整个色情产业都依赖于它，观看他人进行性活动会通过一种共振刺激性唤起。

一些神经科学家将镜像系统的概念扩展到他们所谓的"读心术的运动共振理论"，即神经系统对"目标导向行为的执行和观察"做出反应。[54]这种共振不仅局限于大脑，而且延伸到身体的整个运动模式。毫无疑问，它在技能学习（比如骑自行车）和其他形式的做中学过程中发挥着重要作用。

通过重复，行为模式和技能得到提高，并逐渐成为习惯。新行为模式的习得和记忆都很符合共振模型。

识　别

识别包括意识到现在的经历也会成为记忆：我们知道自己以前见过某个人，但可能记不起时间、地点，也记不起这个人的名字。识别和回忆是不同种类的记忆：识别基于现在的经历和以前的经历之间的相似性，而回忆是在记忆的意义或联系的基础上对过去的重建。

识别比回忆更简单。通常情况下，认出一个人比想起他的名字要容易。我们大多数人都有非凡的识别能力，我们通常认为这是理所当然的。许多实验室进行的实验已经证明了这种能力有多么强大。例如，在一项研究中，研究对象被要求记住一个无意义的形状。当他们被要求通过绘画来回忆时，他们的回忆能力在几分钟内迅速下降。相比之下，大多数人可以在几周后从一些相似的形状中挑选出测试的形状。[55]他们不能回忆起来，但他们能认出来。

像习惯化一样，识别依赖于与先前类似活动模式的形态共振。当你看到一个你认识的人时，你的感觉器官和神经系统内的振动活动模式与你以前看到同一个人时的模式相似。感觉刺激是相似的，并且对感觉器官和神经系统有着相似的效果。相似度越大，共振就越强。

回 忆

有意识的回忆是一个主动的过程。回忆起一段特殊经历的能力取决于我们最初建立联系的方式。我们用语言来给体验的元素分类并与之连接，因此我们可以用语言来帮助重建这些过去的模式。但是我们无法回忆起那些一开始就没有建立的联系。

我们对单词和短语的短期记忆使我们能够记住足够长的时间来掌握它们的联系并理解它们的意义。我们通常记住的是意义（联系的模式）而不是实际的词语。总结最近一次谈话的要点要比逐字逐句地复述容易得多。书面语也是如此：你可以回忆起本书前几章中的一些事实和观点，但你可能无法一字不差地回忆起任何段落。

短期记忆提供了机会，让我们当下的体验元素与其他元素以及过去的体验联系起来，而那些没有联系起来的就会被遗忘。短期记忆通常被比作计算机中的随机存取存储器，它的容量非常有限，通常只能保存 7 ± 2 个信息块。20世纪40年代，神经学家唐纳德·赫布（Donald Hebb）指出，这种持续时间不到一分钟的短期记忆不太可能以化学方式储存，并暗示它们可能依赖于电活动的混响回路——这再次暗示了一个共振过程的存在。

在空间回忆的情况下，例如，在记住一个特定的房子的布局时，不同空间之间的联系与身体的运动有关，例如，沿着走廊，爬楼梯和进入一个房间。

记忆和回忆的原理早已为人所知。早在古典时代，助记系统就已经众所周知，并且被教授给修辞学的学生。这种系统提供了建立联系的技巧，使事物更容易被回忆起来。[56]有些方法依赖于语言联系，包括用押韵、短语或句子来编码信息。例如，"Richard of York Gained Battles In Vain"（约克的理查德白赢得了战斗）这句话可以用来帮助记忆彩虹的颜色，因为这个英文句子的七个单词的首字母分别照应七种颜色，即红（Red）、橙（Orange）、黄（Yellow）、绿（Green）、蓝（Blue）、靛（Indigo）、紫（Violet）。有些助记系统是空间模式的，依赖于视觉图像。例如，在"位置记忆法"中，一个人首先记住一系列的位置，也许是自己家里的各个房间和橱柜，然后在其中一个位置将每个要回忆的项目可视化，最后通过想象从一个地方走到另一个地方并在那里找到它来记忆。现代的助记系统，比如网上宣传的记忆改善系统，就是这种悠久而丰富的记忆系统的继承者。[57]

许多动物的空间模式记忆依赖于海马体的活动，如前文所述，海马体和其他区域的大脑活动似乎是将要回忆的项目联系到一起所必需的。在被记下来和被回忆起来之间，记忆通常被认为编码在难以捉摸的长期记忆痕迹中。共振假说更符合事实。记忆形成时建立的连接模式与大脑活动的节奏模式有关。

记忆是通过由形态共振引起的类似的活动模式被唤起的，而不是以物质的形式储存在大脑中。

实验检验

如果记忆储存在单个动物的大脑中，那么动物学习的任何东西都局限于它自己的大脑。当它死亡时，记忆也就消失了。但是，如果记忆是一种共振现象，生物体通过这种现象与过去的自己产生共鸣，那么个体记忆和集体记忆就是同一现象的不同方面，两者只是程度不同，但没有本质上的区别。

第七章 记忆是以物质痕迹的形式储存的吗？

这个假设是可以验证的。如果老鼠在一个地方学会了一种新把戏，那么世界各地的老鼠都能够更快地学会这个把戏。学会这个把戏的老鼠越多，其他地方的老鼠就越容易学会。心理学史上最长的一系列实验之一已经表明，老鼠似乎确实能更快地学会其他老鼠已经学会的东西。学会逃离水迷宫的老鼠越多，其他老鼠就越容易做到这一点。这是一个很大的影响。大约三十代之后，老鼠的学习速度提高了十倍以上。这些实验首先在哈佛大学进行，然后在爱丁堡大学和墨尔本大学进行。实验表明，苏格兰和澳大利亚的老鼠很快就达到了哈佛大学的老鼠的水平，而且它们的后代学得更快。有些老鼠根本不需要学习，一下子就掌握了。在墨尔本大学的实验中，一组父母从未受过训练的对照组老鼠表现出与父母受过训练的老鼠相同的进步模式，表明这种影响不是通过基因传递的，也不是通过基因的表观遗传修饰来传递的。平均而言，所有相似的老鼠学得更快，正如形态共振假说所预测的那样。[58]

同样，人类应该能够更容易地学会别人已经学会的东西。一般来说，像滑雪和玩电脑游戏这样的新技能应该变得更容易学会。当然，总是会有人学得更快或更慢，但总的趋势应该是学会得更快。许多轶事证据表明，情况的确如此。要想找到确凿的定量证据，最好的出发点是思考一下几十年来基本保持不变的标准化考试。智商（IQ）测试就是一个很好的例子。通过形态共振，这些问题应该变得更容易回答了，因为之前已经有很多人回答过这些问题。考试分数应该会提高，不是因为人们变得更聪明了，而是因为考试变得更容易了。事实上，这种效应确实发生了，并被称为弗林效应（Flynn effect），以心理学家詹姆斯·弗林（James Flynn）的名字命名，因为是他最早记录了这一现象。[59] 几十年来，平均智商测试分数上升了30%甚至更多。[60] 来自美国的数据见图7.2。

关于弗林效应的可能原因，心理学家已经争论了很长时间。人们试图从营养、城市化、看电视和考前练习等方面来解释，似乎只能解释这种影响的一小部分。起初，弗林承认自己很困惑，他尝试了许多更加

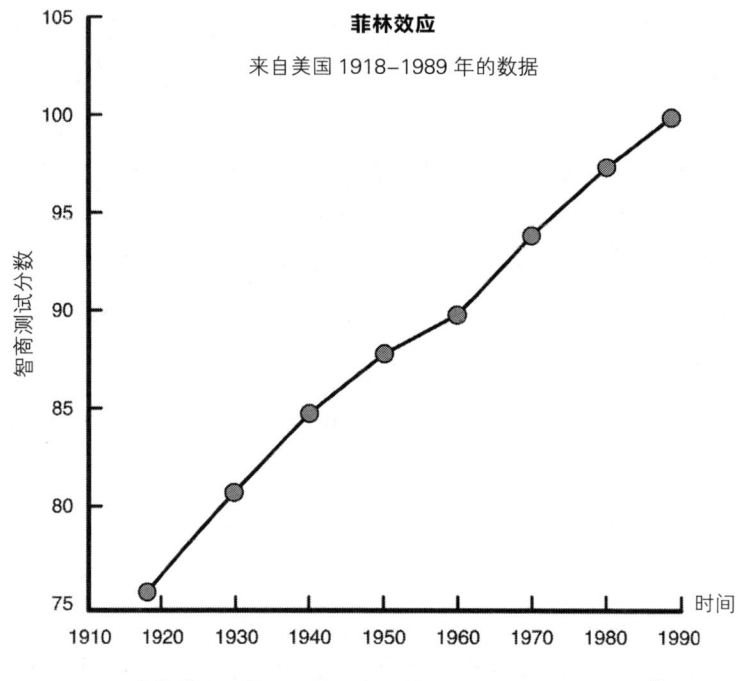

图 7.2　弗林效应：美国平均智商分数相对于 1989 年的变化[61]

复杂的解释。他最近的一次尝试将这种效应归因于总体文化的变化。他说："我能给出的最好的简短描述是这样的，在 20 世纪，人们把智慧投入到解决新的认知问题上。最近的原因是正规教育，但要想全面了解其原因，就必须了解工业革命的总体影响。"[62] 问题在于，这个假设是模糊的、不可检验的。形态共振提供了一个更简单的解释。

欧洲和美国大学的科学家们已经进行了一系列专门设计的实验，以测试人类学习过程中的形态共振，特别是与书面语言有关的。大多数实验都给出了正面的、统计上很显著的结果。[63] 这必然是一个有争议的研究领域，但幸运的是，形态共振相对容易在动物和人身上进行测试。

这个问题尚无定论。正如许多神经科学家一直希望的那样，也许多年艰苦的研究将揭示物理记忆痕迹的存在。也可能会有越来越多的证据表明，记忆依赖于跨越时间的直接联系，通过形态共振，或通过隐卷序，或通过其他尚未为我们所知的联系。

这有什么区别吗？

我发现，把记忆理解为一种调谐，而不是通过模糊的分子机制将它们从我们的大脑中提取出来，会有很大的不同。记忆的共振假说也更符合大脑研究的发现，即记忆痕迹无处可寻。

研究的重点将从神经细胞的分子细节转移到通过共振传递记忆。这一转变也揭示了集体记忆的问题，心理学家荣格将其称为集体无意识。

如果学习不仅涉及与传授技能的教师的共振过程，而且涉及与所有以前学过该技能的人的共振过程，那么可以通过有意加强共振过程来改进教育方法，从而更快、更有效地传授技能。

记忆的共振理论也揭示了一个宗教问题。所有的宗教都理所当然地认为，一个人某些方面的记忆会在他的肉体死亡后继续存在。在印度教和佛教的轮回理论中，记忆、习惯或倾向可以从一个生命延续到另一个生命。在基督教中，有关于灵魂存续的几种不同理论，但它们都表明了记忆的存续。根据罗马天主教的炼狱教义，信徒在死后进入一个持续发展的过程，类似于梦境。这个过程只有在个体的记忆参与其中时才有意义。一些新教教徒认为，每个人在死后都会沉睡，并在末日审判前复活。但这个理论同样需要记忆的存续，因为如果被审判的人忘记了自己是谁以及曾经做过什么，最后的审判就失去了意义。

相比之下，物质主义的理论很简单。记忆存在于大脑中；大脑在死亡时会腐烂；因此，所有记忆都会永远被抹去。对于一个无神论者来说，所有关于灵魂存续的宗教理论都是不可能的，因为它们都依赖于个人记忆的存续，而这些记忆在大脑腐烂时也会消失。

物质主义理论排除了身体死亡后灵魂存续的可能性。相比之下，根据共振理论，记忆本身并不会随着身体死亡而腐烂，而是可以继续发挥作用，只要存在能够共振的振动系统。它们为物种的集体记忆做出了贡献。在没有大脑的情况下，是否存在一种非物质的自我仍然可以获得这些记忆，这是另外一个问题，这个问题仍然没有定论。

给物质主义者的问题

你相信记忆是以物质痕迹的形式储存在大脑中的吗？
如果相信，你能简述一下证据吗？
你认为记忆检索系统是如何识别它们试图从记忆存储器中检索记忆的？
你有没有考虑过记忆可能依赖于某种共振而不是物质痕迹的可能性？
如果记忆的痕迹理论是一个可检验的假设，而不是教条，那么如何通过实验证明记忆依赖于痕迹而不是共振呢？

总　结

传统的物质主义假设是，记忆以物质痕迹的形式存储在大脑中。寻找记忆痕迹的尝试反复失败，这与记忆是一种共振现象的观点非常吻合，即过去类似的活动模式会影响思想和大脑中的当前活动。个人记忆和集体记忆可能都依赖于共振，但来自个人过去的自我共振更具体，因此更有效。动物和人类的学习可能通过形态共振跨越空间和时间来传播。共振理论有助于解释记忆在大脑受到严重损伤后依然存在的能力，并且与所有五种基本记忆类型一致。这一理论预测，如果动物（比如老鼠）在一个地方（比如哈佛）学会了一种新技巧，那么世界各地的老鼠都应该能够更快地学会它。已经有证据表明这确实发生了。类似的原理也适用于人类的学习。例如，如果数以百万计的人参加标准测试，比如智商测试，那么平均而言，这些测试对其他人来说应该变得越来越容易。这种情况也同样确实发生了。个体记忆和集体记忆可能是同一现象的不同方面，只是程度不同，而没有本质上的区别。

第八章
心智仅局限于大脑吗?

物质主义认为只有物质才是真实的,因此心智存在于大脑之中,而心智活动只不过是大脑活动。这种假设与我们自己的体验相冲突。当我们看到一只黑鹂时,我们看到的是一只黑鹂,我们的大脑不会发生复杂的电变化。大多数人从未质疑过"心智存在于大脑中"这一理论,就默认它是正确的。我们从小就认为这是理所当然的,因为它似乎得到了所有权威科学和教育体系的支持。

瑞士心理学家让·皮亚杰(Jean Piaget,1896—1980)在对儿童智力发展的研究中发现,在大约十岁或十一岁之前,欧洲儿童就像"原始人"。他们不知道人的心智是局限于头脑的,而是认为它延伸到他们周围的世界。但是到了十一岁左右,大多数人已经接受了皮亚杰所说的"正确"观点:"形象和心智都存在于头脑中。"[1]

受过教育的人很少在公开场合质疑这种"科学正确"的观点,也许是因为他们不想被认为是愚蠢、幼稚或原始的。然而,每当我们环顾四周时,这种"正确"的观点都与我们最直接的经验相冲突。我们看到的是身体以外的东西,而不会在头脑中体验到图像。

在20世纪的大部分时间里,物质主义理论主导了学术心理学。长期占据主导地位的行为主义学派明确否认了意识的存在。著名的美国行为学家 B. F. 斯金纳（B.F. Skinner）在 1953 年宣称，心智和意识是不存在的实体，"被创造出来的唯一目的是提供虚假的解释……既然精神或心灵事件被断言缺乏物理科学的维度，我们就有了又一个理由来拒绝它们"。[2] 正如第四章所讨论的那样，类似的对意识经验的否定仍然被称为"取消式物质主义"学派的当代哲学家所提倡。例如，保罗·丘奇兰认为，主观体验的精神状态应该被视为不存在，因为对这种状态的描述不能简化为神经科学的语言。[3]

同样，许多顶尖的科学家认为意识经验只不过是大脑活动的主观体验（见第四章）。弗朗西斯·克里克称之为"惊人的假设"：

> "你"，你的快乐和悲伤，你的记忆和抱负，你的个人认同感和自由意志，这些实际上只不过是一堆神经细胞及其相关分子的行为。……这一假设与今天大多数人的想法是如此格格不入，以至于它确实可以被称为是惊人的。[4]

这确实是一个惊人的说法，但是在制度性科学中，这是司空见惯的。克里克不是革命者，而是代表主流说话。颇具影响力的神经科学家苏珊·格林菲尔德（Susan Greenfield）在手术室里看着一个暴露在外的大脑，心想："这就是莎拉的全部，或者说，这就是我们所有人的全部……我们只不过是烂泥般的头脑，而且无论如何，一个人和心智就产生于这一团混乱之中。"[5]

物质主义的传统替代品是二元论，这一理论认为心智和大脑是根本不同的：心智是非物质的，而大脑是物质的；心智在时间和空间之外，物质在时间和空间之内。二元论能更好地解释我们的体验，但在机械论科学中却解释不通，这就是为什么物质主义者如此强烈地反对它（见第四章）。

我们不必陷在物质主义—二元论的矛盾里，有一条出路：心智场理论。我们习惯于这样一个事实：场既存在于物质对象的内部，也存在于物质对象的外部。磁铁的磁场在其内部，也延伸到其表面之外。地球的引力场在地球内部，也向外延伸，使月球保持在它的轨道上。手机的电磁场既在手机内部，也向周围延伸。在本章中，我认为心智场在大脑内部，并延伸到大脑之外。

扩展心智

如果我们跟随弗朗西斯·克里克，把唯物主义当作一种假设，而不是哲学教条，那么它应该是可检验的。正如卡尔·萨根（Carl Sagan）喜欢说的那样，"非凡的主张需要非凡的证据。"物质主义者声称心智不过是大脑的活动，那么有什么非凡的证据能证明这一点呢？

几乎没有。从来没有人在别人或自己的大脑里看到过心智或图像。[6] 当我们环顾四周时，我们所看到的事物的图像在我们外面，而不在我们的大脑中。我们对身体的体验存在于我们的身体中。我手指的感觉都在我的手指里，而不在脑子里。直接经验并不能支持"所有经验都在大脑内部"这一非同寻常的说法。直接经验与意识的本质并非无关，它就是意识。

扩展心智隐含在我们的语言中。单词"attention"（注意）和"intention"（意图）都来自拉丁词根"tendere"，意为"拉伸"，如"tense"（紧张的）和"tension"（紧张）。"attention"由表示加强的"ad"和"tendere"组合而成，意为"朝着……拉伸"，而"intention"由"in"和"tendere"组合而成，意为"拉伸到"。

视觉是如何工作的？

2 500年前的古希腊就有一场关于视觉本质的辩论。这场辩论一直延续到罗马帝国和伊斯兰世界，并在整个中世纪和文艺复兴时期继续在欧洲传播。这场辩论在现代科学诞生的过程中发挥了重要作用，至今仍在继续。

关于我们是如何看东西的，主要有三种观点。第一种观点认为，视觉是通过眼睛向外投射不可见的光线而产生的。这通常被称为"外射"（extramission）理论，在英文中，"外射"这个词的字面意思是"送出"。第二种观点是通过光线将图像"送入"眼睛，即"内射"（intromission）理论。第三种理论是前两种理论的结合：光的向内运动和注意力的向外运动都存在。

外射理论与人们对视觉作为一种主动过程的经验是一致的。我们看着事物，可以决定将我们的注意力引向哪里。视觉不是被动的。柏拉图支持这种视觉理论。公元前三百年左右，以几何学著作而闻名的欧几里得用数学对其进行了详细的计算。他展示了眼睛的虚拟图像投射是如何解释我们在镜子中看到的图像的。与光本身被镜子反射不同，视觉投影直接穿过镜子。它们不是物质的。

艾萨克·牛顿接受了欧几里得的理论，并于1704年在他的著作《光学》中阐述了这一理论（见图8.1）。在今天的科学教科书中使用的基本上是相同的图。一本典型的英国中学物理教科书这样描述这一过程："物体上的点发出的光线在镜子上反射，似乎来自镜子后面的一个点，在那里眼睛想象光线在向后延伸时相交。"[7]教科书并没有讨论眼睛如何"想象"光线相交，或者如何将它们向后延伸。这本质上是欧几里得关于虚像的外射理论，但其含义没有明确说明。

自17世纪早期以来，内射理论在科学上一直是正统，这在很大程度上要归功于约翰内斯·开普勒的研究，他以在天文学领域的发现而闻名。开普勒意识到，通过瞳孔进入眼睛的光线被晶状体聚焦，在视网膜上产生了一个倒立的图像。他在1604年发表了视网膜图像理论。虽然这是一个重大的胜利，是现代科学发展的一个里程碑，但它提出了一些开普勒无法回答的问题，并且直到今天仍然没有答案。问题是两只眼睛视网膜上的图像是倒置和颠倒的，换句话说，不仅上下倒置，而且左右颠倒。然而，我们并没有看到两个小的、倒置的、颠倒的图像。[8]

第八章 心智仅局限于大脑吗？

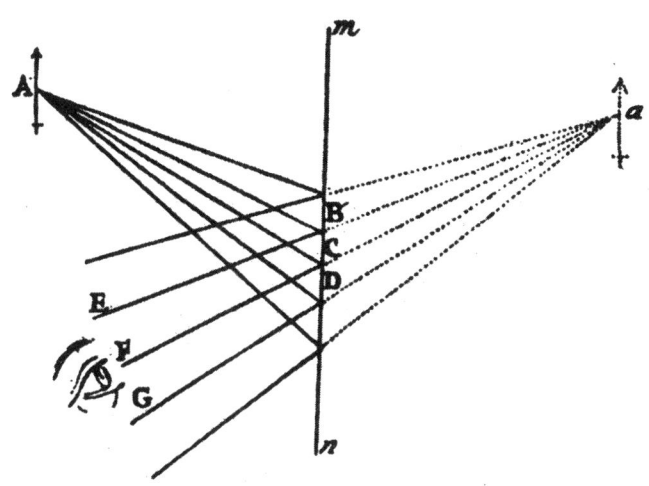

图 8.1 艾萨克·牛顿的平面镜反射原理："如果一个在位置 A 的物体可以通过镜子 mn 的反射被看到，那么它看起来不会在它真正的位置 A 上，而是会在镜子的背后位置 a"。

资料来源：牛顿，1704 年。

开普勒处理这个问题的唯一方法就是把它从光学中排除。一旦图像在视网膜上形成，解释我们实际上是如何看到它的就是其他人的事了。[9] 视觉本身是"神秘的"。具有讽刺意味的是，内射理论的成功正是由于其对观看的经验没有加以解释。从那以后，这个问题就一直困扰着科学界。

与开普勒同时代的伽利略·伽利雷也同样从外部世界中提取感知，并将其压缩到大脑中。他区分了物体的第一性质和第二性质。第一性质可以用数学方法来测量和处理，比如大小、重量和形状。这些都是客观科学所关心的。第二性质如颜色、味道、质地和气味，都不属于物质本身。它们是主观的，而不是客观的，而主观意味着是大脑内部的。因此，我们对世界的直接体验被分裂成两个独立的极点，一个是客观的，位于大脑之外，另一个是主观的，位于大脑之内。

在机械科学发展了四百年之后，虽然人们已经发现了许多关于大脑不同区域活动的细节，但在理解大脑如何产生主观经验方面几乎没有任何进展。正统的假设是，大脑在自身内部构建了一个世界的图像或模型。一本名为《神经科学精要》(*Essentials of Neural Science and Behaviour*)的权威教科书里这样描述这个过程：

> 大脑首先将外部物理事件分解成各个部分，然后再构建内部表征。在扫描视野时，大脑同时但又分别分析物体的形状、运动和颜色，然后根据大脑自己的规则将图像组合在一起。[10]

大多数关于大脑活动的当代隐喻都来源于计算机，而"内部表征"通常被认为是"虚拟现实"的显示。正如心理学家杰弗里·格雷（Jeffrey Gray）简洁地指出的那样，意识体验的"外部"根本就不存在，它在大脑里。我们的视觉感知是对现实世界的"模拟"，它"由大脑制造并存在于大脑中"。[11]

正如哲学家斯蒂芬·勒哈尔（Stephen Lehar）所指出的那样，将视觉体验视为大脑内部模拟的想法会导致奇怪的后果。[12] 这意味着当我看天空时，我看到的天空在我的大脑里。我的头骨在天空之外！

> 我认为，在你所能感知到的所有方向上最遥远的事物之外，即在天空的穹顶之上，在你脚下坚实的大地之下，或者在你周围房间的墙壁和天花板之外，是你真正的物理头骨的内表面，在它之外是一个难以想象的巨大的外部世界，而你所看到的周围的世界仅仅是你大脑内部对这个外部世界的微缩复制。换句话说，你所知道的你自己的头脑并不是你真实的物理头脑，而只是在一个感知世界的复制品里你头脑的微缩感知复制品，而所有这些都包含在你真实的头脑中。[13]

虽然有科学家和哲学家的这些理论，但大多数人并不接受所有的经验都存在于头脑中这一观点。他们认为这些经验就在它们看起来所在的地方，在他们的头脑之外。

20世纪90年代，俄亥俄州立大学心理学系的杰拉尔德·维纳（Gerald Winer）和他的同事们通过一系列问卷调查和测试，调查了人们对视觉本质的看法。他们惊讶地发现，"外射"信念在儿童中很普遍。当他们发现这种信念在大学生（甚至包括那些学习过"正确"视觉理论的心理学学生）中也很普遍时，他们感到"非常震惊"。[14] 在五年级到八年级的学生中，超过70%的人相信"内射—外射"理论，而在大学生中，这一比例为59%。[15] 维纳和他的同事们称这是一个"科学误解的显著例子"[16]。教育未能使大多数学生接受正确的信念："考虑到我们研究中的外射论者虽然接受了关于视觉的教导，却依然坚持外射论，我们的注意力现在转向了理解教育是否能破除这些奇怪但似乎很强大的关于感知的直觉。"[17]

在他们的思想清洗运动中，维纳和他的同事们似乎注定要失败。这些关于感知的"奇怪"直觉之所以会持续存在，是因为它们比官方的理论更接近于人们的真实体验，而官方的理论留下了太多无法解释的东西，包括意识本身。

身体外的图像

并不是所有的哲学家和心理学家都认为心智存在于大脑之中。多年来，少数人一直认为，我们的感知可能就在它们看起来在的地方，在我们头脑之外的外部世界，它们不是我们大脑内部的表征。[18] 1904年，威廉·詹姆斯写道：

> 从德谟克利特时代起，整个感知哲学都是围绕这样一个悖论而展开的长期争论，即显然是一个现实的东西竟然同时出现在两个地方，一个在外部，一个在人的脑海里。感知的"表征"理论避免了这一逻辑上的悖论，但违背了读者的真实体验，因为在读者的体验中，并没有心理形象的干预，似乎能够立即看到实际存在的房间和书本。[19]

正如阿尔弗雷德·诺斯·怀特海在 1925 年所说的那样,"感觉是由心智投射出来的,以便赋予外部世界一种结构和形式"[20]。

最近一位倡导扩展心智的学者是心理学家马克斯·威尔曼斯(Max Velmans)。在他的《理解意识》(*Understanding Consciousness*,2000 年)一书中,他提出了一种思维的"自反模型",他通过一个正在观察猫的人 S 的讨论来说明这一点:

> 根据还原论者的说法,在 S 的脑海中似乎有一只现象猫,但这实际上只不过是他大脑的一种状态。根据自反模型,当 S 凝视着这只猫时,他对这只猫的唯一视觉体验就是他在外部世界看到的那只猫。如果让他指出这只现象猫(他的"猫的体验"),他不应该指向他的大脑,而应该指向他所感知到的、身体表面之外的空间里的猫。[21]

威尔曼斯认为,这幅图像可能就像一种神经"投影全息图"。投影全息图有一个有趣的特点,那就是它编码的三维图像被认为是在空间中、在其二维表面的前面。[22] 但是,对于这种投影的性质,威尔曼斯却模棱两可。毕竟,全息图是一种场现象。他说这是"心理上的",而不是"物理上的"。最后他说他不知道这是怎么发生的,但他补充说:"不完全理解它是如何发生的,并不能改变它发生的事实。"

我自己的观点是,视觉图像的外投射既是心理上的,也是物理上的,它通过感知域发生。之所以说它们是心理上的,是因为它们是我们意识感知的基础。之所以说它们也是物理的或自然的,是因为它们存在于大脑之外,具有可检测的影响。并非只有人类的感知可以通过视觉和听觉来扩展,其他动物也可以通过投射在身体表面之外的视觉场来观察事物,通过投射的听觉场来听到事物。在这一点上,我们和其他动物是相似的。

感官不是静止的。当我们看东西的时候,眼睛会移动,头部和整个身体也会在环境中移动。而当我们移动时,我们的无觉场也会发生变化。知觉场与我们的身体不是分开的,而是包括我们的身体。我们可以看到我们自己的外表,我们的皮肤、头发和衣服。我们处于自己的视觉场和行动场之内。我们对三维空间的感知包括我们自己的身体,以及我们与周围事物相关的动作和意图。和其他动物一样,我们不是被动的感知者,而是主动的行为者,并且我们的感知和行为是紧密相连的。[23]

一些神经科学家和哲学家一致认为,感知依赖于感知与活动之间的密切联系,并将动物或人与环境联系起来。一种思想流派主张"生成认知"(enactive cognition)、"具身认知"(embodied cognition)或"感觉运动"理论。该流派认为感知不是在头脑中建立的世界模型,而是通过生物体与环境的互动而实现或"呈现"的结果。正如弗朗西斯科·瓦雷拉(Francisco Varela)和他的同事所表达的那样,"感知和行动是一起进化的……感知是被感知引导的活动"[24]。正如哲学家阿瓦·诺伊(Arva Noë)所说,"我们在我们的头脑之外,生活在这个世界之中,是这个世界的一部分。我们的反应、行为和身份是通过与周围环境的积极互动而塑造出来的"[25]。心理学家凯文·奥里根(Kevin O'Regan)是一位坚定的唯物主义者,他更喜欢这种理论,而不是认为心智位于大脑之中的理论,正是因为他想把所有的魔力从大脑中驱逐出去。他不接受视觉存在于大脑的观点,因为这将"把你置于一种可怕的境地,你不得不假设存在某种神奇的机制,赋予视觉皮层以视觉,赋予听觉皮层以听觉"[26]。

亨利·柏格森早在一个多世纪前就预见了生成认知理论和感觉运动理论。他强调,感知是指向行动的。通过感知,"我身体周围的物体反映了我对它们可能采取的行动"[27]。图像不在大脑内部。他指出:"事实是,P点,它发出的射线、视网膜和受影响的神经细胞,这些构成了一个整体。发光点P是这个整体的一部分,而且P的图像确实是在P里而不是在别的地方形成并被感知的。"[28]

我自己的解释是,视觉是通过扩展的感知场产生的,它既存在于大脑内部,也延伸到大脑外部。[29]视觉植根于大脑的活动,但并不局限于大脑内部。和威尔曼斯一样,我认为这些区域的形成取决于视觉发生时大脑不同区域的变化,并受到期望、意图和记忆的影响。这些都是一种形态场，和其他形态场一样，将整体中的各个部分连接在一起，并具有由过去类似场通过形态共振而赋予的内在记忆（见第三章）。当我看一个人或一只动物时，我的感知场与我正在看的人或动物的感知场相互作用，使我的注视被察觉到。

我们的经验的确表明，我们的心智超出了我们的大脑。我们看到和听到的是周围空间的事物。但是对于任何表示视觉和听觉会涉及任何形式的外部投射的说法，都存在强大的禁忌。这个问题不能单靠理论上的争论来解决，否则上个世纪，甚至过去 2 500 年里就会有更大的进步。

我相信，接下来的研究方向是将心智场理论视为一个可验证的科学假说，而不是一个哲学理论。当我看某样东西时，我的感知场会"包裹"我所看的对象，而我的心智会触动我所看的对象。因此，我也许可以仅仅通过观察来影响另一个人。如果我从后面看某人，而他听不见我、看不见我，也不知道我在那里，那么他能感觉到我的目光吗？

察觉别人的目光

大多数人都有过这样的经历：感觉到有人从背后看自己，于是转过身去，正好与那个人的目光相遇。大多数人也有过相反的经历：有时他们正在盯着别人看，那个人会忽然转过身来。在欧洲和北美进行的广泛调查中，70% 至 97% 的成人和儿童报告了这类经历。[30]

在我于英国、瑞典和美国进行的调查中，当人们在街道和酒吧等公共场所被陌生人盯着看时，这些经历似乎是最常见的。这种情况在人们感到很脆弱时比在感到安全时更容易发生。

当人们盯着别人看导致那个人转过身来时，不论男女都会说，好奇心是他们最常盯着别人看的原因，还是就是一种想吸引他人目光的欲望。其他动机包括性吸引、愤怒和喜爱。[31] 简而言之，察觉某人注意力的能力与一系列动机和情绪有关。

在一些亚洲武术中，学生们接受训练，以提高他们对被人从背后看的敏感度。³² 有些人以观察别人为生。通过对专业人士的一系列采访，我发现许多警察、监视者和士兵都很熟悉这一点。并且大多数人都深有感触，当他们在监视一些人时，虽然他们藏得很好，但被监视的那些人似乎总会察觉到。例如，得克萨斯州普莱恩斯的一名缉毒官员说："我注意到，很多时候，骗子会觉得事情不对劲，觉得自己受到了监视。我们经常发现有的人会直视我们所在的方向，虽然他们看不见我们，因为很多时候我们都在车里。"当侦探们接受跟踪他人的训练时，他们会被告知在任何非必要的时候都不要盯着跟踪对象的背部看，否则这个人可能会转过身来，与他们对视，从而导致他们的身份暴露。³³

根据经验丰富的监视者的说法，当通过双筒望远镜从远处观察时，这种感觉也会起作用。几名士兵告诉我，有些人能够察觉到被人通过瞄准镜观察。例如，1995年，美国海军陆战队的一名士兵在波斯尼亚担任狙击手，在那里他被指派射击"已知的恐怖分子"。当他通过狙击枪的瞄准镜瞄准时，他发现目标似乎能够察觉到。"在扣动扳机前的一秒钟内，目标似乎与我有眼神交流。我确信这些人在一英里之外就能感觉到我的存在。他们的视线精确得不可思议，实际上是在盯着我的瞄准镜。"

许多名人摄影师都有过类似的经历。一位为英国最受欢迎的小报《太阳报》工作的长镜头摄影师说，他的拍摄对象会"转过身并直视镜头"，虽然他们一开始看着相反的方向。这样的情况发生了很多次，让他深感震惊。他认为他们看不到他，也察觉不到他的行动。"当我说的这种情况发生时，我是在半英里以外的地方拍摄的，拍摄对象几乎看不到我，虽然我能看到他们。他们似乎很清楚。这非常不可思议。"³⁴

许多动物似乎也能察觉到目光。一些猎人和野生动物摄影师相信，即便他们躲起来并通过望远镜镜头或瞄准镜来观察，动物们也可以察觉到他们的目光。一位英国猎鹿者发现，这些动物似乎会察觉到他的意图，尤其是当他用步枪瞄准器瞄准它们并延迟射击时："只要你稍微停顿，它们就会逃走。它们会觉察到你的存在。"

几位鸟类摄影师告诉我，当他们躲起来时，虽然他们所观察的鸟看不见他们，但似乎仍然可以觉察到。其中一位说：

> 我躲了很长时间，不可思议的是，鸟类似乎能感觉到你在那里，开始变得焦躁不安，虽然你知道自己一动也没动。对于苍鹭，你可以立刻发现它们对危险很警惕。很多时候，镜头是完全静止的，它们似乎突然意识到有什么东西在看着它们，它们会抬起头来，呆在那里，等待着看是否能发现什么异常。"[35]

相反，一些摄影师和猎人曾觉得自己也被野生动物盯着。[36]博物学家威廉·朗（William Long）写道：

> 当我独自坐在树林里时，我内心里经常会产生这样一种印象：有什么东西在看着我。我环顾四周，几乎总是会发现一些鸟、狐狸或松鼠，它们可能发现了我头部的轻微动作，就停止了漫游，爬到我身边，好奇地看着我。[37]

一些宠物主人声称，他们可以通过盯着睡着的狗或猫来唤醒它们。另一些人则发现，反之亦然，即他们的动物可以通过盯着他们看来唤醒他们。

在俄亥俄州的调查中，维纳和他的同事们发现，超过三分之一的受访者表示，当动物看着他们时，他们会有感觉。而大约一半的人相信动物能感觉到自己的目光，即使它们看不到他们的眼睛。[38]

如果动物和人真的能够觉察到别人的目光，那么这种能力一定是通过自然选择而进化出来的。它是如何进化的呢？最明显的可能性是在捕食者－猎物关系的背景下，当捕食者注视它们时，能够察觉到的猎物比那些没有察觉到的猎物生存的机会更大。[39]

实验性测试

自20世纪80年代以来，人们通过直接观察和闭路电视来研究这种觉察他人目光的能力。在科学文献中，这种能力被称为"觉察看不见的凝视的能力"（unseen gaze detection）、"远程关注能力"（remote attention）或"凝视敏感"（scopaesthesia，这个单词由希腊语中表示"看"的"skopein"和表示"敏感"的"aisthetikos"组合而成）。

在直视实验中，两人一组，分别是受试者和观察者。在一系列随机试验中，被蒙住眼睛的受试者背对着观察者坐着，观察者要么盯着他们的脖子后面看，要么把目光移开，想别的事情。机械信号——咔嗒声或哔哔声——标志着每次试验的开始。几秒钟之内，受试者要猜出自己是否被注视。他们的猜测要么是对的，要么是错的，并被立即记录下来。一场测试通常包括20次这样的试验。

这些测试非常简单，就连小孩也能做，而且已经有成千上万的孩子做过了。在20世纪90年代，这项研究通过《新科学家》杂志、BBC电视和探索频道得到普及，许多测试在中小学和大学里作为学生项目进行。这样的试验总共进行了数万次，[40]结果非常一致：通常情况下，55%的猜测是正确的，而不是50%的偶然性。虽然这个影响很小，但由于能够被广泛复制，因此它在统计学上是非常显著的。在更严格的实验中，受试者和观察者被窗户或单向镜隔开，消除了声音甚至气味带来微妙线索的可能性。而结果再一次显示，猜测的正确率显然高于纯粹的偶然性。[41]

1995年，在阿姆斯特丹的NEMO科学中心开展了最大规模的关于感知凝视能力的实验。超过1.8万组受试者和观察者参与了这项研究，其结果在统计学上具有极高的意义。[42]最敏感的受试者是九岁以下的儿童。[43]

令人惊讶的是，即使人们是通过屏幕被注视，而不是被直接注视，这种能力依然可以发挥作用。闭路电视系统通常用于商场、银行、机场、街道和其他公共场所的监控。我和助手采访了负责观察屏幕的监控人员和安保人员。他们中的大多数都相信，有些人能感受到自己在被监视。[44] 伦敦一家大公司的安全经理十分确信有些人有第六感："他们可能背对着摄像头或者是被隐藏的设备扫描，然而当镜头对准他们时，他们仍然会变得焦躁不安。有些人会继续前进，而有些人会四处寻找镜头。"

在实验室测试中，许多人对被闭路电视监视有生理反应，即使他们没有意识到自己的反应。在这些实验中，研究人员让一名受试者在一个房间里，另一名观察者在另一个房间里，在那里观察者可以通过闭路电视观看受试者。受试者的皮肤电反应被记录下来，就像测谎仪测试一样，可以通过出汗的差异来检测情绪变化，因为湿润的皮肤比干燥的皮肤导电性好。在一系列随机试验中，观察者要么看着电视显示器上受试者的图像，要么把目光移开，想着别的事情。结果发现，受试者在被观察时的皮肤电阻发生了显著变化。[45]

人可以觉察到通过闭路电视进行的注视，这一事实表明，即使没有被直接注视，人也能察觉到别人的注视。

远距离注视的影响表明，心智并不局限于大脑内部。

心智在时间上的延伸

心智在时间和空间上都超出了大脑。我们通过记忆和习惯与过去相连，通过欲望、计划和意图与未来相连。这些记忆和虚拟的未来是以物质的形式存在于现在的大脑中，还是心智通过非物质的联系与过去和未来相连呢？

传统的答案是，我们的记忆和意图一定存在于当下的大脑中，否则它们还能在哪里呢？计算机的隐喻强化了这种思维方式。计算机的"记忆"存储在磁盘或光盘上，或者存储在固态存储器中。这些"记忆"是存在于当下的物质结构或模式。就像计算机的"记忆"以一种物理的形式存在于它的当下一样，它的程序目标也存在于它的当下。过去和未来都是以物理的形式存在的。同理，记忆、目标、计划和意图都以物理的形式存在于大脑中。

本书前一章讨论了记忆以物质形式储存在大脑中的假设。未来的目标存在于大脑内部的假设同样值得怀疑。它们存在于一个可能性的领域，

第八章 心智仅局限于大脑吗？

它们是虚拟的未来。可能性不是物质性的。在量子物理学中，描述电子或其他粒子行为的波函数是一个多维空间中的数学模型，该模型基于"复数"，其中包括一个虚数，即 -1 的平方根。波函数用概率来表示系统可能的未来状态。当像电子这样的量子粒子与物理系统相互作用时，例如在实验室测量的过程中，波函数会坍缩成众多可能结果中的一个。许多可能性被简化为一个客观可见的事实，就像当一个人做出决定并付诸行动时那样。但是波函数本身并不是物质性的，而是对可能性的数学描述。

正如哲学家阿尔弗雷德·诺斯·怀特海所指出的那样，心智和物质是时间上的过程，而不是空间上的过程（见第四章）。主体在其潜在的未来中进行选择，心智因果关系的方向是从潜在的未来到现在。未来和过去都不是物质性的，但它们都通过记忆、习惯和选择对现在产生影响。

根据形态共振假说，类似的过程发生在组织的各个层面，包括生物形态发生。在橡子长成橡树的过程中，它被其形态发生场所塑造，而这些形态发生场是通过形态共振从以前的橡树那里继承的。这些形态发生场包含吸引子和必经之路，引导它走向成熟（见第五章和第六章）。无论是遗传习惯还是未来目标，都不是植物内在的物质结构，而是目标导向活动的模式。同样，记忆和目的都不包含在大脑中，虽然它们会影响大脑的活动。

我们大部分的心理活动都是习惯性的和无意识的。有意识的心理活动在很大程度上与可能的行为有关，包括说话。我们有意识的头脑位于可能性的领域，语言极大地扩展了它们的可能性。想象我们正在听一个故事。我们的头脑可以接受远远超出我们自身经验的可能性。有意识的头脑在各种可能性中进行选择，它们的选择将各种可能性分解为在物质世界中可以客观观察到的行动。因果之箭从虚拟的未来指向现在，在时间上是"倒退"的。在这个意义上，心灵作为最终原因，负责设定目标和目的。

为了做出选择，头脑中必须同时包含多种可能性，并同时共存。用量子物理学的语言来说，这些可能性是"叠加的"。物理学家弗里曼·戴森写道："人类意识的过程与由电子产生的我们称之为'偶然性'的量子态之间的选择过程只是在程度上不同，而没有本质上的区别。"[46]

根据形态共振假说，所有自组织系统，包括蛋白质分子、伞藻细胞、胡萝卜、人类胚胎和鸟类，都是由之前类似系统的记忆塑造的，这些记忆通过形态共振传递，并通过必经之路朝着吸引子的方向被吸引。它们的存在本身就包含了过去和未来的无形存在。心智在时间上的延伸并不是因为它们奇迹般地与普通物质有什么不同，而是因为它们是自组织系统。所有自组织系统都会在时间上延伸，受到来自过去的形态共振的塑造，并朝着未来的吸引子的方向前进。

这有什么区别吗？

把心智从头脑的禁锢中解放出来，就像是从监狱中释放出来一样。大多数人已经秘密越狱了。在涉及自己时，就连大多数物质主义者也不再是真正的物质主义信徒。实际上，他们在私人生活中忽略了物质主义理论。他们不会把他们的头骨在天空之外的想法当真。在实践中，他们是二元论者，相信自己可以自由选择。

那些认真对待自己的物质主义信仰的人应该相信，他们就像没有自由意志的机器人。一些物质主义者确实想把自己视为自动机。例如，心理学家凯文·奥里根告诉另一位物质主义者苏珊·布莱克莫尔（Susan Blackmore）："从我还是个孩子的时候起，我就想成为一个机器人。我认为人类生活最大的困难之一就是，一个人的生活中充斥着无法控制的欲望。如果一个人能控制这些欲望，变得更像一个机器人，他的生活就会好得多。"他认为其他人也都是机器人，但"只是他们错误地以为自己不是机器人"。但正如布莱克莫尔指出的那样，一个可以控制情绪的机器人将是一种不同寻常的机器人。[47]奥里根是一个例外，因为他将物质主义理论扩展到私人生活领域，尽管如此，他还是赋予了他的机器人自我成为自己情感主人的愿望，这意味着有意识的体验和选择。

如果一个人考虑到自己的经验，就会发现物质主义是没有说服力的。但因为这是已经牢牢确立的科学信条，其权威性是巨大的。许多受过教育的人试图在科学论述中接受物质主义，而私下里却接受有意识经验和选择的现实性，以解决这一困境。

心智和身体的场理论可以将我们从这种僵局中解放出来。心智与在空间和时间上超越大脑的场紧密相连，通过形态共振与过去相连，通过吸引子与虚拟未来相连。

给物质主义者的问题

当你看着天空时，你是否认为你所看到的天空在你的头脑里，而你的头脑是在天空之外？

你是否曾经觉得有人从背后看你，或者你是否曾经因为盯着别人看而让他转过身来？

你相信你所有的意识生活和所有的身体体验都在你的大脑里吗？

在量子物理学中，电子是由波动方程描述的，波动方程包含了电子未来的所有可能性，这些可能性不是物质性的。你认为你所选择的可能性比电子的可能性更有物质性吗？

总　结

我们的心智在每一个感知行为中都有所延伸，甚至能延伸到星星。视觉是一个涉及光线进入眼睛和图像投射到外部的相互作用的过程。我们所看到的存在于我们的心智之中，而非我们的大脑。当我们看向某物时，从某种意义上说，我们的心智与之相触。这可能有助于解释为什么人们能够察觉别人的凝视。大多数人说他们能够觉察到他人从背后的凝视，并声称曾经通过从背后凝视他人而让其转过身来。正如许多科学试验所显示的那样，人察觉凝视的能力似乎是真实存在的，甚至能够察觉通过闭路电视发出的凝视。心智在空间上和时间上都延伸到了大脑之外，它通过记忆将我们与自己的过去联系起来，并将我们与虚拟的未来联系起来，我们则从中做出选择。

第九章
心灵现象是虚幻的吗?

大多数物质主义的信条几乎是毋庸置疑的。但是心灵现象是虚幻的这一说法不可避免地会引起争议。大多数人似乎都有过心灵感应或预知的经历。正如第八章所探讨的那样,大多数人都曾经有过发现被人从背后凝视的经历,以及从背后凝视别人导致那个人转过身来的经历。许多宠物主人注意到,他们的狗和猫似乎能感受到他们的意图,即使他们在其视线之外。这种现象有时被称为直觉、心灵感应、超心理学,或被归因于第六或第七感觉,或者归因于超感官知觉(extra-sensory perception,ESP)。

对于坚定的物质主义者来说,所有这些现象都是虚幻的。心智存在于大脑内部,而心智活动只不过是大脑的电化学活动。因此,思想和意图不能在远处产生直接影响,心智不会受到未来的影响。虽然这些超常现象似乎真的会发生,但它们肯定有正常的解释,比如巧合、微妙的感官暗示、一厢情愿或欺诈。

这样的争论已经持续了好几代人之久,并且提出了有关科学本质的问题,即科学究竟是一种信仰体系,还是一种探究的方法。自19世纪晚期以来,物质主义一直是标准观点,但有一小部分研究人员继续研究心灵现象，因为如果它们是真实存在的，那么将深化我们对心智的理解，并扩大科学的范围。

英国心理研究协会（British Society for Psychical Research）是第一个致力研究这些现象的组织，成立于1882年。每一期的《心理研究学会杂志》(Journal of the Society for Psychical Research）上都印刷着它的目的："不带任何偏见或预设，本着科学的精神，检验那些用任何公认的假设都无法解释的、真实的或假想的人类能力。"这项事业从一开始就饱受争议。生理学家赫尔曼·冯·亥姆霍兹在建立生物体能量守恒原理（见第二章）方面发挥了十分重要的作用，他在评论这个新组织时，直接排除了心灵感应的可能性。他说："无论是英国皇家学会所有成员的证词，还是我自己的感觉，都不能让我相信，一个人到另一个人的思想传递是独立于公认的感官渠道的。这显然是不可能的。"[1]

今天，这种情况并没有发生太大变化。尽管有越来越多来自心灵研究和超心理学的证据表明，心灵感应、预知和其他心理现象是真实存在的，但物质主义者仍然认为它们是不可能的，认为心灵研究本质上是伪科学。2010年，资深怀疑论者詹姆斯·阿尔科克（James Alcock）宣称：

> 驱动超心理学探索的既不是科学理论，也不是主流科学过程中产生的异常数据。更确切地说，这是由研究人员根深蒂固的信念所驱动的——他们相信意识不仅仅是物理大脑的附带现象反映，并且相信它能够超越由时间和空间所施加的物理限制。正是这种对不可能之事存在可能性的信念支撑着超心理学，使它相对不受尖锐批评（这种评判有时是离谱的）的影响。[2]

这种情况让人想起一个英国牧师西德尼·史密斯（Sydney Smith）的故事。在1800年左右，他和一个朋友在一条狭窄的街道上漫步，遇到两个女人正在楼上隔街对骂。听着她们的争吵，史密斯评论说："她们是不会达成共识的，因为她们立场不同。"[3]

物质主义的立场是，意识的本质在原则上已经被理解：意识活动是大脑活动，并且位于大脑内部。因此，"心灵"现象是不可能的。而心灵现象研究者的立场是，心灵现象是可能的，虽然尚未被理解，只有通过研究才能有更多发现。

这些不同的立场也反映在术语"正常"和"超常"上。心灵现象在某种意义上是正常的，因为它们很常见。例如，大多数人似乎都有过心灵感应的经历，就像下文所讲述的那样。但是，由于这些经历不符合物质主义的心脑理论，它们被归类为超常现象。在这个意义上，"正常"不是由实际发生的事情来定义的，而是根据物质主义者的假设来定义的。

同样，"超心理学"一词的意思是"超越心理学"，暗示它不是正常心理学的一部分。我认为这个术语是不合适的，我更喜欢旧的术语"心灵研究"。如果心灵现象存在（我认为它们确实存在），它们是正常的，而不是超常的，是自然的，而不是超自然的。它们是人性和动物性的一部分，是可以被科学研究的。

怀疑论者经常重复"非凡的主张需要非凡的证据"这一口号，这是物质主义假设的另一种表达。被凝视的感觉和心灵感应是普通的，因为大多数人都经历过。它们既不"非同寻常"，也不"非常特殊"，[4] 而是很常见。从这个角度来看，怀疑论者的主张非同寻常，需要非同寻常的证据。有什么非同寻常的证据能够表明大多数人的经历都是错觉呢？怀疑论者只能依靠关于人类判断——或者更确切地说，其他人的判断——不可靠的一般性论点。

在本章中，我将探讨有关心灵感应和预知或预感的研究。为了简洁起见，我省略了心灵研究的另外两个主要领域：遥视，即看到或体验远处事物的能力；心灵运动，或者说是精神超越物质的效应。[5] 然后我又回到怀疑论者的观点上来。

一个思想开放的科学家如何打开了我的思维

心灵感应相对应的英文单词"telepathy"的字面意思是"遥远的感觉",由两个希腊语词根组成,一个是"tele",意为"遥远的",例如在"telephone"(电话)和"television"(电视)中,另一个是"pathe",意为"情感",例如在"sympathy"(同情)和"empathy"(共情)中。

在中学和大学的科学教育过程中,我接受了物质主义的世界观,并接受了对心灵感应和其他心灵现象的标准态度。我对这些现象不屑一顾,没有去研究这方面的证据,因为我认为它们根本就不值得研究。当我还是剑桥大学生物化学系的研究生时,有人在实验室茶室的一次谈话中提到了心灵感应。我不假思索地将其否定了。但坐在旁边的是英国生物化学的元老鲁道夫·彼得斯(Rudolph Peters)爵士,他曾是牛津大学的生物化学教授,退休后在剑桥大学的实验室继续他的研究。他和蔼可亲,眼睛闪闪发光。他比大多数年龄只有他一半的人更有好奇心。他问我们是否有人看过这方面的证据。我们都没有。他告诉我们,他本人对这个问题做了一些研究,得出的结论是,确实发生了一些无法解释的事情。后来他给了我一篇他在《心理研究学会杂志》上发表的关于这个主题的论文,并详细地讲述了这样一个故事。[6]

他的朋友、眼科医生勒科尔东(E. G. Recordon)有一个病人是一个小男孩,他严重残疾,智力迟钝,几乎失明。然而,在常规的视力测试中,他似乎能够很好地阅读这些字母,显然是靠"非凡的猜测"。勒科尔东说:"我逐渐意识到,这种'猜测'特别有趣。对此我得出的结论是,他一定是通过他母亲才做到的。"原来,这个男孩只有在他母亲看着这些字母的时候才能读出来,这就指向了心灵感应的可能性。

彼得斯和勒科尔东在这家人的家里做了一些初步实验。他们用一块屏风将母子分开,防止男孩获得任何视觉线索。当他的母亲看着一系列的书面数字或单词时,男孩猜对了许多。但彼得斯和他的同事们并没有观察到任何声音或微妙动作暗示的迹象。然后,他们通过电话进行了两个实验，并将其录了下来。母亲被带到六英里外的一个实验室，而男孩则留在剑桥的家里。实验人员有一套卡片，上面写着随机选择的一些数字或字母。这些卡片都被打乱了，所以顺序是随机的。一名实验人员拿出一张卡片给小男孩的母亲看。然后，电话那头的男孩做出猜测，母亲回答"对"或"不对"。然后实验人员给母亲看下一张卡片，以此类推。每次试验只持续几秒钟。

在字母测试中，随机猜对字母的概率为 1/26，即 3.8%，但是男孩的正确率是 38%。当他猜错的时候，实验人员会让他再猜一次，这次的正确率为 27%。在随机数字的实验中，他的正确率同样也远远超过了随意的猜测。这样的结果偶然出现的概率是十亿分之一。彼得斯的结论是，这的确是一个心灵感应的案例，男孩的极端需求以及他母亲想要帮助他的愿望，使心灵感应发展至一个不同寻常的程度。[7] 正如他所说，"从各个方面来看，这位母亲都在感情上努力帮助她身患残疾的儿子"。

后来我才明白，心灵感应通常发生在关系密切的人之间，比如父母和孩子、配偶和亲密的朋友。[8] 彼得斯的研究是很不寻常的，因为他研究了一个"发送者"和"接收者"之间的联系异常牢固的案例。相比之下，心灵现象研究者和超心理学家的大多数实验都是用陌生人来进行的，他们之间的影响要小得多。然而，这些实验加在一起，产生了大量令人印象深刻的证据。

实验室里的心灵感应

从 1880 年到 1939 年，数十名研究人员共发表了 186 篇论文，描述了 400 万次猜卡片试验，在这些试验中，受试者猜测"发送者"看到的是哪张随机选择的卡片。这些测试的命中率大多略高于随机猜测的水平，但是当它们在一个被称为元分析的过程中结合在一起时，总体结果在统计学上是非常显著的。[9]

怀疑论者经常提出质疑，他们认为这些令人印象深刻的数据收集

第九章 心灵现象是虚幻的吗？

具有误导性，因为研究人员可能只发表正面的结果，把没有发表的负面结果留在他们的文件夹里，这就是所谓的"文件柜效应"（file-drawer effect）。这个反对意见看似有理，但它适用于所有的大多数数据没有发表的科学分支，例如物理、化学和生物学。与传统领域的科学家相比，心灵现象研究人员承受了更多的怀疑审查，他们也更加意识到发表统计学上不太重要的研究结果的重要性，并确实这样做了。无论如何，计算结果还是表明了需要多少失败的研究才能将这些猜卡片测试的结果降低到随机的水平：这需要有62.6万份未发表的报告。换句话说，每发表一项研究，就有3 300项研究未发表，[10]而这是令人难以置信的。

20世纪20年代到60年代，北卡罗来纳州杜克大学著名的超心理学实验室进行了许多猜纸牌实验，参与者使用五张特别准备的卡片，卡片上有抽象符号。碰巧的是，受试者的正确率为20%。在数十万次试验中，平均命中率为21%，仅略高于概率水平。但由于实验数量庞大，因此结果在统计学上意义重大。[11]

遗憾的是，实验人员希望遵循严格的科学程序，这导致他们采用的程序与心灵感应在现实生活中发生的方式相距甚远。这些在陌生人之间使用抽象刺激进行的重复、无聊的测试可以说是最不自然的。

20世纪60年代，新一代的研究人员试图找到更接近心灵感应自发产生条件的研究方法，尤其是在梦中。斯坦利·克里普纳（Stanley Krippner）领导的一个团队进行了一系列的梦境心灵感应测试，让受试者睡在隔音的梦境实验室里。研究人员将电极固定在他们的头上，通过脑电图仪测量他们的脑电波，并监测他们的眼球运动。快速眼动（REM）通常发生在做梦期间，因此研究人员可以分辨出受试者何时在做梦。在受试者上床睡觉之前，他面见了发送者，发送者随后待在另一个房间，或者住在几英里之外的另一栋楼里。当他睡着时，他的眼睛运动表明他在做梦。这时发送者打开一个密封的信封，里面有一张随机选择的图片，随后他将全部精力集中于图片上，尝试影响受试者的梦。然后，受试者会被蜂鸣器叫醒，并被要求描述他的梦境。这个过程会被录音并进行文字转录。然后，由独立评委组成的评审团将把受试者对梦境的描述与随机挑选的测试图片进行比较，并决定哪一张图片最符合描述。

有时，测试结果是非常惊人的：一个受试者梦见自己买拳击比赛的票，而发送者看到的是一张拳击比赛的照片。有时，这种联系更具有象征意义，例如，受试者梦见雪茄盒里的死老鼠，而发送者看到的是一张躺在棺材里的黑帮分子的照片。[12] 在对 1966 年至 2016 年间发表的 50 项不同的梦境研究的荟萃分析中，有许多正面的试验结果，受试者梦到了目标图片中的内容，其概率比纯粹的偶然性要高得多。事实上，统计上的偶然性概率是两千万分之一。[13] 简而言之，有强有力的实验证据表明，心灵感应可以在梦中发生。[14]

在 20 世纪 70 年代，几位超心理学家开发了一种新的心灵感应测试，在测试中，受试者处于轻微的感觉剥夺状态，因为心理学家认为受试者在放松时可能会做得更好。在一个特殊的隔音房间里，受试者斜躺在一张舒适的椅子上，戴着持续播放白噪声的耳机，两眼分别罩上半个乒乓球，沐浴在昏暗的红光中。这个装置被称为"甘兹菲尔德"（ganzfeld），这个词来自德语，意思是"全域"。与此同时，发送者在一个单独的隔音房间里，观看从四张图片或四段视频中随机挑选出来的一张或一段。受试者谈论他的印象，并被记录下来。在 15 或 30 分钟的测试结束后，研究人员随机向他展示了所有四张图片或四段视频，并要求他根据它们与其印象的接近程度进行排序。如果他把目标图片或视频放在第一个，这就算命中。

如果完全随机猜测，正确率应该为四分之一，即 25%。到了 1985 年，在 10 个不同的实验室进行了 28 项甘兹菲尔德研究，总体命中率为 35%，这在统计上是非常显著的。著名的怀疑论学者雷·海曼（Ray Hyman）也认为，实验数据具有重要意义，但他认为这可能是由实验过程中的各种缺陷造成的。他和该领域的主要研究人员查尔斯·奥诺顿（Charles Honorton）发表了一份联合公报，明确了未来测试应该遵循的严格标准，以消除可能的缺陷。[15]

随后的研究遵循了这些标准，在这一系列新的研究中，平均命中率是 34%，再次大大高于 25% 的正确率。[16] 在这些研究中，大多数发送者和接收者都是陌生人。当在彼此熟悉的人之间进行测试时，例如母亲和女儿，命中率还要高得多。[17]

动物的心灵感应

鲁道夫·彼得斯爵士使我认识到心灵感应的可能性，为此我很感激他。但是当我开始对这个领域产生兴趣时，我很快就意识到几乎所有的心灵研究和超心理学都与人类有关。这是因为特异功能是人类特有的，还是仅仅反映了研究人员以人为中心的研究倾向？动物也会有心灵感应吗？在我看来，如果心灵感应存在于人类身上，那么其他动物也很有可能具有这项能力。在这个阶段，我看到了威廉·朗写的一本非常出色的作品，书名是《动物如何说话》(*How Animals Talk*)，出版于 1919 年。[18] 他最引人入胜的一些研究与狼有关，他在加拿大连续观察了狼几个月。他发现，分开的狼群成员之间仍然保持着联系，并且在很远的距离内也会对彼此的活动做出响应。从狼群中分离出来的成员似乎不仅知道其他的狼在做什么，而且知道它们在哪里。它们的响应不仅仅遵循习惯的路径，如追踪气味，或者听到嚎叫或其他声音。

正如威廉·朗所指出的，同样的能力也可能出现在家养动物身上。他对一些狗知道主人什么时候回家的能力特别感兴趣，描述了他的一个朋友用一只能够预测主人何时回家的狗做的一些简单的实验。这只狗在主人启程后不久就开始等他，在主人回家之前等了半个多小时，甚至在非常规时间也不例外。

遗憾的是，没有人跟随这条线索。心灵感应是一个禁忌的话题，生物学家们都回避这个话题。于是我开始问朋友、家人和邻居，是否注意到他们的宠物能预测主人什么时候回家。我很快就听到了一些与之相关的故事。例如，在我的家乡诺丁汉郡的特伦特河畔纽瓦克（Newark-on-Trent），我的一个邻居是一个寡妇，她养了一只猫，这只猫非常依恋她在商船队当海员的儿子。儿子没有告诉母亲他什么时候回家休假，因为他担心如果他晚于那个时间，她会担心。但她还是知道了，因为在他到达之前，那只猫已经在前门的垫子上喵喵叫了一两个小时。这只猫的行为让她有时间收拾儿子的房间，为他准备好吃的。

我通过媒体呼吁人们告诉我他们与能预测有人到来的狗和猫相处的经历，很快就收到了几十份报告。截至2019年，在我收集的案例中，有1 200多只狗和670多只猫能够预计它们主人归家的时间。这类故事都表明，动物并不仅仅是对熟悉的汽车声音或街道上熟悉的脚步声作出反应。它们作出反应的时间一般提前很久，有时也发生在人们乘公共汽车或火车回家的时候。这不仅仅是惯例的问题。有些人的工作时间很不规律，比如水管工、律师和出租车司机，然而那些在家的人知道他们什么时候回家，因为家里的狗或猫会提前在门口或窗口等着，有时比人早到半小时或更长时间。其他20多个物种也表现出类似的预期行为，尤其是鹦鹉和马，还有一只雪貂、几只作为宠物饲养的用奶瓶喂养的羊羔以及宠物鹅。在英国和美国进行的随机家庭电话调查中，我发现在大约50%的养狗家庭和30%的养猫家庭中，动物们都能预计到家庭成员的到来。[19]

我用这种有预测能力的狗做了实验，看看它们是否真的能预测主人何时回家，即使它们无法通过"正常"方式知道。第一次也是最广泛的测试是对一只名叫杰伊蒂（Jaytee）的小猎狗进行的，它和主人帕姆·斯马特（Pam Smart）住在英格兰曼彻斯特附近。初步观察显示，通常杰伊蒂在帕姆出发回家之前就开始等她，显然是它打算这么做的时候。它在主人的100次返程中的85次是这样做的，无论是在一天中的什么时间。在它没有做出反应的那几次，有时是因为它生病了，有时是因为隔壁公寓里有一只母狗在发情，这表明它可能会分心。但是在85%的情况下，它似乎都在期待帕姆的归来。[20]

在正式的随机测试中，帕姆离开家去至少5英里外的地方。当她外出时，杰伊蒂等待的地方被用时间编码的录像带连续拍摄下来。帕姆事先并不知道自己什么时候回家，只有当她在一个随机选择的时间通过电话传呼机收到我的消息时,她才知道。她乘出租车回去,每次都换一辆车,以避免有任何熟悉的汽车声音。平均而言,在帕姆离开的时间里,杰伊蒂在窗口的时间只有4%,而在她回来的路上,她在窗口的时间是55%。这个差异在统计学上的意义是非常显著的。[21]

于是我对杰伊蒂的行为进行了更多的录像观察,[22]并对其他狗做了类似的实验,尤其是一只名叫凯恩的罗德西亚脊背犬。[23]在录像和控制条件下,这些狗一次又一次地成功预测了主人的归来。

家养动物似乎能通过其他方式了解主人的想法和意图。例如,许多猫似乎知道自己什么时候会被带到兽医那里,然后就会藏起来。最值得注意的是,当它们的主人在遥远的地方发生事故或死亡时,一些动物似乎能感觉到。在我的事例库中,有198条狗曾对它们人类同伴的死亡或痛苦作出明显的反应,大多数是通过嚎叫或呜咽的方式,还有119条猫表现出痛苦的迹象。另外,在61个案例中,人们知道他们的宠物何时死亡或急需帮助。[24]

我遇到的最了不起的动物是一只名叫恩基西(N'kisi)的非洲灰鹦鹉。它的词汇量大约有1 500个,可能是有记录以来最多的。当它只有两岁左右的时候,它的主人艾美·莫甘娜(Aimée Morgana)注意到它似乎可以通过说出她的想法来回应她的想法或意图。它睡在她的卧室里,有好几次大声评论她所做的梦,把她吵醒了。

她和我做了一个对照实验,在这个实验中,她在另一层楼的另一个房间里,以随机的顺序观看一系列图片,并被连续拍摄。这些图片是随机排列的,代表了恩基西所掌握的20个词汇,比如"花""拥抱"和"电话"。与此同时,独处的恩基西也被连续拍摄。它经常说些与她正在看的画面相符的话,其概率远远高于纯粹的偶然。这个实验结果具有高度的统计学意义。[25]

人类心灵感应的自然史

超心理学家对心灵感应的实验室研究提供了心电感应存在的证据,

但对于理解现实生活中的心灵感应却没有多少帮助。

20 世纪 50 年代，探险家劳伦斯·范德·波斯特（Laurens vander Post）曾经与非洲南部卡拉哈里沙漠的布须曼人一起生活，他发现他们似乎经常进行心灵感应接触。有一次，他和一群人去打猎，他们在离营地大约 50 英里外的地方捕杀了一只大羚羊。当他们开着一辆满载羚羊肉的路虎返回时，范德·波斯特问其中一个布须曼人，当人们得知他们狩猎成功的消息后会做何反应。他回答说："他们已经知道了，他们可以通过电报知道，我们布须曼人这里可以收发电报。"他一边说一边拍了拍胸口。他把他们的交流方式比作白人的电报。果然，当他们走近营地时，人们正在唱着"大羚羊之歌"，准备给猎人最热烈的欢迎。[26]

在大多数（如果不是全部的话）传统社会中，心灵感应似乎被视为理所当然，并被实际应用。许多在非洲旅行的人报告说，非洲人似乎知道他们所爱的人何时回家。同样的情况也发生在挪威的农村地区，那里有一个专门的词语来形容这种预期，即 vardøger。在典型的情况下，在家的人会听到有人接近房子并走进来，但事实上并没有人这么做，但是很快，那个人真的到了。与此相类似，苏格兰高地的一些居民总是能预见到一些人的到来，这被称作他们的"第二视觉"（second sight）。

遗憾的是，大多数与传统民族生活在一起的人类学家没有研究他们的这些行为，或者至少没有报道这些方面。物质主义的禁忌抑制了人类学家的探究精神。因此，人们对心灵感应的自然历史和其他文化中的心理现象知之甚少。

为了更多地了解现代社会中的心灵感应，我通过欧洲、北美和澳大利亚的媒体发起了一系列呼吁人们向我提供信息的活动。在过去的 25 年里，我已经建立了一个关于人类经历的数据库，类似于我对动物未解释能力的数据库，其中包含超过 5 800 个案例，分为 60 多个类别。

许多明显的心灵感应案例发生在对他人需求的反应中。例如，数百位母亲曾告诉我，当她们还在哺乳时，即使是在几英里之外，她们也知道自己的孩子何时需要她们，因为当孩子需要她们时她们会感觉到自己的奶溢出来了。泌乳反射是由催产素介导的，催产素有时被称为爱的荷尔蒙，通常是被婴儿的哭声触发的。被触发后，乳头开始渗出乳汁，许多女性会感到乳房有刺痛感。当母亲不在自己的孩子身边时，如果她们感觉到自己的奶溢出来时，她们中的大多数都会理所当然地认为是孩子需要她们了，而她们通常是对的。她们不是因为想到孩子而感到自己的奶溢出，而是会在她们的奶莫名其妙溢出后想到孩子。这种反应是生理上的。

在助产士的帮助下，我对伦敦北部的九位哺乳母亲进行了为期两个月的研究。当母亲们离开孩子的时候，她们的乳汁流出的所有时间都被记录下来。与此同时，保姆们会记下婴儿们何时表现出痛苦的迹象。在排除了可能是由于母亲和婴儿在正常喂食时间的同步节奏造成的事件后，我发现大多数奶溢出确实与婴儿的痛苦有关。在统计上，这种情况偶然发生的概率是十亿分之一。换句话说，母亲的反应不太可能是随机的巧合。

从进化的角度来看，母亲和婴儿之间的心灵感应是有道理的。如果母亲在远处就能知道自己的孩子什么时候需要她们，那么她们的孩子往往比那些不那么敏感的母亲生出的孩子存活得更好。母亲和孩子之间的心灵感应似乎可以一直延续到孩子长大以后。在我的案例库中，有许多故事都是关于母亲们在无法通过任何传统方式得知孩子处于困境时去找孩子或给孩子打电话的。

在现代通信技术发明之前，心灵感应是人们能够保持远距离即时联系的唯一方式。在大多数方面，心灵感应现在已经被电话所取代——但它并没有消失。现在，心灵感应通常与电话联系在一起。

电话心灵感应

最常见的关于心灵感应的故事通常与电话有关。曾经有数以百计的人告诉我，他们曾无缘无故地想到了一个人，然后不可思议的是，那个人就打电话过来了。或者，当电话响起时，他们在看来电显示或接听电话之前就知道是谁打来的。在听过这些故事之后，我在欧洲、北美和南美进行了一系列调查。平均而言，92%的受访者表示，他们在电话响的时候或刚刚响的时候，会以一种似乎是心灵感应的方式想到某人。[27]

当我与朋友和同事谈论这种现象时，大多数人都认为这似乎确实存在。有些人认为这只是心灵感应或直觉，还有些人试图用以下两个观点中的一个或两个来"正常"地解释它。首先，他们会说，你经常会想到某人，然后有时候碰巧就在你想他的时候他打电话过来了。你以为这是心灵感应，但是你忽略了你曾经弄错的那几千次。因此，这纯属机缘巧合。其次，他们说，当你很了解某人时，你对他的日常生活和活动规律很熟悉，知道他什么时候可能会打电话，即使这种了解可能是无意识的。

我搜索了科学文献，以找出这些标准论点是否有数据或观察结果的支持，但是却找不到任何关于这个主题的研究。标准的怀疑论者的观点是没有任何证据的猜测。在科学中，仅仅提出一个假设是不够的，它需要被检验。

因此我设计了一个简单的程序，通过实验来检验这两个观点。我招募了一些受试者，他们说自己经常在接电话之前就知道是谁打来的。我向他们询问了四个熟人的名字和电话号码，有的是朋友，有的是家人。这些将是实验中的呼叫者。在整个实验过程中，受试者在一个有固定电话的房间里，被连续拍摄下来，而这个电话是没有来电显示的。如果房间里有一台电脑，它会被关闭，而且受试者没有手机。我的研究助理或我通过掷骰子随机选择四个呼叫者中的一个。我们给被选中的人打电话，让他在接下来的几分钟内给受试者打电话。他这么做了，于是受试者的电话铃响起，在接电话之前，她必须对着镜头说出，在四个可能的打电话者中，她觉得是谁在打电话给她。因为在这个实验中，来电者是按照实验者随机选择的时间打电话，所以她不可能通过了解来电者的日常生活习惯来猜测。

如果是完全随机的猜测，受试者的命中率大约为四分之一，即25%。事实上，平均命中率是45%，大大高于随机水平。没有一个受试者每次都是正确的，但他们的正确频率要比根据机缘巧合观点下他们应该正确的频率高得多。在德国弗赖堡大学和荷兰阿姆斯特丹大学的电话心灵感应测试中，都出现了与此类似的高于随机性的结果。[28]

第九章 心灵现象是虚幻的吗？

在一些测试中，我们设定了两个熟悉的来电者和两个不熟悉的来电者，实验对象从未见过后者，但知道他们的名字。在有陌生来电者参与的实验中，命中率接近随机水平，而在那些熟悉的来电者参与的实验中，命中率是52%，大约是随机水平的两倍。这个实验佐证了这样一个观点，即心灵感应更多地发生在有相互联系的人而不是陌生人之间。[29]

在我们的一些实验中，我们招募了生活在伦敦的澳大利亚人、新西兰人和南非人。他们的来电者有的远在千里之外的家乡，有的则是他们在英国结识的新朋友。在这些实验中，与最近才结识的英国人相比，猜测他们最亲近的人的准确率更高，虽然他们相距很远，这表明情感上的亲近比物理距离上的接近更重要。[30]

其他研究人员也发现，心灵感应似乎与距离无关。[31] 乍一看，这好像令人惊讶，因为大多数物理上的影响会随着距离的增加而减弱，如万有引力和光。但与心灵感应最相似的物理现象是量子纠缠，也被称为量子非定域性（quantum nonlocality），它不会随着距离的增加而减弱。[32] 当两个曾经属于同一个系统的量子粒子分开时，它们依然会保持联系或纠缠，如果其中一个发生了变化，另一个也会随之发生变化。阿尔伯特·爱因斯坦将这种效应描述为"幽灵般的超距作用"[33]。

心灵感应随着现代技术的发展而不断发展。许多人说，他们有这样的经历：想起某人后不久，他就发邮件或短信过来了。与电话实验类似的电子邮件和短信实验，也得到了正面的、非常显著的结果。[34] 和在电话实验中一样，这种效应在互相熟悉的人身上更明显，而且不会随着距离的增加而减弱。互联网上的自动化心灵感应测试也是如此。[35]

我不知道人们能在多大程度上学会心灵感应，但现在有几个自动化测试可用，包括在手机上运行的测试，那些感兴趣的人可以自己去探索。[36]

心灵感应指的是跨越空间，从远处感知情感、需求或思想的能力。其他一些现象也是具有空间性的，比如感知凝视的能力和遥视。相比之下，预警、预知和预感与未来事件有关，暗示着从未来到现在的跨越时间的联系。

动物对灾难的预感

预警是指事先警告；预知是指提前知道；预感是指提前感觉。

有很多例子表明，动物似乎能感觉到灾难即将来临。自古典时代以来，人们就注意到了地震前动物的异常行为。我收集了大量证据，证明最近几次地震前动物的异常行为，包括1987年和1994年加利福尼亚的地震、1995年日本神户的地震、1997年意大利阿西西的地震、1999年土耳其伊兹米特的地震、2001年华盛顿州西雅图附近的地震。在所有这些案例中，有许多野生动物和家养动物在地震前几小时甚至几天表现出恐惧、焦虑或不寻常的行为。狗在地震发生前好几个小时就开始嚎叫，许多猫和鸟的行为也很不寻常。[37]

在对动物在地震前、地震中和地震后的行为进行的为数不多的系统观察中，有一项与意大利的蟾蜍有关。2009年春天，英国生物学家雷切尔·格兰特（Rachel Grant）在意大利中部的圣鲁菲诺湖进行了一项关于蟾蜍交配行为的研究，这是她的博士项目。令她惊讶的是，三月底的交配季节刚开始不久，繁殖期的雄性蟾蜍数量就突然下降了。3月30日，有90多只雄性蟾蜍非常活跃，但是到了3月31日和4月初几乎没有一只是活跃的。正如格兰特和她的同事蒂姆·哈利迪（Tim Halliday）所观察到的那样，"这对蟾蜍来说是非常不寻常的行为，因为一旦蟾蜍开始繁殖，它们通常会大量活跃在繁殖地点，直到产卵结束"。4月6日，意大利发生6.4级地震，随后又发生了一系列余震。蟾蜍在十天后才恢复正常的繁殖行为，此时距离最后一次余震已经过去了两天。格兰特和哈利迪仔细研究了这一时期的天气记录，但没有发现任何异常。因此，他们不得不得出这样的结论：蟾蜍以某种方式提前六天探测到了即将发生的地震。[38]

没有人知道一些动物是如何感知地震即将来临的。也许它们能捕捉到地球上细微的声音或震动。但是，如果动物可以通过感知轻微的震动来预测与地震有关的灾难，为什么地震学家不能这样做呢？或者它们可能对地震前释放的地下气体做出了反应，或者对地球电场的变化做出了反应。但它们也可能通过某种预感，以一种超出当前科学理解的方式，提前感知到即将发生的事情。

同样，许多动物似乎预测到了2004年12月26日的亚洲大海啸，尽管它们的反应与海啸之间的间隔更短。在巨浪袭来之前，斯里兰卡和苏门答腊岛的大象搬到了高地。泰国的大象也做了同样的事情，并且大声吼叫。据泰国邦科伊村（Bang Koey）的村民说，一群水牛正在海滩上吃草，"突然它们抬起头，望向大海，耳朵竖了起来"。然后它们转身朝山上跑去，迷惑不解的村民跟在它们后面，而他们因此得救了。在普吉岛附近的奥萨内（Ao Sane）海滩，狗狗们跑到了山顶上。在斯里兰卡的加勒，狗狗们拒绝像往常一样在海滩上散步，这让狗主人们感到很困惑。在印度南部的古达罗尔（Cuddalore），曾有水牛、山羊和狗逃到更高的地方，一群正在筑巢的火烈鸟也做了同样的事情。在安达曼群岛，"石器时代"的部落受到动物行为的警告，在灾难发生前离开了海岸。[39]

动物们是怎么知道的？通常的猜测是，它们感受到了海底地震引起的震动。但这种解释并不令人信服。整个东南亚都会产生震感，而不仅仅是在受影响的沿海地区。

一些动物可以预测其他种类的自然灾害，如雪崩，[40]甚至还有人为的灾难。第二次世界大战期间，英国和德国的许多家庭都是通过宠物的行为在官方发出空袭警报之前就知晓危险。当敌机还在数百英里之外，在它们能够听到敌机声音之前很久，这些动物就会做出一些反应。伦敦的一些狗狗曾预料到德国V-2火箭导弹的爆炸，而这些导弹是超音速的，事先不可能被听到。[41]

除了极少数例外，动物预测灾难的能力一直被西方科学家所忽视，因为这个话题一直是禁忌。相比之下，自20世纪70年代以来，在中国的地震多发地区，政府部门鼓励人们报告动物的异常行为。因此，中国科学家在预测地震方面有着令人印象深刻的记录。有几次，他们发布了预警，使城市在毁灭性地震发生前几小时进行疏散，从而挽救了数万人的生命。[42]

在世界上一些可能遭受这些灾难的地区，通过像中国人那样关注动物的异常行为，地震和海啸预警系统也许是可行的。数以百万计的人可以通过媒体来参与这个项目。他们被告知，如果灾难迫在眉睫，他们的宠物和其他动物可能会表现出什么样的行为，而这些行为通常是焦虑或恐惧的迹象。如果人们注意到这些迹象，或任何其他不寻常的行为，他们会立即拨打一个很容易记忆的热线电话号码，或者可以在互联网上发送消息。

计算机系统可以分析情报的来源。如果来自某一地点的情报数量很大，系统就会发出警告，并在地图上显示这个地方。有时可能会有一些虚假的情报，例如，生病宠物的主人发来的虚假报警，也可能会有零星的恶作剧电话。但是，如果来自某个地区的情报突然激增，这可能表明该地区即将发生地震或海啸。

探索基于动物反应的预警系统花费相对较少。从实用的角度来看，动物如何知道的并不重要：不管这一行为背后的解释是什么，重要的是它们能提供有用的警告。如果事实证明它们确实能够对细微的物理变化做出反应，那么地震学家应该能够利用仪器做出更好的预测。如果事实证明是预感发挥了作用，我们就会学到一些关于时间和因果关系本质的重要知识。忽视动物的预感，或者用随意的解释来搪塞，我们将一无所获。

人类的预警和预知

16岁的卡罗尔·戴维斯（Carole Davies）正准备和朋友们离开伦敦的一家游戏厅，天空突然下起了大雨。越来越多的人从街上涌进游戏厅来避雨，入口处变得拥挤起来。卡罗尔说：

> 站在那里望着外面的夜色，我有一种危险的感觉。然后我眼前出现了一幅像照片一样的东西，上面是躺在地板上的人，他们身上压着瓷砖和金属大梁。我环顾四周，意识到这里会发生这种情况。我开始对人们大喊，让他们出去，但是没人听我的。我冒着雨跑到附近的一家咖啡馆，朋友们也跟着我出来了。过了一会儿，我们听到警车停

在游戏厅所在的大楼外面。我们跑过去,想看看发生了什么。正如此前眼前出现的情景那样,有人从废墟下把我喊过的一个人拉了出来。

在战争期间,人们往往对危险更加警觉,实际上危险也更多。例如,第二次世界大战期间在美国第七军服役的查尔斯·贝尔努特(Charles Bernuth)参加了占领德国的战争。一个晚上,驶过莱茵河后不久,他和两个同伴驾车沿着高速公路行驶。

> 突然,我听到一个细小的声音。我意识到这条路可能有问题,不顾另外两个人的抱怨和嘲笑,我停了下来,开始沿着路步行。在距离吉普车大约50码的地方,我终于发现了问题所在。我们正要过一座桥,但是桥根本就不在那儿,而是已经被炸毁了,有一个大约75英尺的陡峭的落差。

有这种预感的人之所以能活下来,是因为他们注意到了危险的感觉。在我的案例库中,有1 167例与人类的预警、预知或预感有关。其中,70%与危险、灾害或死亡相关,25%是中性事件,只有5%是幸福事件,比如遇到未来的伴侣,或者中了彩票。危险、死亡和灾难占据了主导地位。这与心理研究学会的一项调查结果一致,该调查结果表明,60%的预知都与死亡或事故有关,与快乐的事件有关的很少,其他大多数都是微不足道或中性的,尽管有些非常不寻常。[43] 有这样一个例子,赫里福德(Hereford)主教的妻子梦见自己正在主教宫的大厅里做晨祷,之后,她一走进餐厅,就看见一头巨大的猪站在桌子旁边。这个梦把她逗笑了,她告诉了她的孩子们和他们的家庭教师。然后她走进餐厅,发现一头逃跑的猪正站在她在梦中看到它的地方。[44]

许多预知会在梦中发生,虽然通常只有最戏剧性或最离奇的内容才会被记住。20世纪初,英国航空工程师邓恩(J.W. Dunne)有了一个惊人的发现,在他著名的《时间的实验》(*An Experiment with Time*)一书中做了总结。⁴⁵ 他发现自己经常梦见即将发生的事情，但通常会忘记这些梦。只有把梦仔细地记录下来，这种现象才会变得清晰起来。他还发现自己有时会有一些似曾相识的经历（有时被称为 déjàvu，法语中的意思是"已经见过"），通过查阅自己的记录，他发现这些经历与他最近忘记的梦相符。

随后的研究证实了邓恩的观察。超心理学家还在实验室测试中发现了预知的统计学证据。虽然这些人工实验的影响通常很小，但是综合起来，它们在统计学上是具有重要意义的。⁴⁶

预　感

预感是这样一种感觉：感觉某事即将发生，但无法意识到它到底是什么。现代超心理学中一些最具创新性的研究已经表明，预感可以从生理学上检测到。

20 世纪 90 年代中期，在美国，迪恩·雷丁（Dean Radin）和他的同事们设计了一个实验，通过连接在手指上的电极测量皮肤电阻的变化，自动监测受试者的情绪改变，就像测谎仪测试一样。当人们的情绪状态发生变化时，其汗腺的活动也会随之变化，从而导致皮肤电活动的变化。这些变化被记录在一个计算机记录设备上。

在实验室里，通过让受试者接触有害气味、轻微电击、情绪化的话语或挑衅性的图片，他们产生可测量的情绪变化会相对容易一些。雷丁的实验使用的是图片，大多数的主题都是让人情绪平静的，比如风景，但也有一些令人震惊的，比如被切开等待被解剖的尸体，而有些是色情的。大量让人"平静"和"易引起情绪波动"的图片被存储在计算机中。

在雷丁的实验中，当平静的图片出现在屏幕上时，被试者保持平静。当展示容易激发情感的图片时，他们的情感就会被唤起，这可以从其皮肤电活动的增加看出，并不奇怪。但是当那些易引起情绪波动的图片即将出现时，受试者皮肤电活动的增加在图片出现在屏幕前就开始了，提前了三到四秒。屏幕上出现的图片是计算机仅提前一毫秒随机选择的。在受试者做出反应时，包括实验者在内，没有人知道选择的图片是哪张。[47] 其他研究人员也发现了类似的现象。[48]

在关于预知和预感的研究中，最有趣的发现之一是，人们似乎是受未来自己的影响，而不是受客观事件的影响。预知就像是对未来的记忆。预感似乎涉及从未来的警觉或唤醒状态中产生的生理回流，一种与能量因果方向相反的因果之流。这与吸引子将生物体拉向其遗传或习得目标的方式是一致的，影响从虚拟的未来到现在再到过去（见第五章），也与阿尔弗雷德·诺斯·怀特海关于思想从未来作用于现在的观点相一致（见第四章）。

怀疑论者的说法

对于"怀疑论者"一词的英文，英国的怀疑论组织使用的是美式拼写"skeptic"，而不是通常的英式拼写"sceptic"。

明智的怀疑论者并不否认有很多实验证据表明精神现象是真实的，但他们指出，没有一个实验是完美的，证据也不是百分之百肯定的。对于这样一个不太可能的命题，需要比正统科学多得多的证据。[49] 怀疑论者可以随意改变科学的门槛，他们说，目前还没有足够的证据，而且对于一些怀疑论者来说，永远也不会有足够的证据。[50] 但大多激进的怀疑论者不需要看证据，因为他们认为这些现象是不可能的，因此所谓的证据一定存在缺陷或欺诈。

怀疑论组织是"心灵现象是虚幻的"这一思想的主要支持者，其成员试图揭穿或否认任何表明他们可能错了的证据。这些组织中最成熟的是美国怀疑调查委员会（Committee for Skeptical Inquiry，简称CSI），它过去被称为CSICOP，即超自然现象科学调查委员会（Committee for the Scientific Investigation of Claims of the Paranormal）。CSI的杂志《怀疑探索者》（*The Skeptical Inquirer*）的发行量约为2.5万份。由迈克尔·舍默

（Michael Shermer）编辑的《怀疑主义者》(The Skeptic)杂志的发行量约为5万份。怀疑论组织的成员常常以科学和理性的孤独捍卫者自居，反对迷信和轻信势力。他们把揭露真相的活动看作与非理性主义阴险势力的"战斗"。他们的对手认为他们是自封的治安员。[51]

互联网是教条主义怀疑论者最活跃的舞台。怀疑论团体的成员担任维基百科的编辑，多年来一直主导着维基百科上关于心灵现象和替代医学的条目，将固执的怀疑主义观点作为主流。比如，2019年，维基百科关于"超心理学"的词条写道："绝大多数主流科学家认为这是一种伪科学，部分原因是，除了缺乏可复制的经验证据外，超心理学的主张根本不可能是正确的，'除非其他科学都是错误的'。"[52]

支持这一说法的五个主要参考文献都是激进的怀疑论者的断言，其中包括詹姆斯·阿尔科克的文献。来自科学调查的实际数据表明情况远不是这样。例如，在一项对美国1 100名大学教授的调查中，55%的自然科学家说他们相信心灵现象是一个既定的事实或一种可能性。[53]

然而，对于坚定的怀疑论者来说，有多少证据并不重要。2018年，美国心理学协会的官方同行评议期刊《美国心理学家》发表了一篇关于超心理现象证据的评论文章，作者是瑞典隆德大学心理学教授埃策尔·卡德尼亚（Etzel Cardeña）。他指出，在同行评议期刊上发表的数百篇论文和对数千项试验的系统元分析中，"这些证据为心灵现象的真实性提供了累积性的支撑。心灵现象的证据可以与心理学和其他学科中已经被确立的现象相媲美，虽然对这些现象还没有形成一致的理解"[54]。2019年，该杂志发表了两位坚定的怀疑论者阿瑟·雷伯（Arthur Reber）和詹姆斯·阿尔科克的回应，题为"寻找不可能"。他们从理论上否认了超心理学现象的可能性："超心理学家的说法不可能是正确的。报告的效应在本体论上没有实在的存在状态，数据在存在方面没有价值。"[55]换句话说，他们认为这些证据是无关紧要的。

这些组织良好、资金充足的怀疑主义运动的影响不仅仅是智力上的，而且是政治和经济上的。通过保持对"超常现象"的禁忌，他们确保大多数大学完全避开这个有争议的领域,虽然公众对这个主题很感兴趣。他们的重点是抵制"关于超常的说法"。严肃的媒体攻击报道任何正面证据的记者和出版物,或者至少坚持认为怀疑论者有权声称这些证据没有科学有效性。[56] 在网上,有组织的怀疑论团体和独立活动人士确保教条主义怀疑论者的观点在尽可能多的地方占据主导地位,尤其是在维基百科上。

我曾多次遇到教条主义的怀疑论者,在其他地方有详细描述。[57] 他们不仅不知道证据,而且对证据不感兴趣。这里有三个例子。

2004年,我在伦敦皇家艺术学会与刘易斯·沃尔珀特参加了一场关于心灵感应的辩论,担任主持的是一位著名律师。沃尔珀特是伦敦大学的生物学教授,英国公众理解科学委员会的前任主席,英国广播公司的科学顾问。多年来,作为超常现象的谴责者,他一直是记者们忠实的支持者,随时准备提供怀疑的评论。我们每人有30分钟时间来陈述自己的观点。沃尔珀特首先发言。他说,对心灵感应的研究是"病理科学",但在说了"整个问题都与证据有关"之后,他没有提出任何证据。他只是说:"没有任何证据支持这样一种观点,即思想可以从一个人传递到一个动物,从一个动物传递到一个人,从一个人传递到一个人,或者从一个动物传递到一个动物。"他只使用了分配给他的时间的一半。

我总结了数千项科学试验中心灵感应的证据,并展示了一段最近的实验的视频。沃尔珀特坐在屏幕前的舞台上,凝视着前方,用铅笔敲着桌子,好像很无聊地叹了口气。他没有回头去看他背后的证据。根据《自然》杂志关于这场辩论的报道,"观众中似乎很少有人被他(沃尔珀特)的论点所折服……许多听众指责沃尔珀特'不了解证据','缺乏科学精神'"[58]。任何想要自己听到双方意见的人可以到网上找到这场辩论的流媒体音频。[59]

第二个例子是,我受邀在比利时布鲁塞尔举行的第12届欧洲怀疑论者大会上发言。我与荷兰怀疑论组织 Stichting Skepsis 的秘书詹·宁豪斯(Jan Nienhuys)进行了一场关于心灵感应的辩论。我提出了心灵感应的证据,回顾了别人和我本人的研究。宁豪斯回应说,心灵感应在理论上是不可能的，因此所有的证据都是有缺陷的。他说，我的实验结果在统计学上越显著，误差就会越大。我让他详细说明这些错误，但他做不到。他承认，他实际上并没有读过我的论文，也没有看过那些证据。欧盟委员会的独立观察科学家理查德·哈德威克（Richard Hardwick）在报道这场辩论时说："宁豪斯博士似乎没有好好做功课。他手头没有任何数据或分析，他的攻击以失败告终。"[60]

2006年，英国电视公司第四频道播出了理查德·道金斯对宗教的抨击，该节目由两部分组成，名为《万恶之源？》（The Root of All Evil？）。不久之后，同一家制作公司 IWC Media 告诉我，道金斯想要拜访我，讨论我对人类和动物无法解释的能力的研究，为一部新电视剧做准备。我本来不愿意答应，因为我预计它会像道金斯以前的节目一样片面。但该公司的代表丽贝卡·弗兰克尔（Rebecca Frankel）向我保证，说他们现在的思想更加开放了。她告诉我："我们非常希望这是两位科学家之间关于科学探索模式的讨论。"我了解道金斯对讨论证据很感兴趣，并收到书面保证，保证材料会被公正地编辑。于是我同意与他见面，并确定了一个日期。我仍然不确定会发生什么。他会不会成为一个教条主义者，用一道精神防火墙把任何与他的信仰相悖的证据都挡在门外，还是说跟他聊天很有趣？

道金斯按时来拜访。导演罗素·巴恩斯（Russell Barnes）让我们面对面站着，拍摄是用手持摄像机进行的。道金斯一开始就说，他认为我们可能在很多事情上意见一致，"但让我担心的是，你几乎什么都相信。科学应该以最少的信念为基础"。

我同意我们有很多共同点，"但让我担心的是，你给人的印象很教条，让人们对科学产生一种不好的印象，从而让他们望而却步"。

道金斯接着说，出于浪漫主义的精神，他愿意相信心灵感应，但没有任何这方面的证据。他对这个问题的所有研究都嗤之以鼻，没有深入研究任何细节。他说，如果这种现象真的发生了，它将"颠覆物理定律"，他还补充说，"非凡的主张需要非凡的证据"。

我回答说："这取决于你如何看待'非凡'这个概念。大多数人说

第九章 心灵现象是虚幻的吗？

他们体验过心灵感应，尤其是在打电话的时候。从这个意义上说，心灵感应是普通的。大多数人被自己的体验所欺骗的说法是非凡的，但是这方面的非凡证据在哪里呢？"除了关于人类判断容易出错的一般性论点外，他提不出任何证据。他想当然地认为，人们之所以会相信"超常现象"，只是因为他们的一厢情愿。

然后，我们一致认为有必要进行对照实验。我说这就是为什么我一直在做这样的实验，包括测试当随机选择来电者时，人们是否真的能知道是谁打来的。见面一周前，我曾给道金斯寄去了我在科学期刊上发表的一些论文，以便他在我们见面之前了解一下这方面的数据。因此，我建议我们讨论一下这些证据。

他看上去很不安，说："我不想讨论证据。"

"为什么？"我问他。

他回答说："现在没有时间了，太复杂了，再说这也不是这期节目的主题。"就这样，摄像机停止了拍摄。

导演承认，他也对证据不感兴趣。他正在制作的这部电影是道金斯反对非理性信仰的又一场论战。

我说：

> 如果你认为心灵感应是一种非理性的信仰，那么对于我们的讨论而言，关于它是否存在的证据肯定是必要的。如果心灵感应发生了，那么相信它并不是非理性的。我想这就是我们要讨论的问题。我从一开始就明确表示，我对参加另一场低级的揭穿行动不感兴趣。

道金斯回答说："这不是低级的揭穿行动；这是一次高级的揭穿行动。"

我说，有人向我保证，这将是一场关于证据的平衡的科学讨论。巴恩斯要求看我收到的他助理发出的电子邮件。他读了信，显然很沮丧，说她给我的保证是错误的。我说，如果是这样的话，他们是用虚假的借口来拜访我的。就这样，他们收拾行装离开了。这个节目于 2007 年播出，名为《理性的敌人》(*Enemies of Reason*)。

理查德·道金斯早就宣称，"超自然现象是一派胡言，那些试图让我们相信这些现象的人都是骗子"。《理性的敌人》旨在普及这一观念。但是，他作为牛津大学的公众理解科学教授，他的这种行动真的可以促进公众对科学的理解吗？科学应该是一种宗教激进主义的信仰体系吗，还是应该基于对未知事物的开放探索？

在其他任何一个科学领域里，聪明的人都不会根据偏见和无知随意公开发表主张。例如，没有人会在对物理化学一无所知的情况下谴责这方面的研究。然而，在涉及心灵现象时，坚定的物质主义者可以随意无视证据，表现得非常不理性、不科学，同时却声称以理性和科学的名义说话。他们滥用理性的权威，使科学蒙羞。

这有什么区别吗？

解除对心灵现象的禁忌将对科学产生解放性作用，科学家们将不再觉得有必要假装这些现象是不可能的。"怀疑主义"这个词将从它与教条主义的否定联系中解放出来，人们可以自由地公开谈论自己的体验。开放的研究将能够在大学和科学机构内进行，其中一些研究可以以有用的方式得到应用，例如开发基于动物反应的地震和海啸预警系统。对心灵现象的研究和超心理学的公共资助可以反映出对这些研究领域的广泛兴趣，并增加公众对科学的兴趣。教育系统可以自由地教授学生关于心灵现象研究的知识，而不是对其嗤之以鼻。人类学家将从阻碍他们研究心灵能力的禁忌中解放出来，在传统社会中，心灵能力比在他们自己的社会中更加发达。最重要的是，对这些现象的研究将有助于我们对心灵、社会纽带、时间和因果关系的本质有更广泛、更包容的理解。

给物质主义者的问题

如果你认为心灵感应和预知在理论上是不可能的，或者是非常不可能的，能解释一下原因吗？

你见过心灵现象的证据吗？如果有，你能总结一下并解释它的问题在哪里吗？

你本人有过心灵感应的经历吗？什么能说服你改变主意呢？

总　结

教条的怀疑论者拒绝接受所有关于心灵现象的证据，因为它们与物质主义的世界观相冲突。即便如此，大多数人都声称自己有过心灵感应的体验。大量的统计实验表明，信息可以以一种无法用正常感官解释的方式在人与人之间传播。心灵感应通常发生在关系密切的人之间，比如母亲和孩子、配偶和亲密的朋友。许多哺乳期的母亲似乎在几英里外就能察觉到婴儿的痛苦。现代社会最常见的一种心灵感应发生在打电话时，有时候想到一个人，这个人很快就会打电话过来，或者不用看就知道电话是谁打来的。大量的测试表明，这种现象真实存在。它不会随距离的变化而变化。群居动物似乎能够通过心灵感应与远处的群体成员保持联系，而像狗、猫、马和鹦鹉这样的家养动物，经常能在远处感受到主人的情绪和意图，这一点在对狗和鹦鹉的实验中得到了证明。其他的心灵能力包括预感和预知，比如动物对地震、海啸和其他灾难的预知能力。人类的预感通常发生在梦中或通过直觉产生。在关于人类预感的实验研究中，未来的情绪事件似乎能够在时间上"倒退"，从而产生可检测的生理效应。

第十章
机械论医学是唯一真正有效的医学吗？

现代医学取得了惊人的成功。在一百年前，这样的成就简直就是奇迹。心脏移植、微创手术、髋关节置换和体外受精只是改变了数百万人生活的干预措施中的一小部分。与免疫规划和公共卫生的进步一起，抗生素等"神奇药物"影响了全人类，几乎在世界各地降低了婴儿死亡率，提高了人类的预期寿命。

毫无疑问，现代医学效果很好。然而，它也有一些重要的局限性，这些局限性正变得越来越明显。医学在20世纪取得巨大进步，但目前医学研究正在失去动力。尽管在研究上的投资不断增加，但产生成果的速度正在放缓。新药缺乏，药品也变得非常昂贵，令人望而却步。

机械论医学在处理身体的机械方面的问题时最有效，比如关节问题、蛀牙、心脏瓣膜问题和动脉阻塞，或者可以用抗生素治愈的感染。但这种方法的视野很狭窄：包括人类在内的所有生物都是物理化学机器，或者说是"笨重的机器人"。因此，基于物质主义的医疗体系将注意力局限于人类的物理和化学方面，通过手术和药物来治疗他们，而忽略了所有其他的方面。

医生们常常对与其形成竞争的其他医疗系统的存在感到非常恼火，其中包括顺势疗法、脊椎指压疗法和传统中医，这些医疗系统都声称能够治愈病人。从一个坚定的物质主义者的观点来看，这些系统都不能真正发挥作用：要么病人本来就会好转，要么替代疗法和补充疗法的好处只是安慰剂效应的产物。

认为只有机械医疗才真正有效的信念在政治和经济方面有巨大的影响。在大多数国家，政府为医学研究提供的资金总额达数十亿美元，但仅限于机械论医学。大多数国家卫生服务机构和医疗保险公司的做法同样是机械论的。

在本章中，我将讨论机械论医学的优势和局限性。它的优势在于利用了所有人——实际上是所有生命形式——所固有的治愈和抵抗疾病的自然能力。它强调机械原理，通过药物和外科手术实现惊人的化学和物理治疗。但是，它未能认识到思想的力量，这意味着在处理信仰、期望、社会关系和宗教信仰的治疗作用时，它是最弱的。然而，通过医学研究本身，安慰剂效应一次又一次地揭示了信念的重要性。最后，我将探讨一种更包容的健康和治疗方法的可能性。

我采用了一种历史的方法，因为我认为它提供了一个帮助理解我们目前处境的最佳方式。尤其重要的是，它揭示了医学的哪些方面依赖于物质主义世界观，哪些方面来自不依赖于任何特定自然哲学的实用主义发现。

治愈和抵抗疾病的天然能力

为了正确地看待任何医疗系统，重要的是要记住，在整个地球生命的历史中，动物和植物在受到伤害后一直在再生、自愈并保护自己免受感染。我们所有人都是动物和人类祖先的后代，在医生出现之前的数亿年里，它们存活下来并不断繁衍生息。如果不是我们的祖先天生具有治愈和抵抗疾病的能力，我们今天就不会存在于这个世界。医学可以增强这些能力，但它建立在经过亿万年进化的基础上，不断受到自然选择的影响。

几乎所有形式的生命都具有受伤后愈合和再生的能力。如果植物受伤或受到疾病的侵袭，它们通常会封闭受伤的区域，并通过生长新的组织来补偿。植物的一小部分可以再生成全新的有机体：从柳树上砍下的枝条可以长出新的柳树。同样，许多动物也有惊人的再生能力。扁虫可以被切成小块，每块都可以长成一条全新的扁虫。如果砍掉蝾螈的腿，它会长出一条新的腿。如果从它的眼睛中取出晶状体，它会在虹膜边缘形成一个新的晶状体。[1] 即使在人类身上，皮肤在受伤后也会再生，肝脏也是如此，肠道内壁和血细胞也会不断被替换（见第五章）。

许多生物体都有通过免疫反应来抵抗疾病的能力。在细菌中，酶系统会攻击入侵的病毒。在植物中，免疫系统通过产生可以杀死病原体或抑制其生长的化学物质来作出反应。[2] 同样，在像昆虫这样的无脊椎动物中，免疫系统会攻击并摧毁入侵的生物体。脊椎动物的免疫系统会更进一步，可以记住特定的病原体，在下次遇到入侵时发动更强的攻击。

人们很早就知道，一旦患上某一种疾病，可以在愈后对这种疾病产生免疫力。古希腊历史学家修昔底德（Thucydides）在描述公元前430年雅典的瘟疫时，第一个注意到，从瘟疫中恢复过来的人可以照顾病人，而不会再次感染。[3] 基于这样的观察，至少在六百年前，一些阿拉伯人和中国人就开始用从患有轻度天花的人的脓疱中提取的物质给人接种。结果，大多数接种过疫苗的人在接触天花病毒后安然无恙。[4]

1718年，英国驻伊斯坦布尔大使的妻子玛丽·沃特利·蒙塔古夫人（Lady Mary Wortley Montagu）用这种方法给自己的孩子接种了疫苗。她的哥哥死于天花，几年前天花也毁了她的美貌，所以当她从土耳其女人那里得知这种方法时，对此产生了浓厚的兴趣。回到英国后，她热情地推广了这种方法。一些皇室成员接种了疫苗，这种做法变得普遍起来，尽管接种疫苗的人中约有3%死于这种疾病。

18世纪90年代，英国医生爱德华·詹纳（Edward Jenner）观察到，挤奶女工在感染了牛痘（一种温和得多的疾病）后就不会再感染天花。他据此改进了免疫技术，发明了疫苗接种技术。他从被感染的挤奶女工身上的脓疱中取出液体，故意通过皮肤上的小伤口感染儿童。1853年，一项法律要求在英格兰和威尔士普遍接种天花疫苗。20世纪，早在免疫系统被从细胞和分子的角度详细描述之前很久，针对其他疾病的疫苗和接种就得到了发展和广泛应用。

1979年，世界卫生组织宣布天花已被彻底根除。

个人和公共卫生

在19世纪早期，许多流行病学家和临床医生得出结论，像产褥热和霍乱这样的疾病是通过微小的细菌传播的，所以可以通过改善个人和公共卫生来消除。19世纪60年代，路易斯·巴斯德发现了特定的细菌，随后提出了疾病的细菌理论，从而奠定了一系列预防措施和公共卫生政策的基础，而这些措施和政策导致了流行病死亡人数的急剧下降。

为预防传染病而改善公共卫生是科学研究、供水和污水处理工程、公共政策倡议和卫生教育的成果。无论发现细菌是疾病的传染媒介，还是通过接种疫苗产生免疫力，都不依赖于任何特定的教条。这些进步都不特别依赖于机械论的生命理论或物质主义的世界观。

20世纪医学的成功很大程度上要归功于通过免疫和改善卫生来预防疾病。随着这些预防措施在世界范围内的推广，婴儿和儿童死亡率在全球范围内下降，流行病也大大减少。其中一个结果是世界人口从1800年的10亿急剧增加到1960年的30亿，再到2012年的70亿。

治疗感染

青霉素是20世纪医学史上最具标志性的发现之一。1928年，微生物学家亚历山大·弗莱明（Alexander Fleming）偶然发现了青霉素。当他在培养皿中培养细菌时，他发现其中一个培养皿被霉菌——青霉菌污染了。弗莱明注意到霉菌周围的细菌都在死亡。他发现从霉菌中提取的汁液可以抑制多种其他细菌的生长，称这种霉菌为青霉素。但他认为青霉素毒性太大，不能用于任何医疗用途，所以他没有继续研究。

十年后，弗莱明的研究被牛津大学的霍华德·弗洛里（Howard Florey）和恩斯特·钱恩（Ernst Chain）重新发现，直到1941年，它的全部潜力才显现出来。这是一种神奇的药物，能迅速产生惊人的效果。它不仅可以治愈败血症、肺炎和脑膜炎等可能致命的急性感染病症，还可以治愈鼻窦、关节和骨骼的慢性感染。随着其他抗生素的出现，它改变了公众和医生对药物作用的看法。[5]然而，抗生素并不是科学家发明的，青霉菌和其他生物产生抗生素是为了它们自己。抗生素是大自然的馈赠。

随着卫生条件的改善和大规模免疫方案的实施，抗生素的发现意味着传染病的死亡率急剧下降。霍乱、伤寒、肺结核和小儿麻痹症等可怕的疾病不再导致数百万人的死亡。这些惊人的进步改变了人类的生活状况。

在20世纪后期，抗生素的作用得到了进一步的扩大，因为人们惊奇地发现，以前被认为是由胃酸过多或压力引起的胃溃疡，实际上是由一种迄今为止未知的细菌幽门螺杆菌感染引起的，可以用抗生素治愈。[6]

青少年是通过免疫和抗生素控制传染病的主要受益者。婴儿和儿童死亡曾经很常见，现在却很少见。今天，青少年中最严重的医疗问题是遗传性疾病，如囊性纤维化、过敏（如哮喘）或事故。医学目前面临的主要挑战是生活方式疾病（如肥胖、吸烟、酗酒和滥用药物的影响）、老年疾病（包括癌症和循环系统疾病），以及慢性"退化性"疾病（如关节炎和痴呆症）。总的来说，大多数成年人在五六十岁之前都非常健康。然而，仍有几种主要疾病折磨着中年人，包括糖尿病、类风湿性关节炎、多发性硬化症、帕金森病和精神分裂症。大多数疾病的病因尚不清楚。[7]

与此同时，导致传染病的细菌也在继续进化。艾滋病等新疾病的出现和对抗生素有抗药性的细菌的进化仍然构成重大问题。

新 药

纵观人类历史，世界各地的人们都在草药中使用植物，但直到19世纪，化学家才开始从药用植物中分离出"活性成分"，其中包括罂粟中的吗啡、古柯叶中的可卡因、烟草中的尼古丁、金鸡纳中的奎宁、柳树皮中的水杨酸，以及许多其他具有药理活性的化合物。[8] 这些纯化药物的效果比各种草药材料更可靠和可预测。而且，一旦纯药物被化学鉴定出来，它们也可以被化学修饰，产生比天然化合物更强效或副作用更少的新物质，如水杨酸中的乙酰水杨酸（阿司匹林）和吗啡中的二乙酰吗啡（海洛因）。有时会创造出一系列具有相似结构的化合物，它们称为类似物，例如，利多卡因、阿米洛卡因和普鲁卡因就是可卡因的类似物，被广泛用于局部麻醉。

青霉素和其他抗生素的发现进一步推动了这一进程，它们的巨大成功推动了对新药的探索。如果这些自然产生的无毒化学物质可以治愈可怕的疾病并决定人的生死，那么为什么其他疾病不能被简单的化学溶液所治愈呢？癌症或精神分裂症的化学疗法是否还有待发现呢？

就像从药用植物中提取的药物一样，抗生素是大自然的馈赠，但它们的鉴定、纯化和修饰依赖于化学。从植物、真菌和细菌中分离药物的速度仍然在不断加快，通过天然来源提取的化合物及其合成变体约占现代医学药物的70%。[9]

发现药物的另一种主要方法是反复试验。制药公司测试了大量从植物中分离出来或由化学家合成的化学物质，以确定其是否有任何有用的效果，同时又足够无毒。这个过程被称为筛选，通常在动物身上进行，但现在一些测试也会使用体外培养的动物或人类细胞。自20世纪50年代以来，制药公司已经筛选了数以万计的化合物，并发现了几种重要的新药，包括从太平洋紫杉树皮中分离出来的紫杉醇，用于治疗乳腺癌。

长期以来，医学研究人员一直希望可以在对人体生理学和分子生物学的合理理解的基础上研发新药，而不是依靠反复试验。维生素的发现和胰岛素等激素的鉴定是朝着这个方向迈出的重要一步。从20世纪80年代开始，人们满怀希望地认为，对基因组和细胞分子细节的理解将把"理性"药物的研发提升到一个新的水平。为了实现这一目标，政府、制药公司和生物技术公司已经投资了数千亿美元，但结果非常令人失望。

投资回报正在减少，制药公司现在正面临新药匮乏的问题。与此同时，控制胆固醇水平的他汀类药物立普妥和抗抑郁药百忧解等一些主要"重磅"药物的专利已经到期，这意味着制药公司每年将损失数十亿美元的收入。许多正在研发中的新药只不过是现有药物更昂贵的变种。[10]

发现和测试新药是一个漫长且日益昂贵的过程，制药公司试图在专利持续期间从其拥有的药物中赚取尽可能多的钱。制药公司不可避免地会投入大量资金用于广告和促销。一些公司不遗余力地使其药物看起来比实际更安全、更有效，为其说法制造了一种科学上可敬的假象。为了提高药物的科学可信度，一些公司向科学家提供大笔费用，让他们在由制药公司付钱而由他人代笔的文章上署名，或者是通过其他诱惑，让科学家把自己的名字加在他们没有做过的研究上。[11]

医学代笔有多种形式，但最近的一个案例让我们对这一过程有了一些了解。2009 年，大约 14 000 名妇女在服用激素替代疗法倍美安（Prempro）后患上了乳腺癌，她们起诉了该药的制造商惠氏公司。在法庭上，事实证明，许多支持激素替代疗法的医学研究论文都是由一家名为 Design Write 的商业医疗通信公司代写的。这家公司的网站吹嘘说，在过去的十二年里，他们"计划、创建和/或管理了数百个咨询委员会，1 000 个摘要和海报，500 篇临床论文，1 万多个演讲者的发言人计划，200 多个卫星专题讨论会，60 个国际项目，几十个网站，以及大量的辅助印刷和电子材料"。[12] 调查发现，Design Write 为倍美安组织了一个"有计划的出版方案"，包括综述文章、病例报告、社论和评论，利用医学文献作为一种营销工具。正如本·格尔达克尔（Ben Goldacre）在《卫报》上报道的那样：

> Design Write 写作第一稿，然后寄给惠氏公司，根据其建议形成第二稿。这时论文才会被送到以"作者"身份出现的学者那里。……Design Write 向惠氏出售了 50 多篇关于激素替代疗法的同行评审期刊文章，以及相同数量的会议海报、幻灯片、专题讨论会

和期刊增刊。阿德里安娜·弗·伯曼（Adrienne Fugh Berman，乔治城大学生理学副教授）发现，这些出版物以各种方式宣传惠氏公司的激素替代疗法所用药物未经证实和未经许可的益处，削弱其竞争对手，并淡化其危害。……学术期刊的出版不被视为促销活动，所以这一切都是合法的。最糟糕的是学术界的共谋。……Design Write 声称："研究表明，临床医生高度依赖期刊文章来获取可靠的产品信息。"Design Write 是对的，因为当你阅读一篇学术论文时，你会相信它是由署名的人写的。[13]

制药公司对政府和医学研究的公共投入也有很大的影响。在美国，从1998年到2004年，制药公司及其所属贸易团体——美国制药研究和制造商协会（Pharmaceutical Research and Manufacturers of America，简称PhRMA）和生物技术产业组织（Biotechnology Industry Organization），在游说上花费了9亿多美元，其中包括向政党和竞选活动捐款9 000万美元，主要是共和党。它们就至少1 600项立法进行了游说，在华盛顿特区有1 200多名注册游说者。[14]

在英国，监管制药业的官方机构——药品和保健产品管理局（Medicines and Healthcare Products Agency）的出资人就是制药公司，因此制药公司不可避免地会影响这个监管机构的行动。例如，2008年2月，该机构根据最近的证据决定，应该在他汀类药物的标签上加上关于副作用的新警告。但是21个月过去了，什么也没发生，因为其中一家制药公司"不同意其措辞"。正如本·格尔达克尔在《卫报》上评论的那样，"一家制药公司能够将一种给400万人开的药的安全警告推迟21个月公布，仅仅是因为它不同意上面的措辞。在任何可以想象的世界里，这都不是一件好事。"[15]

有时制药公司直接无视监管程序，销售"标签外"（off-label）药物，换句话说，由于还没有被证明是安全的、必要的和有效的，所以这些药物的用途还没有得到批准。2010年，一个明目张胆的违规行为被曝光，美国司法部对阿斯利康处以 5.2 亿美元的罚款，原因是其畅销的抗精神病药物思瑞康（Seroquel）进行标签外营销。这种药物只被批准用于短期治疗精神分裂症和急性双相情感障碍，但五年来，阿斯利康一直在积极推销这种药物，称其为一种长期的万灵药，在老年人之家、退伍军人医院和监狱推广这种药物，还将其用于治疗儿童的躁动和攻击性，虽然临床研究已经显示出这种药物具有"严重的、使人衰弱的副作用"，特别是对于老年人和儿童。[16]2003 年，该公司因欺诈性销售前列腺癌治疗药物诺雷德（Zoladex）而被罚款 3.55 亿美元。虽然这些罚款是美国司法部对制药公司施加的最大罚款之一，但批评人士指出，这些罚款还不到公司相应标签外营销收入的 20%。通过庭外和解，这些公司避免了刑事定罪，没有人进监狱，罚款被视为经营成本。[17]

显然，销售尽可能多的药品符合制药公司的利益，虽然这与患者和支付医疗费用的人的利益是有冲突的。这种利益冲突需要政府、独立的监管机构和独立的研究人员来调解。遗憾的是，制药行业对政府的游说、对监管机构的财务控制以及对医学研究人员的资助意味着制药公司对整个医疗系统有着巨大的影响力。[18]

詹姆斯·勒·法努（James Le Fanu）就是一名拥有多年全科实践经验的医生，他在《用药过度》（*Too Many Pills*）一书中指出，现代医学越是强大和享有声望，就越有动力对人们进行不必要的检查，对轻微症状过度治疗和过度使用药物。他说：到目前为止，这种现象最严重的表现是"用药过度"——开大量处方药，给人们的生活造成沉重负担，同时（似乎有点自相矛盾）对他们的健康和福祉构成严重威胁。最近的数据显示，英国家庭医生开出的处方药数量已飞速增加。[19]

安慰剂效应和希望的力量

药效起作用在多大程度上要归功于药物本身，又在多大程度取决于人们的信念和期望？

第十章 机械论医学是唯一真正有效的医学吗?

在科学和医学研究中,就像在日常生活中一样,我们的信仰、欲望和期望往往会下意识地影响我们观察和解释事物的方式。[20]大量的实验证据表明,科学家的态度和期望会影响实验的结果。[21]在实验心理学和临床研究中,这些原则被广泛认可,这就是这些领域的实验通常在"盲态"条件下进行的原因。

在医学中,患者的期望也会影响研究结果,因此采用双盲程序以防范受试者和研究者期望的影响。例如,在一种药物的典型双盲临床试验中,随机选择一些患者,给他们服用正在测试的药物,而给另一些患者服用外观相似但药理学上无效的安慰剂。这种试验的目的是发现新药是否比安慰剂效果更好。只有当它更加有效时,它才能作为一种有效的治疗药物获得许可并投入市场。临床医生和患者都不知道谁服用了什么。在这类试验中,安慰剂的作用方式通常与被测药物相似,尽管作用通常更小。

最大的安慰剂效应往往发生在患者和医生都知道正在测试一种强有力的新疗法的试验中。安慰剂之所以有效,是因为服用它们的病人和给药的医生认为它们可能含有新的灵丹妙药。[22]如果不做双盲试验,患者和医生都知道谁服用了真的药物、谁服用的是安慰剂,那么安慰剂的作用就会大大降低。病人和医生都不指望安慰剂有多大效果,结果也确实没有。[23]即使在双盲试验中,这也可能是一个严重的问题。如果真正的药物有明显的副作用,患者和医生都可以发现谁在服用安慰剂,而谁在服用真正的药物,因此安慰剂的效果较差,这使得真正的药物相对于安慰剂更有效。[24]这似乎是一个令人厌烦的技术细节,但它具有巨大的经济后果。

例如,在几项临床试验中,抗抑郁药物百忧解的效果略好于安慰剂,并获得了使用许可,给制造商带来了超过20亿美元的年收入。但它真的比安慰剂好吗?也许不是。虽然试验是双盲的,但百忧解有一些众所周知的副作用,比如恶心和失眠。患者和临床医生都可能通过注意是否有这些副作用而意识到谁服用了百忧解、谁服用了安慰剂。这就是所谓的"破盲"。一旦一些人意识到他们服用的是真正的药物,而另一些人意识到他们服用的是安慰剂,安慰剂就会变得不那么有效,因此相比之下，百忧解似乎更有效。在一项研究中，医生和病人被要求说出他们服用的是真正的药物还是安慰剂，80%的病人和87%的医生猜对了，远远高于随机猜测的结果50%。[25]

然而，其他几项临床试验的结论是，百忧解并不比安慰剂好。其中一个原因可能是，在这些试验中，患者缺乏使用抗抑郁药的经验，因此没有意识到其副作用。然而，礼来（Eli Lilly）制药公司没有公布不成功试验的结果，这些结果之所以被披露，是因为一位思想独立的研究人员欧文·基尔希（Irving Kirsch）利用美国《信息自由法》（*Freedom of Information Act*）获得了数据。他发现，当考虑到所有的数据，而不仅仅是制造商公布的正面结果时，百忧解和其他几种抗抑郁药的效果并不比安慰剂或便宜得多的草药圣约翰草更有效。[26]具有讽刺意味的是，对显示百忧解并不比安慰剂更好的数据的压制可能有助于提高其作为处方药的有效性，因为医生和患者对它更有信心，从而增强了其安慰剂效应。

盲法测试最初是在18世纪后期作为一种检测欺诈的工具而出现的。主流科学家和医生发明了这种方法，以挑战被怀疑是江湖骗术的非传统医学。[27]这类测试中最早的一些是用来评估催眠术的，而且确实是蒙着眼睛进行的。这些试验是在美国驻巴黎代表本杰明·富兰克林（Benjamin Franklin）在法国的家中进行的，他是由法国国王路易十六任命的一个调查委员会的负责人。采用顺势疗法的医生在19世纪中期使用了盲法测试，心理学家和心灵现象研究人员在1900年之前就采用了盲法测试，以避免受试者的信念和期望影响他们的反馈。但在常规医学中，盲法测试直到20世纪30年代才开始使用。直到第二次世界大战后，比较药物和安慰剂的双盲试验才成为医学研究人员使用的标准方法。

虽然"安慰剂"这个词通常会让人联想到一种无效的糖丸，但任何患者认为能让他们好转的治疗（甚至是假手术）都能产生安慰剂效应。在20世纪50年代，许多外科医生做了一种手术来缓解心绞痛——一种由于心肌缺血引发的严重胸痛。他们切断了一些将血液输送到胸部的动脉。在一项安慰剂对照研究中，一些患者接受了假手术，他们的胸部被切开并再次缝合。令医生们惊讶的是，假手术的效果几乎与真手术的一样好。仅仅是相信自己接受了适当的手术，病人的胸痛就减轻了。[28]

同样，给人们注射生理盐水也能使他们痊愈，即使没有使用任何药物。当人们坚信注射具有神奇的功效时，比如在非洲和拉丁美洲的农村地区，安慰剂注射尤其有效。[29] 在美国，安慰剂注射也比安慰剂药片产生了更大的安慰剂效应，但在欧洲则不然。

正如医学人类学家的研究所表明的那样，安慰剂效应取决于人们赋予疾病和治疗的含义，[30] 而这些含义因文化而异。例如，在对许多国家的临床试验进行比较后发现，德国人拥有最高的针对溃疡的安慰剂治愈率，对高血压的治愈率则最低。[31] 一个可能的原因是，德国人对心脏及其工作方式的关注异乎寻常。虽然德国、法国和英国的心脏病发病率是一样的，但德国人服用的心脏病药物是邻国的六倍，而且德国医生几乎是唯一开低血压药的医生。与其他国家没有这种担忧的患者相比，德国患者对自己血压过低的担忧可能降低了降压药试验中的安慰剂效应。[32]

多年来，大多数医学研究人员认为安慰剂效应是临床试验中一种令人讨厌的并发症。它阻碍了我们找到真正的治疗方法，但是这样的态度正在发生改变。安慰剂效应表明，患者的信念和希望在治疗过程中起着重要作用。

起初，机械论医学的捍卫者将补充疗法和替代疗法的效果斥为"纯粹的"安慰剂效应。但是安慰剂效应在传统医学中也发挥着重要的作用。正如西蒙·辛格（Simon Singh）和埃德扎德·恩斯特（Edzard Ernst）指出的那样：

> 已被证实的治疗方法的效果总是会因安慰剂效应而增强。治疗不仅会带来基本的好处，而且应该带来额外的好处，因为患者对治疗效果有一种期待。……最好的医生会充分利用安慰剂的影响，而最糟糕的医生仅在治疗中增加了最低限度的安慰剂效应。[33]

2009年，安慰剂效应呈上升趋势，尤其是在美国。在临床试验中，能打败安慰剂的新药越来越少。换句话说，越来越多的药物在临床试验中失败，给制药公司带来了很大的麻烦。

为什么安慰剂效应在美国有所增加，而在其他地方却没有？答案可能是，制药公司是自身成功的受害者。1997年，直接面向消费者的药品广告在美国合法化，结果美国人被处方药广告淹没了。很多这样的广告会让人联想到药片和内心平静之间令人振奋的联系。制药行业的广告非常成功地提高了人们对新药的期望，增加了临床试验中的安慰剂效应，从而缩小了安慰剂和被试药物之间的差异。[34]

如果物质主义是医学的充分基础，安慰剂效应就不应该发生。但是它确实发生了，这一事实表明人们的信仰和希望对他们的健康和康复有积极的影响。相反，绝望会产生消极的影响。甚至有一个专门研究这个问题的领域：心理神经免疫学。压力、焦虑和抑郁会抑制免疫系统的活动，使其抵抗疾病和抑制癌细胞生长的能力下降。[35]因此，焦虑或抑郁的人更容易生病或患癌症。

安慰剂效应表明，健康和疾病不仅仅是物理和化学的问题，也与希望、意义和信仰有关。安慰剂效应是治疗过程中不可或缺的一部分。

催眠后的水疱和除疣

通过暗示，一个人可以引导另一个人的思想或感觉。这是日常生活中很正常的一部分，但"暗示的力量"可以通过催眠带来异常惊人的效果。人们围绕催眠的本质已经争论了几十年，但毫无疑问，它确实会发生，并产生视觉上的错觉和其他主观效果。但催眠也会影响身体状况。

当我在剑桥大学学习时，我的生理学讲师费格斯·坎贝尔（Fergus Campbell）用另一名学生作为实验对象，演示了催眠的力量。坎贝尔告诉实验对象，他正在进行一项关于皮肤对热的反应的科学实验，将用点燃的香烟触碰实验对象的手臂。事实上，他用的是铅笔的平头。不久之后，实验对象的皮肤变红了，铅笔碰过的地方出现了一个水疱。后来我

第十章 机械论医学是唯一真正有效的医学吗?

了解到,许多其他催眠师也展示了同样的情况,而且医学研究人员对这种情况进行了研究,但没有给出解释。[36]

控制皮肤小动脉的神经介导这种烧伤反应。人们不能强迫自己激活这些神经,它们是由自主神经系统或非自主神经系统控制的。然而,烧伤的催眠诱导表明,暗示可以通过自主神经系统起作用。通常,非自主的功能可能会受到心理的影响。[37]生物反馈训练也证明了同样的原理。例如,在一种常见的做法中,人们学会通过关注手指的温度来增加手部的血流量,而手指的温度会转换为音频或视频显示,这样他们就能收到持续的反馈。如果温度是由他们听到咔嗒声的速度来表示的,他们的任务就是加快咔嗒声的速度。虽然不知道怎么做,但大多数人很快就学会了如何增加手指的血流量,从而提高体温。经过练习,他们可以在没有机器的情况下自己做到这一点。[38]

催眠也可以产生"奇迹般的疗效",就像20世纪50年代伦敦一个男孩的例子一样。他出生时皮肤又黑又厚,随着年龄的增长,他的大部分身体都覆盖着一层黑色的粗糙外皮。医生说他生来就患有鱼鳞病。伦敦一些最好的医院的治疗效果并不好。甚至他胸部上正常的皮肤被移植到手上这一做法都是徒劳的:移植的皮肤会变黑,然后收缩,导致手指僵硬。阿尔伯特·梅森(Albert Mason)是一位对催眠感兴趣的年轻医生,他听说了这个病例后,在十几位持怀疑态度的同事的注视下,对这个男孩进行了催眠。他告诉男孩:"你的左臂会痊愈的。"事实确实如此。大约五天后,粗糙的外层皮肤变得易碎并脱落。下层的皮肤很快就变成了粉红色,并且也更加柔软了。通过反复催眠,梅森逐步治疗了男孩身体的其他部位。[39]在三年后的后续研究中,梅森和一组皮肤科医生证实,"不仅没有复发,而且他的皮肤还在继续改善"。[40]

心理上的影响对除疣通常很有效。皮肤上的疣是由感染病毒的异常组织组成的。传统的医生通常会用刀将其割断,或者用电火花烧,或者用液氮冷冻治疗,或者用腐蚀性的酸来溶解。这些方法是粗糙的,有时是痛苦的,而且往往是无效的:在许多情况下,疣会复发,有时会成片出现。然而,"奇迹"疗法可以更快、更有效地发挥作用。有些人获得了"治疣者"的声誉,仅仅是通过触摸就能治愈疣。有些人则是通过应用一些有疗效的植物来治疗。还有一种方法是用土豆摩擦疣,然后在某个特定的时间段将土豆埋在特定的树下。有些人通过把疣子卖给兄弟姐妹来消除疣。通常,在采取其中一种疗法几天后,疣就会脱落,留下干净的皮肤。有时疣会逐渐缩小,并在一两周后消失。[41]

治疗疣的"神奇"方法多种多样。它们不能对病毒或异常组织产生显著的直接影响,但是能快速、持久地治疗疣。这些方法的共同之处就是给予长疣的人以信念。长疣的人希望这种方法会起作用,而它们通常不会让人失望。[42]

生活方式、社会网络和精神实践的影响

每个人都认同,健康受到人们生活习惯和方式的影响。在这方面,吸烟对肺癌的致病作用就是最明显的例子。直到20世纪50年代,大多数人还没有认识到吸烟的有害影响,而认定这一事实的流行病学研究是现代医学的主要成就之一。例如,1953年开始的一项针对英国医生的大规模研究记录了医生自己的吸烟习惯,并在随后的几十年里记录了他们的死亡率。这是研究人员所谓的前瞻性研究的一个例子,而不是回顾性研究。随着时间的推移,研究人员对研究开始时确定的群体进行跟踪。结果发现,每天吸烟超过25支的人死于肺癌的风险是不吸烟者的25倍。[43]

禁烟教育、限制香烟广告和禁止在公共场所吸烟,使吸烟人口比例下降,肺癌发病率也随之下降。在英国男性中,肺癌发病率在20世纪70年代末达到顶峰,到2011年下降了45%以上。受到这一成功的鼓舞,从20世纪80年代开始,卫生政策制定者接受了疾病的"社会理论",最初是心脏病,最近是肥胖的流行及其相关的健康障碍。他们正确地强调了健康饮食和锻炼的重要性,一些人已经相应地改变了自己的生活方式,但是很多人依然我行我素。[44]显然,影响这些趋势的因素有很多,

包括久坐不动的生活方式、垃圾食品和含糖饮料。现在,世界上许多其他地区的肥胖人数也在持续增加。目前估计有超过10亿人超重,其中包括3亿多临床肥胖患者。医学界和政府的劝告未能扭转这一趋势。

医学的社会和经济方面表明,把人视为机器的物质主义模型太过局限。人们的动机和态度、社交网络的影响以及广告的影响都不是可测量的物理和化学力量,它们通过大脑发挥作用。许多其他证据表明,健康受到社会、精神和情感因素的影响。例如,在美国的研究发现,患有心脏病的男性如果处于社会孤立状态,在接下来的三年里死亡的可能性是正常人的四倍;接受过冠状动脉手术的男性和女性,如果他们已婚或有亲密的朋友,活过五年的可能性会增加两倍。[45] 其他研究表明,在心脏病发作后,养宠物的人比不养宠物的人更能存活下来,养狗或猫的老人和失去亲人的人比没有动物陪伴的人更健康,需要的药物也更少。[46]

美国和其他地方的大量研究表明,有宗教信仰的人,特别是那些经常参加宗教仪式的人,比没有宗教信仰的人寿命更长、健康状况更好、更不容易抑郁。这些影响在基督徒和非基督徒群体中都有发现。[47] 一些益处可能是社会支持和其他社会因素的结果,但精神实践本身也可能很重要。

祈祷或冥想对健康和生存的影响是通过前瞻性研究来调查的。在研究中,研究人员在研究开始时就确定了祈祷或冥想的人,以及其他类似的不祈祷或不冥想的人,并对他们的健康或死亡率进行了为期数年的观察,看看他们的健康或死亡率是否有所不同。的确如此,平均来说,那些祈祷或冥想的人比不祈祷或不冥想的人更健康、存活时间更长。[48] 例如,在北卡罗来纳州的一项研究中,哈罗德·柯尼格(Harold Koenig)和他的同事追踪了1 793名65岁以上的研究对象,他们在研究开始时没有身体问题。六年后,在校正了两组之间的年龄差异后,那些祈祷的人比那些不祈祷的人的存活率高了66%。(如果不进行校正,这一差距为73%。)然后,他们考察了"混杂变量"的影响,这是一个科学术语,指的是可能影响生存的其他因素,如生活中的压力事件、抑郁、社会关系和健康的生活方式。即使在控制了这些混杂变量之后,那些祈祷的人的存活率也高出 55%。"因此，祈祷的健康受试者存活的可能性要高出近三分之二，而这种影响只有一小部分可以用心理、社会或行为因素来解释。"[49]

现在有许多研究表明，各种各样的精神实践，包括感恩、唱歌和吟诵、与自然的联系、禁食和行善，都会对实践者产生有益的影响。[50] 如果一种新药或外科手术对健康和生存的影响能像精神实践那样显著，那么它将被誉为医学上的突破。

官方思想的转变

在 2011 年《自然》杂志的一篇文章中，亚利桑那州立大学校长、高级科学管理员迈克尔·克劳（Michael Crow）提议对美国国立卫生研究院（National Institutes of Health）进行彻底改革，该机构每年 300 亿美元的预算大部分被用于研究疾病的分子和基因因素，而不是研究人们的行为。他提议用三个新的研究所取代目前由 27 个研究所和中心组成的"拜占庭式阵列"。一个研究所负责研究与人类健康有关的基本问题，包括社会学和行为学观点。第二个研究所将致力于健康结果的研究，以可衡量的人民健康改善为标准：

> 这应该利用行为科学、经济学、技术、通信和教育以及基础生物医学研究。……例如，如果目标是将全国肥胖水平（目前约有 30% 的美国人口肥胖）降至 10% 或 15% 以下，项目负责人将根据这一目标来衡量进展，而不是根据某些科学里程碑（如发现肥胖的遗传或微生物驱动因素）来衡量进展。[51]

第三个新研究所将致力于卫生改革："该研究所不会因为最大限度地提高知识生产而获得奖励，而是将根据其在提高公共卫生成本效益方面的成功获得资助。"[52]

毫无疑问，改变人们行为的尝试将在政治上引起争议，并将与强大的经济利益（如食品和饮料行业的利益）发生冲突。但是，公共健康问题似乎不太可能单靠药物或手术就能解决。在2011年，美国与肥胖相关的医疗费用估计约为每年1 600亿美元，预计到2020年将翻一番。[53]

其他国家也在发生类似的思想转变。2010年，英国政府发布了一份关于卫生政策的官方报告——题为《健康的生活，健康的人民》的白皮书，其中着重强调了影响健康和疾病的社会因素。与美国一样，对英国而言，经济问题是最重要的，特别是在看似属于个人问题的健康和疾病问题上。卫生部长安德鲁·兰斯利（Andrew Lansley）在前言中写道：

> 我们必须大胆一点，因为我们今天看到的许多生活方式导致的健康问题已经达到了令人担忧的水平。英国现在是欧洲肥胖率最高的国家。我们是有记录以来性传播感染率最高的国家之一，吸毒人口相对较多，酒精的危害程度不断上升。光是吸烟每年就夺去了8万多人的生命。专家估计，解决不良的心理健康问题可以使我们的总体疾病负担减少近四分之一。……我们需要一种新的方法，使个人能够做出健康的选择。[54]

有影响力的行政人员，包括政府部门领导，正在提出激进的改革，这一事实表明，人们对健康和疾病的态度发生了普遍变化，已从对药物和手术的关注转向一种社会模式，这种模式既考虑了人们的行为和动机，也考虑了旧式机械论医学范围之外的动机和经济因素。

补充和替代疗法

现代医学的一个悖论是，尽管取得了巨大的成就和成功，但从20世纪80年代开始，替代疗法的受欢迎程度急剧上升，而以前只有少数人对这种疗法感兴趣，而且该疗法被广泛认为是欺诈性的。部分原因可能是，与时间压力更大的正统医生相比，许多替代疗法的从业者可以花更多的时间和病人在一起，更关注他们。另一个原因可能是，医生对药物的关注导致了对更简单、更传统的治疗方法的忽视，以及对任何不符合疾病机械概念的治疗方法的摒弃。例如，正如詹姆斯·勒·法努所指出的那样，关于关节、肌肉和骨骼的问题：

> 随着可的松和其他抗炎药物的发现，风湿病学家的技能逐渐转移到对各种有毒药物的使用上，他们希望各种有毒药物的益处超过有时十分严重的副作用。与此同时，所有其他治疗风湿病的疗法，如按摩、推拿和饮食调理，几乎被全盘抛弃，直到20世纪80年代才被替代疗法的从业者"重新发现"。[55]

有许多不同的替代和补充疗法。有些疗法是在19世纪兴起的，如顺势疗法、自然疗法和脊椎按摩疗法。与传统医学中往往有害的做法相反，其标准操作包括通过切口或者利用水蛭使患者出血。此外，还有各种各样的心灵或信仰疗法，包括卢尔德等天主教圣地的奇迹般的治疗、新教福音传教士的信仰疗法，以及玛丽·贝克·埃迪（Mary Baker Eddy，1821—1910）在美国创立的基督教科学教会（Christian Science），她教导人们，疾病、伤害、疼痛甚至死亡都是幻觉，是与上帝不和谐的心灵赋予了它们力量。作为回应，官方医生经常反对这些对立的医疗体系，并谴责它们是危险的江湖骗术。[56]除了西方各种本土替代医疗体系外，现在有许多治疗师实践的是来自世界其他地区的传统医疗体系，包括萨满治疗仪式、印度的阿育吠陀医学和包括针灸在内的传统中医。

这些替代医疗体系的实践大多基于非物质主义的思想体系，因此教条的物质主义者认为它们是迷信或欺诈的。然而，所有这些体系都声称自己有治愈效果。有些药物在临床试验中取得了令人印象深刻的成功，这表明它们"真的"有效。例如，2003年，世界卫生组织发表了一份对293项针灸对照临床试验的综述，得出的结论是，针灸对包括晨吐和中风在内的多种疾病都是一种有效的治疗方法。[57]这一证据不可避免地会引起争议。对于那些认为针灸不可能产生实际效果的人来说，证据肯定是有缺陷的。例如，批评者认为，所有在中国进行的针灸试验都应该被排除在外，因为结果太正面了。[58]然而，对中国之外的研究的批判性评论也显示了针灸的积极作用，例如，在缓解疼痛和恶心方面。[59]但争论仍在继续，因为在针灸试验中不可能进行真正的双盲试验。针灸师必然知道他是否使用了假针头进行"安慰剂"针灸。

然而，每个人都很愿意承认替代疗法可以起到安慰剂的作用。由于安慰剂效应本身确实有效，这就提出了一个问题，即某些疗法是否比其他疗法更有效，即使它们确实是安慰剂。有些疗法可能会带来更大的安慰剂效应，从而更有效地治愈患者。

循证医学与疗效比较研究

人们通常认为，唯一科学有效的临床试验是随机双盲安慰剂对照研究，即"黄金标准"方法。在双盲临床试验中，通过比较新药与安慰剂的有效性，对其进行测试。这些试验确实有助于区分治疗效果和安慰剂效果，但是不能提供许多患者和医疗机构所需的信息。

许多新药只是专利过期的常规药物的变体，这些常规药物比新药便宜得多。在这种情况下，比较新药与便宜得多的标准药物的有效性更为重要。正如本·格尔达克尔总结的那样，"通常情况下，即使已经有了有效的治疗方法，监管机构也很乐意看到一家公司仅仅证明自己的治疗方法比什么都不做要好，或者更确切地说，比一种没有药物成分的假安慰剂要好，而制药行业也很乐意越过这个低门槛"[60]。德国药物评估局（IQWiG）是为数不多的要求将新药与标准药物进行比较的监管机构之一。在2019年发表的一项基于216项新药评估的研究中，该机构发现，超过一半的新药与标准药物相比没有额外的益处，不到1%的新药显示出"额外的益处"。[61]制药公司在开发不必要的药物上花费了数十亿美元，在缺乏疗效比较研究的情况下，大量资金被浪费在昂贵的新药上，而这些新药并不比现有的、更便宜的药物更好。[62]

例如，如果我患有腰痛，我不想知道药物 X 在缓解这种情况方面是否比安慰剂更好，而是想知道我应该在各种可用的治疗方法中寻求哪一种，是主流的还是替代的，是物理治疗还是医生给我的药物，是针灸、正骨疗法还是其他什么治疗方法。

回答这个问题的最好方法是比较不同治疗方法的结果，在一个公平的竞争环境中尽可能公平地进行试验。这纯粹是实用主义的问题，即哪种更有效。例如，可以将一系列治疗方法随机分配给同样数量的腰痛患者，包括物理疗法、正骨疗法、脊椎按摩疗法、针灸和任何其他声称能够治疗这种疾病的治疗方法，还有一组根本得不到治疗，而是被列在等候名单上。在每个治疗组中，将有几个不同治疗方法的从业者，这样不仅可以比较不同的方法，而且可以比较任何特定方法的从业者之间的差异。

在治疗后，将以相同的方式定期评估所有患者的治疗结果。评判结果的有关指标将事先与有关治疗师商量好，然后对这些数据进行统计分析，以找出：

1. 哪种治疗方法（如果有的话）效果最好；
2. 哪些治疗方法在从业者之间的差异最大；
3. 哪些方法最具成本效益。

这类信息对患者和医疗服务的提供者（如英国国家医疗服务体系）都非常有用。类似的公平竞争方式也可以用于治疗其他常见疾病，包括偏头痛和唇疱疹。这种研究有时被称为疗效比较研究，相对简单且成本低廉。

例如，可以想象一下，顺势疗法被证明是治疗唇疱疹的最佳方法。怀疑论者会辩称，这仅仅是因为顺势疗法比其他疗法具有更强的安慰剂效应。但如果顺势疗法的确能发挥更强的安慰剂效应，那么这将是一个优势，而非劣势。顺势疗法确实有效，而且可能更便宜。

这种结果研究已经在一定程度上应用于医学领域，特别是在抑郁症和精神分裂症等精神障碍方面。许多精神科医生和制药公司认为现代抗抑郁药和抗精神病药可以"治愈"大脑中的化学失衡，但有些人认为，这些药物之所以有效，是因为它们是精神活性药物，而不是特定的治疗方法；它们会改变精神状态，其影响包括抑制情绪和智力活动。[63] 这些药物是有用的，但它们不是化学疗法。相比之下，心理治疗的效果更持久，无论心理治疗是否与药物联合使用。已经有数百项关于通过心理治疗而不是药物治疗抑郁症的结果研究，结果是明确的。欧文·基尔希总结说：

> 心理疗法对抑郁症的治疗有效，而且效果显著。在一对一的比较中，人们将心理治疗和抗抑郁药的短期效果相互比较，发现心理治疗的效果和药物一样好。不管这个人一开始有多抑郁，都是这种情况。……在评估其长期效果时，心理治疗甚至表现更好。以前的抑郁症患者在接受抗抑郁药物治疗后比接受心理治疗后更容易复发和再次抑郁。[64]

只有对不同类型治疗的有效性进行比较，这些重要结论才可能得出。只关注安慰剂对照药物试验的研究永远不会得出这些结论。

机械论医学的问题之一是其狭隘的视野以及对化学和手术方法的痴迷，导致其排斥所有其他方法。几十年来，物质主义世界观影响了医学院教授医学的方式，影响了对医学研究的资助，也影响了国家卫生服务和私人保险公司的政策。与此同时，药品变得越来越贵。

疗效比较研究可能会导向真正的循证医学体系，它将包括而不是排除不符合物质主义信仰体系的疗法。

永生的幻想

像大多数医生一样，大多数人都是务实的，但现代医学的核心是对科学和医学能力的现实期望与对身体不朽的梦想之间的张力关系。对于那些把科学进步视为一种宗教的人来说，科学征服死亡成为最终目标。

炼金术士们没能发现传说中的长生不老药，但一些狂热相信科学可以拯救人类的人相信，科学本身就能使一些人长生不老。

今天，在美国，有几家公司基于同样的目的提供先进的制冷系统。2019年，在液氮中保存全身的价格约为20万美元。"神经保存"的成本更低，冷冻被割下的头颅大约需要8万美元。[65]数百名美国人已经被冷冻，等待复活。宠物现在也可以冷冻，2019年，冷冻一只小狗或小猫的费用约为5 800美元。较大的狗费用会更贵。[66]

冷冻只是一种权宜之计，有些人希望死亡本身能很快被克服。2009年，未来学家雷·库兹韦尔（Ray Kurzweil）声称，由于纳米技术和纳米机器人可以使重要的器官得到更换，人类可能会在20年内实现长生不老。他说：

> 我和其他许多科学家相信，在大约20年内，我们将有办法重新编程我们身体的石器时代"软件"，这样我们就可以停止甚至逆转衰老。那样一来，纳米技术会让我们长生不老。最终，纳米机器人将取代血细胞，其工作效率将提高数千倍。在25年内，我们将能够在奥运会上进行15分钟不换气的冲刺，或者在没有氧气的情况下进行4小时的水肺潜水。……如果我们想进入虚拟现实模式，纳米机器人会关闭大脑信号，带我们去任何我们想去的地方。虚拟性爱将变得司空见惯。[67]

与此同时，为了延缓衰老过程，使自己能够活得足够长，以便从这些进步中受益，库兹韦尔在2018年每天服用大约100粒补充剂，[68]比2005年的250粒减少了150粒。[69]但是，除非他的梦想成真，否则我们都会死于某种原因，而死亡被推迟的时间越长，我们的生活就会变得越昂贵，对医疗的要求也就越高。

大多数医生对自己的能力持务实的态度，并认识到医学的力量是有限的。对一种疾病的征服，或者至少是发病率的降低，必然会增加其他疾病的死亡率。如果所有的心脏病都能预防或治愈，那么癌症的死亡率就会上升。如果所有的癌症都能治愈，那么其他原因造成的死亡率就会上升。随着新药和新技术变得越来越昂贵，随着越来越多的人活到老年，治疗费用越来越难以承受，即使在最富裕的国家也是如此。

死亡的方式

外科医生可以对肺癌患者进行手术，但他们不能从源头上阻止人们吸烟，从而减少人们患肺癌的可能性。他们可以给老年人做手术来替换衰竭的器官，但这种手术变得越来越危险和昂贵，而且延长寿命的时间非常有限。在美国，在为 65 岁以上老人支付医疗费用的医疗保险预算中，大约有 30% 花在了病人生命的最后一年，其中 78% 的支出发生在生命的最后一个月。[70]

一项由美国国家癌症研究所资助的研究比较了几种治疗晚期癌症的替代方案。有些患者接受了标准治疗，而没有被问及他们的偏好。还有一些患者则与他们的医生进行了"临终"对话，其中一个问题是："如果你可以选择，你会喜欢尽可能延长生命的治疗过程，即使这意味着更多的痛苦和不适，还是喜欢尽可能缓解疼痛和不适的护理计划，即使这意味着不能活那么久？"许多患者更倾向于第二种选择，因为他们不想死在重症监护室的呼吸机上。被给予这种选择的患者"在生命最后一周的医疗费用显著降低。成本越高，死亡质量越差"。[71] 在另一项研究中，在确诊后不久接受姑息治疗的转移性肺癌患者报告说，他们的生活质量更好，抑郁程度更低；平均而言，实际上他们比接受积极癌症治疗的患者存活的时间更长。[72]

临终关怀和姑息治疗提供了一种非常不同的面对死亡的方式。姑息治疗的重点是减轻和预防痛苦。绝症没有被视为需要极端干预的医疗危机，而是以一种帮助患者在情感、社会、精神和身体上为死亡做好准备的方式来照顾患者。

这有什么区别吗？

目前，我们有一个官方的国家资助的医疗系统，它价格昂贵，限制性强，而且深受强大的制药公司的影响，这些公司主要关心的是赚取巨额利润。这个系统取得了惊人的成功，但其大部分进展都发生在20世纪80年代之前。创新的速度正在放缓，而基因医学和生物技术的大部分承诺仍未实现。

如果国家放松对物质主义垄断地位的支持，科学和临床研究就可以关注信仰、信念、希望、恐惧和社会影响在健康和治疗中的作用。治疗系统可以根据其有效性进行比较，人们可以在专业顾问的帮助下选择可能对他们最有效的治疗系统。根据各自的效果，也可以对日常饮食、锻炼和预防性医学方案进行比较。安慰剂效应的本质和心理的作用已成为有效的研究领域，祈祷和冥想的效果也是如此。

综合性的医疗系统可以使人们过上更健康的生活。医生和病人可能会更深刻地意识到身体天生的治愈能力，并认识到希望和信念的重要性。更多的人可能会被问及他们希望如何死去，是在家里、在临终关怀医院还是在重症监护病房。

综合性的医学方法将建立在过去两个世纪巨大进步的基础之上，并将它们纳入一种范围更广、效果更好、成本更低的医学之中。

给物质主义者的问题

你有没有咨询过替代疗法的治疗师？如果没有，你会考虑这样做吗？
你会如何解释安慰剂效应？
你认为政府和保险公司应该如何应对不断上涨的医疗成本？
你认为政府是否应该资助不同疗法的效果比较研究，包括替代疗法？

第十章 机械论医学是唯一真正有效的医学吗?

总　结

现代医学取得了惊人的成功。它与免疫接种方案和公共卫生措施一起,降低了婴儿死亡率,改变了人们的生活,延长了预期寿命。它对人体物理和化学方面的关注导致了外科手术和药物的重大进步。但是由于物质主义的偏见,它尽可能地忽略了心理的影响。人们的希望和期望会影响他们从疾病、伤害或手术中的恢复,正如安慰剂效应定量显示的那样。对水疱的催眠诱导和对疣的"神奇"治疗也显示了信仰的力量。相反,绝望的感觉会抑制免疫系统的活动,导致受伤和手术后的恢复率较低。平均而言,患有心脏病的人如果结婚了,或者有一个亲密的朋友,或者养了一只宠物,就能更好地存活下去。经常参加宗教仪式往往会让人更健康并延长人的寿命,祈祷或冥想的人也往往比不参加此类活动的人生活得更健康、更长久。可见,许多心理、情感、社会和精神因素会影响人们的健康。饮食和日常生活方式也是如此。"肥胖流行病"和医疗保健成本的螺旋式上升正在迫使政府改变政策,但是劝诫和教育在改变人们的动机和行为方面收效甚微。替代和补充医学系统有时确实可以治愈病人,并不是所有的效果都可以单独归因于安慰剂效应。疗效比较研究提供了一种找到最有效方法的路径。所有的医疗系统都涉及安慰剂效应,有些系统可能比其他系统产生更多的安慰剂效应。当人们濒临死亡时,通过紧急手术干预来挽救生命的英勇尝试是昂贵的,而且往往是不合适的。如果可以选择,许多人宁愿选择姑息治疗,宁愿选择临终关怀而不是医院,即使他们可能会更早死去。一个包容性、综合性的医疗系统可能比一个排他性的机械系统更便宜、更有效。

第十一章
客观性的错觉

对于那些把科学理想化的人来说,科学家是客观性的缩影,不像其他人那样会被宗派分歧和幻想所奴役。科学家的思想不受身体、情感和社会义务的束缚,他们可以超越世俗的感官领域、摆脱主观性,仿佛可以从局外看到整个自然。他们通过数学来了解浩渺的空间和时间,甚至是我们以外的无数宇宙。不像陷入无休止冲突和争论的宗教,科学提供了对物质自然的真正理解,而物质自然是唯一的现实。科学家变成了一种比宗教的神职人员更高级的神职人员,而宗教的神职人员通过利用人类的无知和恐惧来维持他们的威望和权力。科学家是人类进步的先锋,引领人类走向更加美好、更加光明的世界。

大多数科学家都没有意识到塑造他们的社会角色和政治权力的神话、寓言和假设。这些信念是隐性的,而不是显性的,但是它们很强大,因为它们是习惯性的。如果它们是无意识的,那么就不能被质疑,而只要它们是集体的,由科学界共享,那么就没有动机去质疑它们。

在本书中,我已经表明,物质主义哲学或科学世界观并不是不可否认的客观真理。它是一个值得怀疑的信仰体系,已经被科学本身的发展所取代。在本章中,我将探讨去实体化知识(disembodied knowledge)

和科学客观性的神话，以及它们与科学家也是人这一显而易见的事实之间的冲突。科学是人类的活动。科学是唯一客观的这一假设不仅扭曲了公众对科学家的看法，也影响了科学家对自己的看法。客观性的错觉使科学家们倾向于欺骗和自我欺骗。它违背了追求真理的崇高理想。

萨满之旅和离身心智

从一开始，科学的说服力就不仅依赖于定量计算、理性和力量，还依赖于想象力的运用。这一点在约翰内斯·开普勒于1609年写的著名的书《梦，或月球天文学》(*Somnium, sive astronomia lunaris*) 中得到了最清晰的说明。他解释说，他写这本书的目的是"通过月球的例子，找到地球运动的论据"[1]。开普勒和其他地球绕太阳转的支持者——换句话说就是哥白尼的天文学体系——面临的最大问题之一是，我们感觉地球是静止的，而我们实际上看到的是太阳绕着地球转。

在这本书中，开普勒描绘了一次月球之旅，并描绘了从月球表面看到的宇宙。月球"在它的居民看来是静止的，而星星围绕着它转，就像地球在我们看来是静止的一样"[2]。书中的旅行者看到地球悬挂在太空中，绕地轴旋转。就这样，通过想象一次月球之旅，他使新的天文学成为可能。每一个见过地球仪的人都能从地球外面的角度看到地球，而这是第一批宇航员从太空回望地球之前从未有人真正看到过的。但是这种地球之外的视角远远早于哥白尼革命。希腊天文学家在公元前3世纪就已经断定地球是球形的，并开始制作地球仪。[3] 开普勒的言论的新奇之处不是从地球之外看到地球，而是看到它在旋转。

开普勒笔下的观察者之所以能够去月球，是因为他是一个无实体的灵魂，一个依靠意志力旅行的精灵，带着习惯于飞行的人类，尤其是"干瘪的老太婆，从小就穿着破旧的斗篷，骑在山羊或干草叉上，在夜里跋山跋水"[4]。在开普勒的故事中，叙述者是由一位在冰岛赫克拉火山斜坡上采集草药的女智者介绍给这个精灵的。在发生月食期间，前往月球的旅者从那里出发，在地球的阴影中航行，以躲开太阳灼热的光线。这个故事给开普勒带来了很大的麻烦。在他写作《梦，或月球天文学》的年代，人们笃信巫术，普遍认为女巫可以像精灵一样飞翔。事实上，正是这种观点的盛行使开普勒认为这将是一种有说服力的文学手段。在开普勒的家乡德国莱昂伯格，当开普勒尚未出版的书的消息泄露出去时，几名妇女刚刚被当作女巫烧死。他的母亲凯瑟琳·开普勒（Katherina Kepler）被指控使用巫术，被捕入狱，开普勒不得不花几年时间保护她免遭处决。[5]

离身心智的思想很快就成为机械科学的核心特征。笛卡尔在他的《沉思录》(*Meditations*，1641年）中把"我思故我在"作为其哲学的第一原则，并由此推论出他的心智灵是脱离实体的：

> 由此我知道我是一个实体，它的全部本质或本性只是思考，它不需要任何地方，也不依赖于任何物质的东西来存在。因此，这个"我"——也就是我赖以成为我的灵魂——与身体完全不同，而且确实比身体更容易被认识，即使身体不存在，它也不会消失。[6]

他的心智像上帝一样，是不朽的。他可以通过理性认识自然规律，并参与上帝的数学思维。相比之下，他的身体是物质的，就像所有其他物质一样，是无意识的、机械的。

科学变成了一种超然的视角，科学家的思想在某种程度上是脱离实体的。这就是为什么史蒂芬·霍金在大众的想象中是一个如此标志性的人物。由于疾病带来的不幸，他最接近于脱离实体的心智。他的畅销书《时间简史》(*A Brief History of Time*，1988年）的封面上引用了《时代》杂志的一段话："虽然他无助地坐在轮椅上，但他的思想似乎也比以往任何时候都更加辉煌地飞越浩瀚的时空，揭开宇宙的秘密。"

这种离身心智的形象让人想起了萨满的幻化之旅，他们的灵魂能够以动物的形式进入地下世界，或者像鸟一样飞上天空。像萨满的灵魂一样，科学家的思想可以飞到遥远的天空。他可以从天上回望，从外面观察地球、太阳系、我们的银河系,甚至整个宇宙。他也可以从另一个方向进入非常小的领域,进入物质的最微小的深处。

思想实验在科学中发挥着重要的作用,最著名的例子是阿尔伯特·爱因斯坦想象自己在一束光的旁边奔跑。他意识到,从一个以光速旅行的离身心智的观点来看,光似乎是静止的,没有时间流逝。他用多年的时间思考这种想象中的离身体验。1896年,16岁的他第一次开始思考这个问题,这对其相对论的提出发挥了至关重要的作用。[7]

虽然只有像开普勒和爱因斯坦这样杰出的科学家才能运用他们的想象力,但离身的客观知识是一种理想,它将科学与其他形式的人类认知区分开来。

在19世纪,物质主义者相信物理学能够给物质下一个清晰的定义,把心智完全排除在外。但随着20世纪20年代量子理论的发展,这种假设变得站不住脚了。观察需要观察者,而实验的方式会影响实验的结果。这是显而易见的,但在量子理论发展之前,物理学家试图假装他们没有参与自己的实验。正如物理学家伯纳德·德斯帕纳特(Bernard d'Espagnat)在1976年所表达的那样,在19世纪后半叶:

> 物理学家认为他们能够定义物质(所有原子和场的集合),并相信他们可以在不涉及观察者意识状态的情况下阐述他们的科学。因此,当时的思想家有理由相信,这样定义的"物质"确实是唯一的、原始的实在。然而,现在的情况完全不同了。……物理学原理本身已经发生了巨大的变化,如果不参考(尽管在某些情况下只是含蓄地)观察者的印象(也就是他们的心智),甚至无法被表述出来。因此,唯物主义必然会发生变化。[8]

然而,物理学家和其他科学家继续在他们的报告中使用被动语态。正如我下面所讨论的,现在情况正在发生变化,但在科学的流行形象中,在许多科学教育中,被动语态仍然被用来维持一种离身的客观性的幻觉。

洞穴的寓言

在柏拉图著名的洞穴寓言中，囚徒们被锁在墙上，只能看到墙上混乱的影子。他们受制于各种意见、幻觉和冲突。哲学家就像一个从洞穴中挣脱出来并看到了真实现实的囚徒。

正如科学社会学家布鲁诺·拉图尔在他的书《自然的政治》(*The Politics of Nature*，2009 年) 中指出的那样，这个寓言在科学领域获得了新生。对柏拉图来说，洞穴的寓言暗示了一场超越身体和感官领域的旅行，进入了一个非物质的理念领域。但是这个寓言的意义已经被滥用了，对于物质主义者来说，客观现实不是理念域，而是数学化的物质。在这个寓言的现代版本中，只有科学家可以走出洞穴，观察真实的现实，然后回到洞穴，把这些知识传授给被其他观点所迷惑的其余的人类。只有科学家才能看到现实和真理。"如果哲学家以及后来的科学家想要接受真理，就必须把自己从社会维度、公共生活、政治、主观感受、民众骚动的暴政中解放出来——简而言之，从黑暗的洞穴中解放出来。"在洞穴里，其余的人类被多元文化、冲突和政治所困。

> 洞穴的寓言使我们有可能一下子创造出一种科学观念和作为其陪衬的社会观念。……这两种对立的东西都结合在一个英雄人物身上，他既是哲学家，又是科学家，既是立法者，又是救世主。虽然真理的世界与社会世界是绝对不同的，而不是相对不同的，但是科学家可以在这两个世界之间自由往返，对其他所有人关闭的通道只对他开放。……正如我们所知的那样，在最初的寓言中，哲学家费了很大的劲才挣断了把他拴在阴暗世界的锁链。……今天，庞大的预算、庞大的实验室、庞大的企业和强大的设备使研究人员能够安全地在社会世界和理念世界之间穿梭，从理念世界进入黑暗的洞穴，带去光明。那扇狭窄的门已经变成了一条宽阔的林荫大道。[9]

洞穴的寓言与离身知识的幻想一起，暗中支持科学客观性的理想，但是科学家们本人的行为却更加模棱两可。

科学家的人性

在我认识的许多科学家中，有些人野心勃勃，有些人善良慷慨；有些人迂腐乏味，有些人投机取巧；有人目光短浅，有人高瞻远瞩；有人懦弱胆小，有人勇敢无畏；有的一丝不苟，有的粗心大意；有的诚实守信，有的谎话连篇；有的遮遮掩掩，有的开诚布公；有些另辟蹊径，有些因循守旧。换句话说，他们都是人。和其他职业的人一样，他们也各不相同。

通过研究科学家的行为，科学社会学家发现科学家确实和其他人一样。他们受制于社会力量和同侪群体的压力，他们需要接受、资助，如果可能的话，还需要政治影响。他们的成功并不仅仅取决于他们理论的独创性或他们所发现的事实。这些事实本身不能说明问题。要想取得成功，科学家需要有修辞技巧，以建立联盟并赢得他人的支持。[10]

科学历史学家托马斯·库恩已经表明，"常规科学"（normal science）是在一个由假设和商定的实践组成的共同框架内进行的，这是一种范式。反常现象通常会被忽略或解释掉。当科学家面对与自己的信仰相悖的证据或观点时，他们往往会固执己见、教条主义。他们通常会忽略自己不想处理的事情。就像科学社会学家哈里·柯林斯（Harry Collins）和特雷弗·平奇（Trevor Pinch）所说的那样："对于可能会带来麻烦的想法，视而不见是一种最方便的处理方式。"[11]"实验结果的意义不仅取决于它的设计和实施过程，还取决于人们愿意相信什么。"[12]

在对立的科学家之间的争论中，实验结果本身很少是决定性的。事实本身不能说明问题，因为人们对这些事实没有形成共识。也许是方法有缺陷，也许是仪器有问题，也许是数据被错误地解释了。当新的共识被建立起来时，这些争议就会退到后台，"正确"的结果被接受，使得类似的结果更容易被认为是正确的。

在这方面，基本常数的确定就是一个很好的例子。从 1928 年到 1945 年，光速 c 明显下降了每秒 20 公里，世界各地的实验室都报告了接近共识值的测量结果。但是当 c 再次上升时，实验室也相应接受了新的共识值（见第三章）。光速真的发生变化了吗？数据显示，事实确实如此。但是从理论上讲，光速不可能真的发生变化，因为它被认为是一个基本常数。因此，共识值肯定存在缺陷。科学家们可能会放弃不合适的测量结果，并"修正"其余的数值，直到它们趋近于期望值，这是第三章中所提到的"智力相位锁定"的结果。

1972 年，一个国际委员会确定了光速的定义，结束了这种令人尴尬的变化。但其他常数一直在发生变化，尤其是万有引力常数 G。那么 G 真的会变化吗？事实本身并不能说明问题，因为大多数测量结果都没有公布。在个别实验室中，研究人员丢弃不合适的数据，通过对选定的测量值进行平均来得出最终值。一个由专家组成的国际委员会选择、调整和平均来自不同实验室的数据，以得出国际公认的 G 的"最佳值"。以前的"最佳值"被束之高阁，尘封在科学档案中。[13]

任何真正从事过科学研究的人都知道，数据是不确定的，数据在很大程度上取决于解读数据的方法，而且所有的方法都有其局限性。科学家们习惯于让匿名的同行审稿人仔细审查和批评他们的数据和解释。他们通常很清楚自己所在领域知识的不确定性和局限性。

客观性的幻觉因距离的存在而增强。生物学家、心理学家和社会科学家对物理学的羡慕众所周知，他们认为物理学远比他们自己的领域更加客观和精确，因为他们所在的领域相当混乱，存在着太多的不确定性。在外界看来，计量学这个与基本常数有关的物理学分支似乎是一片确定性的绿洲。但是计量学家本人却并不这样认为，而是专注于测量结果的变化、对不同方法可靠性的争论以及不同实验室之间的争论。与研究植物、老鼠或思维的科学家相比，他们的精确度更高，但他们的"最佳值"仍然是通过主观评估过程得出的共识值。

距离越远，错觉就越强烈。那些最容易把科学家的客观性理想化的人，是那些对科学几乎一无所知的人，对他们来说，科学已经成为一种宗教，成为他们得救的希望。

主动语态

为了强调科学的特殊地位，科学家们采用了一种特殊的写作风格，这种风格在19世纪后期开始流行，今天在许多科学报告中仍然可以看到。他们用被动语态写作，仿佛他们是冷静的、没有实体的观察者，事件在他们面前自然展开。他们不说"我拿起来一根试管"，而是说"一根试管被拿起来"；不说"我观察到"，而是说"这被观察到"；不说某人思考的结果，而是说"这被认为是"。所有的研究科学家都知道，用被动语态写作是做作的，他们不是离身的观察者，而是做研究的人。技术官僚会使用被动语态，以便赋予他们的报告一种科学权威的样子，把观点伪装成客观事实。

直到19世纪末，被动语态才在科学界流行起来。以前，艾萨克·牛顿、迈克尔·法拉第和查尔斯·达尔文等科学家都使用主动语态。被动语态的引入是为了使科学看起来更加客观和专业。它在科学文献中的全盛时期是1920年到1970年。但时代在变，到了20世纪70年代和80年代，许多科学家放弃了这个惯例。

1999年，我惊讶地在11岁儿子的科学笔记本上读到："试管被加热并被仔细地闻了闻。"在小学时，他科学报告中的语言一直非常生动，但是到了中学时，他的语言就变得生硬和做作了。他的老师告诉他要这样写，并给了他一张样式表让他抄写。

我原以为学校几年前就已经放弃了这种做法，所以很想知道这种做法还有多普遍。2000年，我对英国172所中学进行了一项调查，以了解有多少中学还在坚持被动语态的使用。总体而言，42%的学校仍推崇被动语态，45%推崇主动语态，13%没有特殊的偏好。[14]

大多数要求学生使用被动语态的老师说他们只是遵循惯例。没有人对此充满热情。他们之所以会这样教，完全是出于一种责任感，因为他们认为顶尖的科学家和期刊有这样的要求。有些老师认为这是考试委员会的要求，但事实并非如此。我发现英国所有的考试委员会都接受使用主动语态或被动语态的报告。[15]

我还发现，大多数科学期刊都接受使用主动语态的论文，包括《自然》在内的一些刊物积极鼓励这种做法。我调查了55种物理学和生物科学领域的期刊，发现只有两种要求使用被动语态。

当英国皇家学会主席梅勋爵（Lord May）读到我对学校科学教学的调查结果时，他对这么多人喜欢被动语态感到"震惊"。他说："我强烈地认为，如今在研究论文中使用被动语态是二流作品的标志。""从长远来看，直接的方法比学究式地假装某种非人格的力量正在进行研究更能赋予权威。"[16] 梅的观点得到了许多其他著名科学家的认同，其中包括皇家天文学家马丁·里斯（他接替梅勋爵担任皇家学会主席），以及当时的美国国家科学院院长布鲁斯·阿尔伯茨（Bruce Alberts）。

然而，旧习难改，许多学校的科学老师仍然坚持让学生用被动语态写作。根据2010年的一项调查，英国30%的中学科学教师仍坚持让学生使用被动语态。[17] 这是一种过时的做法。梅勋爵说："中小学教师应该毫无保留地鼓励所有学生用主动语态写作。"[18]

在科学报告中从被动语态转换为主动语态是一个简单的改革。不需要任何成本，此举就能使科学写作更加真实、更具可读性。

科学家的伪装

彼得·梅达沃（Peter Medawar）是一位口才很好的英国生物学家，曾获得诺贝尔生理学或医学奖。1963年，在英国广播公司电台的一次诙谐谈话中，他问道："科学论文是欺诈吗？"然后他回答说："是的。"他指的不是欺诈性的数据，而是科学论文的传统写作方式。无论是过去还是现在，在科学期刊上，文章的标准格式都是以一个听起来中立的引言开始，阐述问题并参考早期的研究，然后是方法部分，之后是结果，最后是讨论。正如梅达沃所描述的那样：

> "结果"部分由一系列事实信息组成，在这一部分中讨论你得到的结果的重要性被认为是非常不恰当的。你必须坚定地假装自己的思想就像一个空的容器，接收来自外部世界的信息，而信息流入的原因并非你自己所揭示的。你把所有对科学证据的评价保留到"讨论"部分，在这一部分中，你采取了可笑的伪装，问自己你收集的信息是否真的有什么意义。

梅达沃指出，这一程序至今仍是标准的程序，它让人对科学的运作方式产生一种完全错误的印象，认为科学家收集事实，然后从中得出一般性的结论。事实上，科学家们从一个期望或假设开始，这些期望或假设为探究提供了动机。只有基于这些期望，一些观察才被认为是相关的，而另一些则不是；有些方法被选择，有些方法被抛弃；有些实验被进行，有些没有。梅达沃提出了一个更诚实的方法：把讨论放在开头。他说：

> 科学事实和科学行为跟在"讨论"后面；科学家们不应该羞于承认（他们中的许多人显然羞于承认），假设会在他们的思维中沿着未知的思路出现；它们具有想象性和启发性；它们实际上是心灵的冒险。[19]

实验者如何影响实验结果

大多数医学研究人员都很清楚，他们的信念和期望会影响他们的实验结果，这就是为什么许多临床试验是双盲进行的：研究人员和患者都不知道谁接受了哪种治疗（见第十章）。

实验者效应在实验心理学中也是众所周知的。这个原理在一个经典的实验中得到了说明，在这个实验中，实验者训练了一群心理学研究生来进行罗尔沙赫氏试验，他们被要求识别墨迹图案。实验人员告诉其中一半学生，有经验的心理学家看到的多是人类图像，而不是动物图像。他们告诉另外一半学生的与此相反。果然，当他们进行测试时，第二组比第一组看到了更多的动物图像。[20]

即使在动物实验中，实验者的期望也会影响结果。在哈佛大学的一个经典实验中，罗伯特·罗森塔尔（Robert Rosenthal）和他的同事们让学生们在标准迷宫中测试老鼠，要求他们比较两种由几代选择性育种产生的老鼠在迷宫中的表现。但他们故意欺骗了学生。事实上，这些老鼠来自一个标准的实验室品种，被随机分为两组，分别标记为"聪明的"和"迟钝的"。

学生们相信了老师的话，他们期望聪明的老鼠比迟钝的老鼠学得好。果然，他们发现"聪明"的老鼠比"迟钝"的老鼠学得快得多。[21] 由于两组老鼠或多或少是相同的，这些巨大的差异一定是由学生的不同期望造成的。

虽然实验者期望效应在心理学和医学中得到广泛承认，但在"硬科学"中，大多数科学家认为它们是无关紧要的。他们想当然地认为，自己的期望对实验和数据记录没有任何影响。

从1996年到1998年，我对发表在主要科学期刊上的1 500多篇论文进行了调查，以了解研究人员使用盲法的频率。后来，卡罗琳·瓦特（Caroline Watt）和马林·纳格特加尔（Marleen Nagtegaal）选择不同的期刊重复了这项调查（见表11.1）。

表11.1 谢尔德雷克（1999c）与瓦特和纳格特加尔（2004）在两次独立调查中对不同科学领域采用盲法的论文百分比的比较

研究领域	谢尔德雷克采用盲法的论文百分比[22]	瓦特和纳格特加尔采用盲法的论文百分比[23]
物理科学	0	0.5%
生物科学	0.8%	2.4%
动物行为学	2.8%	9.3%

(续表)

研究领域	谢尔德雷克采用盲法的论文百分比[22]	瓦特和纳格特加尔采用盲法的论文百分比[23]
实验心理学	7.0%	22.5%
医学	24.2%	36.8%
超心理学	85.2%	79.1%

在大多数领域，瓦特和纳格特加尔发现的采用盲法的论文的比例都比我高，只有在超心理学领域的比例略低。但是两次调查都发现，在物理科学领域，几乎没有研究采用盲法；在生物科学领域，采用盲法的研究很少，还不到2.5%。即使在实验心理学、动物行为学和医学这些实验者的期望效应得到广泛承认的领域，也有少数研究使用了盲法。在所有学科中，使用盲法比例最高的是超心理学。

我还组织了对11所英国大学55个系的高级研究人员的电话调查，其中包括牛津大学、剑桥大学、爱丁堡大学和伦敦帝国理工学院。我的研究助理简·特尼（Jane Turney）通过电话进行了采访。她问这些教授或其他资深科学家，他们系里是否有人使用盲法，以及他们是否教过学生这种方法。

一些科学家不知道"盲法"一词是什么意思。大多数人都知道盲法，但他们说，只有在临床研究或心理学中盲法才是必要的。他们认为盲法是用来避免受试者带来的偏见的。物理学家和生物学家最普遍的观点是，盲法是不必要的，因为正如一位研究人员所说的那样，"自然本身就是盲目的"。一位化学教授补充说："科学本身就已经很难了，如果不知道自己在做什么，就会变得更加困难。"

在23个物理系和化学系中，只有一个系使用盲法，并向学生讲授盲法。在生物科学的42个系中，有12个（29%）有时使用盲法并讲授该方法。[24]但只有在特殊情况下，盲法才会被常规使用。我的调查揭示了三个例子，它们都涉及工业合同，要求大学里的科学家在不知道其身份的情况下评估编码样本。[25]

迄今为止的讨论涉及在盲态情况下收集数据。即使是使用这种方法的科学家，通常也不会用盲法来分析他们的结果，而且很容易放弃与他们的预期不一致的结果。盲法分析是一种更深层次的盲法，在大多数科学领域几乎不为人知，但粒子物理学和宇宙学等子领域的一些研究人员正在推动对研究结果的盲态分析。他们指出，偏见和对数据的选择性使用太常见了，并主张在向实验人员透露相关结果之前做出所有分析决策，运行所有调试程序。然而，他们认识到，说服科学家放弃提出令人满意的（尽管可能是错误的）结果可能是非常困难的。[26]

实验者效应的实验检验

在大多数科学领域，盲法是不必要的这一假设十分常见，因此值得检验。[27] 在实验科学的所有分支中，我们都可以问：实验者的期望是否会像自我实现的预言一样，在收集、分析和解释数据时引入有意识或无意识的偏见？

有一个简单的方法可以让我们找到答案，那就是对实验做实验。找一个典型的包括一个测试样本和一个对照样本的实验，例如，生化实验中被抑制的酶和未被抑制的酶之间的对照实验。然后像往常一样进行实验，实验者知道哪个样本是哪个。同时在盲态条件下用标记为 A 和 B 的样品做实验。例如，在学生的实践课上，一半的学生会做盲态实验，而另一半则知道哪个样本是哪个样本。如果在盲态和开放条件下的结果没有显著差异，则说明盲法是不必要的。如果两个结果存在显著差异，则表明实验者效应是存在的，需要做进一步的研究来找出这些效应是如何发生的。

这个实验不需要花费任何费用，只需要给样品贴上不同的标签，在各类学校的实验课上很容易做到。当我第一次提出这个简单的实验时，[28] 我天真地认为，那些花费大量时间坚持科学客观性的怀疑论者会对这个问题特别感兴趣。因此，我在《怀疑探索者》[29]和《怀疑主义者》[30] 上发起了一项呼吁，要求在大学工作的人参与到这项研究中来。结果却应者寥寥。理查德·怀斯曼（Richard Wiseman）本人也是怀疑论者，他和卡罗琳·瓦特在《怀疑探索者》[31]上发起了另一项呼吁，但同样没有得到多少回应。

有一次，当英国一所一流学校的一位物理老师同意在他最后一届学生中进行测试时，我看到了希望。但他必须征得科学主任的同意，他让我去见主任，向主任解释我的想法。科学主任的回答很有启发性。他说："学生们当然会受到自己期望的影响。这就是科学教育的意义所在。很明显，他们会努力得到正确的结果。这个实验会引起很多麻烦，我不想在我的学校里引起麻烦。"

这些话直截了当、开诚布公，因此对我很有启发。我意识到，所有的专业科学家都花了数年时间在中小学和大学里上实验课，接受训练，以获得预期的结果。

在剑桥大学（讲授细胞生物学和生物化学）的十年和哈佛大学（讲授生物学）的一年时间里，我在实验课上教授学生做标准实验，其结果是事先就知道的。但总有一些学生没有得到"正确"的结果。每个学生都简单地认为他们犯了错误。有些学生往往不擅长获得标准结果，我想他们毕业时的成绩很差，因此不太可能从事科学研究。那些成为专业科学家的人，经过多年的实验室实践教育，表现出了获得正确结果的可靠能力。

虽然实验者效应通常是由观察和记录结果的偏差造成的，但实验者可能会影响实验本身。当实验涉及人类受试者时，这一点很容易理解，因为受试者很可能会对实验者的期望和态度做出反应。罗森塔尔用哈佛大学学生对老鼠进行的经典实验表明，对待动物的方式也会影响动物。但还有一种更激进的可能性，即在不确定的研究环境中，实验者的期望可能会通过心灵影响或念力直接影响被调查的系统。例如，如果数百名高素质的物理学家期望从粒子加速器中发生的不确定事件中找到一个消失的粒子，他们的期望会影响这些量子事件吗？科学家们的期望是否也会影响到更普通的实验的结果呢？

这些可能看起来很牵强，而且讨论它们通常被对心灵现象的禁忌所阻止。但我认为重要的是调查而不是压制这个问题。实验室里流传着许多这样的故事，说有些人能带来神秘的效果。有时他们带来的是负面影响，或厄运。其中最著名的例子就是所谓的泡利效应，以诺贝尔物理学奖得主沃尔夫冈·泡利（Wolfgang Pauli，1900—1958）的名字命名。他曾因为一出现就造成实验室设备故障而出名。由于担心这种影响，他的朋友、实验物理学家奥托·斯特恩（Otto Stern）禁止泡利进入他在汉堡的实验室。泡利本人也相信这种效应是真实的，他担心自己可能在无意中导致了普林斯顿大学回旋加速器的燃烧，当时他就在附近。[32]

有时，心灵影响是正面的。一位来自美国一所重点大学的生物化学教授告诉我，他成功的部分秘诀在于，他能比同事更好地纯化蛋白质分子。他说，当一个混合蛋白质的样品被分离时，他待在冷室里的设备旁，口中说着"分离"，利用意念的力量，让设备分离得更纯。

这是一种个人迷信吗，还是真的会对实验本身产生什么影响呢？这个问题同样可以用实验来探究。例如，可以给两台相同的设备装上相同的蛋白质混合物。在分离过程中，随机挑选其中一台设备，让教授陪在旁边。与此同时，另一台设备将被独自放在另一个冷室里。然后将这些分离过程进行比较，看看是否有什么差异。我试图说服这位教授自己做这个实验，但是他不愿意尝试。虽然他很好奇，但他不能冒险让自己的信誉和事业受到损害。

所谓的"硬科学"的客观性是一个未经检验的假设。在物理学、化学和生物学的大多数分支中，都存在着一种关于实验者期望效应的科学阴谋。认为它们仅限于临床研究、人类心理学和动物行为的假设很可能是不正确的。

另一个问题是，科学家通常只公布他们数据的一小部分。如果他们精心挑选符合他们假设的结果，这将引入另一种偏见来源，有时被称为"发表偏见"，有时被称为"文件柜效应"，因为负面结果会被留在文件柜中（见第九章）。

固有的出版偏见

就像第九章中所讨论的那样,在所有的科学研究领域中,超心理学受到怀疑论者最严厉、最持久的审查。怀疑论者有强烈的动机去否定任何正面的发现,并有一连串现成的反对理由:有缺陷的方法、欺诈、实验者效应或选择性地发表正面的结果。因为超心理学家非常清楚这些标准的批评,所以他们非常小心,尽可能严格地进行实验。在表 11.1 总结的调查中,超心理学家使用盲法的比例远远高于其他任何科学分支的研究人员。超心理学家在发表负面结果和控制所谓的"文件柜效应"方面也要严格得多。[33]

怀疑论者正确地指出了超心理学研究中的这些可能的错误来源,他们的持续审查有利于保证该学科的研究标准。但是,同样的怀疑原则也应该适用于其他科学领域。发表在物理、化学和生物领域的研究成果占多大比例?似乎没有关于这个问题的研究,但是根据我本人进行的非正式调查,在大多数科目中,这一比例似乎在 5% 至 10% 左右。

科学家更有可能发表他们的"最佳"结果,而不是负面或不确定的发现。我们在第十章看到了一个例子:百忧解的制造商礼来公司只公布了临床试验的正面结果,而不公布负面结果。此外,科学期刊通常也不愿意发表负面结果。其影响是巨大的。正如本·戈尔达克尔所说的那样,"整个科学领域都面临着发布虚假的正面发现的风险"[34]。

发布的数据必须通过三次选择性的过滤。当实验人员决定发表某些结果而不是其他结果时,他们就会对数据进行第一次过滤;第二次过滤是期刊编辑只考虑某些类型的结果有资格发表;第三次过滤是同行评审过程,这确保了预期结果比意外结果更有可能被批准发表。

如果企业只被要求公布 10% 的账目,它们可能会公布那些可以让自己的业务看起来尽可能有利可图、管理得尽可能好的账目。相反,如果它们只需要向税务机关提交 10% 的账户,它们往往会提交与他们最不赚钱的活动相关的账目。压制 90% 的数据为选择性报道提供了很大的空间。

以盈利为目的的科学出版

在学术界，晋升、拨款、职业前景、大学院系甚至整个大学的地位，都取决于在同行评议的期刊上发表的科学论文。发表的论文越多越好，期刊的级别越高越好。期刊的级别是根据其引用索引和影响因子来量化的。引用索引是基于期刊中有多少论文被其他出版物引用。影响因子是基于期刊中最近文章的年平均引用次数。这些测量科学成就的方法被称为文献计量学。

这一体系激励着科学家发表具有正面结果和惊人结论的论文。期刊本身也有类似的动机去发表具有高影响力的论文。这一制度的一个效果是鼓励和奖励有选择地发表正面的数据。另一个影响是阻碍原创的、冒险的研究。在一个很少有人涉足的新领域工作，意味着被引用次数和影响力会很少，而这会对研究者的职业生涯产生毁灭性的影响。在2017年发表的一项研究中，许多科学家表示，他们不敢提出大胆的项目申请资助，因为他们需要源源不断地发表高影响力的论文。科学评审小组和科学委员会的成员经常哀叹研究人员不愿冒险。但与此同时，他们经常使用文献计量学的测量方法，从而导致了他们所谴责的问题。[35]

少数期刊是由非营利性科学学会出版的，比如由皇家学会出版的《皇家学会学报》，有些由专业机构出版，如由英国医学协会出版的《英国医学杂志》。但是，成千上万的科学期刊中的大多数现在都被少数几个高利润的出版集团所拥有，比如爱思唯尔（Elsevier，拥有2 500种期刊[36]）和施普林格（Springer，拥有3 000种期刊[37]）。科学出版之所以特别有利可图，是因为它依赖于作者免费撰写论文，或付费发表论文，以及同行评议人员免费工作。然后，科学图书馆不得不为订阅这些期刊支付高昂的费用。如果你不属于订阅某一特定期刊的机构，可以在网上搜索，然后必须支付费用——通常是35美元或更多——才能阅读一篇只有几页长的论文。政府和大学首先支付大部分的研究费用，支付同行评议人员的薪水，然后支付图书馆购买出版成果的费用，而出版商拿走了所有的利润。

臭名昭著的英国大亨罗伯特·麦克斯韦尔（Robert Maxwell）在20世纪50年代发明了这台赚钱机器。到了1965年，他的公司帕加蒙出版社（Pergamon Press）出版了150种期刊。他本人创办了几十种新期刊，通常都有令人印象深刻的名字，比如《国际……期刊》。他意识到科学家想要并且需要国际声望。正如一位评论员所言："在其他人意识到这个市场存在之前，他已经将其垄断了。"1991年，他把帕加蒙出版社卖给了他的主要竞争对手爱思唯尔。不久之后，他神秘地去世了——在他的私人游艇附近溺水身亡——此前有报道发现他从他控制的养老基金中偷走了4亿多英镑。[38]

其他人纷纷效仿麦克斯韦尔。同样的制度从科学期刊扩展到一般的学术期刊。学术出版市场现在由几家跨国公司主导。2015年，爱思唯尔拥有科学期刊24%的市场份额，而总部位于德国的施普林格拥有12%的市场份额。施普林格现在是《自然》及其旗下自然期刊集团的所有者。

在互联网的背景下，出版商推出了一项"新政"。2009年，爱思唯尔每年向康奈尔大学收费200万美元，以便任何学生或教授都可以从其任何期刊上下载任何论文。其他大学也做了类似的交易。

包括印度、巴西、中国、日本和韩国在内，世界各地的科学家都是以文献计量学的方式排名的，他们需要在科学期刊上发表尽可能多的论文。印度、中国和其他地方的出版公司推出了许多新期刊，以利用这个不断增长的市场。这些新期刊大多数都是开放获取的，在网上发表。它们通过向发表论文的作者收费来赚钱。

最近的一项估计显示，全球科学期刊的数量约为2.8万份，每年共发表约180万篇文章。[39]越来越多的学术期刊采用这样一种商业模式，即主动向渴望推动自己职业发展的科学家征稿，并在付费的前提下发布这些稿件，而不经过同行评审，或者只进行最为草率的评审。这样的期刊如今被广泛称为"掠夺性期刊"（predatory journals）。有些甚至虚假宣称他们的编辑委员会中有一些声望很高的科学家，但事实上这些科学家

可能并不知情，也没有同意加入。⁴⁰

虽然一些出版公司的行为比其他公司更恶劣，但所有这些商业公司本质上都是唯利是图的。它们的目标是获取利润。它们主要关心的不是它们发表的研究的质量或可复制性。

大多数科学期刊的发行量很小，广告收入在它们的总收入中只占很小的一部分，或者根本就没有。其他期刊拥有庞大的订阅量，定价合理，刊登了大量广告，如《自然》和《科学》。爱思唯尔旗下的《柳叶刀》和《新英格兰医学杂志》等医学期刊也是如此。制药公司在广告上花了大量的钱，医学期刊是主要的平台。

有多少编辑是完全独立的，能够抵抗制药公司在其期刊上做广告的压力？编辑们似乎无法控制广告本身。在对2003年至2005年主要医学期刊的一项研究中，所有声称有疗效的药物广告都与广告本身所引用的科学文献进行了对照。这些科学论文只支持了广告中一半的主张。但至少在英国，这些公司没有义务在做出虚假声明之后发布纠正声明。它们可以自由地在一些权威的医学期刊上发表一些可能误导读者的陈述，而这些期刊的受众主要是对科学证据感兴趣的医学专业人员。⁴¹ 期刊本身容忍这种行为，因为广告是其所有者的主要收入来源。

科学欺诈和欺骗

与医生、律师和其他专业人士一样，科学家通常会抵制外界对其行为进行监管的企图。他们为自己的控制系统感到自豪，这包括三个方面：

1. 工作和资助的申请都要经过同行评审，以确保研究人员和他们的项目得到他们所在领域专业人士的认可。
2. 提交给科学期刊的论文要经过同行评审，并且必须通过通常是匿名的专家评审的严格审查。
3. 所有已经发表的结果都可以被独立复制。

同行评审和评审程序确实可以作为重要的质量检查程序，而且通常是有效的，但它们往往倾向于预期的结果和传统的程序。另外，实验结果很少会被独立复制。人们通常没有动机去重复别人的工作。即使进行了精确的复制，也很难发表，因为科学期刊更喜欢原创研究。一般来说，只有当研究结果非常重要，或者有其他理由怀疑存在欺诈行为时，科学家才会试图复制他人的研究结果。

另一项保障措施是，当其他科学家要求查看研究人员的原始数据以便重新分析时，为了公开起见，研究人员就会提供数据。然而在最近的一项系统研究中，阿姆斯特丹大学的一些荷兰心理学家联系了在主要心理学期刊上发表的 141 篇论文的作者，要求获得原始数据，以便重新分析。所有这些期刊都要求作者签署一份承诺书，保证他们"不会向其他有能力的专业人士隐瞒其结论所依据的数据"。经过 6 个月时间，发送了 400 封电子邮件后，阿姆斯特丹大学的研究人员仅从 29% 的作者那里收到了数据。[42]

当我向对与我的研究密切相关的领域提出质疑的科学家索要数据时，他们拒绝提供，要么说这些数据"难以获取"，要么说他们计划自己重新分析这些数据（但从未这样做过）。

新食品、新药物和杀虫剂的安全测试是少数几个受到有限外部监督的科学领域。在美国，每年有成千上万的结果由工业界提交给食品和药物管理局或环境保护局进行审查。这两个机构的检查员不断发现伪造的数据。[43]

在不受监管的科学腹地，欺诈行为很少被同行评议、评审或独立复制等官方机制曝光。大多数案件是由于同事或竞争对手的举报而曝光的，通常是出于个人不满。当这种情况发生时，掌权者的典型反应是试图掩盖。如果欺诈的指控没有被推翻，如果证据过于确凿，就会进行正式调查，结果是有人被判有罪并被解雇，名誉扫地。[44]

也许，许多欺诈案件确实被掩盖了。掌权者对于保护其机构的声誉、保护科学本身的形象有着强烈的动机。哲学家丹尼尔·丹尼特认为，信仰本身就是一种社会力量，对信仰的信念在维持社会制度方面起着至关重要的作用。为了大众的利益，有些信念是需要维护的。例如，民主依赖于民众对民主的信念。同样，科学的权威依赖维持对科学权威的信念。"由于对科学程序的诚信的信念几乎与实际的诚信一样重要，因此举报人与当局之间总是存在一种紧张关系，即使他们知道，他们错误地给科学的尊严赋予了一个通过欺诈手段获得的结果。"[45]

21世纪物理界最大的欺诈案例之一的当事人是扬·亨德里克·舍恩（Jan Hendrik Schön），他是新泽西州贝尔实验室研究纳米技术的年轻研究员。他非常高产，取得了一个又一个突破，并获得了三个著名的奖项。但是在2002年，几位物理学家注意到，同样的数据出现在不同的论文中，显然它们来自不同的实验。一个调查委员会发现了16起科学不端行为，主要是编造或重复使用数据。这次调查的结果是，28篇论文被科学期刊撤回，其中9篇是《科学》杂志上的，7篇是《自然》杂志上的。[46] 舍恩的共同作者被宣布是无辜的，尽管他们在结果被认为是真实的时候分享了荣誉。值得注意的是，同行评审竟然没有发现这些欺诈行为。

在最近的另一起案件中，哈佛大学生物学教授马克·豪瑟（Marc Hauser）在2010年被哈佛大学的一项官方调查认定犯有科学不端行为。他在猴子实验中伪造或捏造数据。[47] 同样，他的不诚实行为也没有被同行评议人发现，而是被一名研究生揭发出来的。豪瑟是《道德心：是非的本质》（*Moral Minds: The Nature of Right and Wrong*，2007年）一书的作者。他在该书中声称，道德是一种遗传本能，由进化产生，独立于宗教。豪瑟是一个无神论者，他的发现支持了无神论者的观点。在他的骗局被曝光前几个月的一次采访中，他说他的研究表明"无神论者和去教堂的人一样有道德"。[48]

2011年，一位受人尊敬的荷兰心理学家被证明在至少55篇研究论文中伪造了结果。[49] 2012年，一名日本麻醉师被发现在至少100篇同行评议的论文中大规模伪造数据。[50]

正如澳大利亚研究人员蒂莫西·克拉克（Timothy Clark）指出的那

样,科学家们倾向于认为明目张胆的欺诈是罕见的,但是就像他说的那样:

> 我目睹了几起严重的科学不端行为,从大规模地篡改数据到彻头彻尾地捏造数据。大多数都没有受到惩罚——事实上,看到罪犯受到赞扬是令人沮丧的。捏造平庸的数据毫无意义。他们的谎言产生了出色的故事,从而导致了高级别的论文和大量的科研经费的产生。[51]

克拉克并非唯一一位有这种经历的人。调查显示,大约有14%的科学家曾目睹过科学欺诈。[52]

科学家们通常认为欺诈是罕见的,也无关紧要,因为科学是自我纠正的。具有讽刺意味的是,这种自满的信念产生了一个让欺诈大行其道的环境。[53]有很多动机促使人们写出看起来有趣的论文,而且欺诈被发现的可能性很小。所有被曝光造假的著名科学家的论文都通过了同行评议系统。[54]

阿拉巴马大学从事营养和公共卫生研究的戴维·艾利森(David Allison)和他的同事们对该领域发表的一系列论文进行了严格审查,发现其中一些存在严重错误。他们试图处理最严重的25个案例,但是却遭遇重重挫折,"常常陷入作者、编辑和身份不明的期刊代表之间无效电子邮件的循环,而且通常在原始文章上没有附加任何公开声明"。在有些情况下,他们被告知他们可以在一个在线评论系统上发表评论,而这是该领域的大多数其他研究人员看不到的,或者他们可以选择将他们的评论发表在期刊上,只需支付1 716美元的"打折"投稿费。在同一出版商的另一份期刊上,发表一封评论的费用是2 100美元。[55]他们很快就放弃了这项毫无结果的任务,因为他们抽不出时间,而且他们不愿意用自己的研究经费来支付在盈利期刊上更正的费用。

可重复性危机

在学术科研领域，发表论文本身就是目的。相比之下，对于制药公司和其他以科学为基础的行业来说，结果必须是可重复的，否则它们就毫无用处。在德国拜耳医疗保健公司（Bayer Health Care）的研究实验室，到 2011 年，很明显，它们计划在科学文献中建立新研究路线的许多有趣和令人兴奋的结果是不可复制的。在过去的四年里，拜耳实验室根据期刊上发表的结果分析了早期项目的结果。正如他们所说的那样：

> 分析显示，只有 20%～25% 的项目公布的相关数据与我们的内部发现完全一致。在几乎三分之二的项目中，公布的数据和内部数据之间存在不一致，这要么大大延长了目标验证过程的持续时间，要么在大多数情况下导致项目终止。[56]

2012 年，另一家制药公司安进（Amgen）发表的一项研究在科学界引起了轩然大波。研究人员试图重复 53 项"里程碑式"的研究，结果发现只有 6 项（11%）可以得到证实。[57] 2015 年，心理学领域的一项大规模研究试图复制发表在三份主要期刊上的 100 篇论文的结果，结果发现只有 36 篇论文的研究成果可以被复制。[58] 在复制社会心理学[59] 和社会科学[60] 领域的关键论文方面也有类似的失败。2015 年发表在《自然》杂志上的一幅漫画生动地捕捉了这种情绪（见图 11.1）。

2016 年，《自然》杂志对多个科学领域的 1 500 多名研究人员进行了调查，发现超过 70% 的研究人员未能复制其他科学家的研究结果。[61]

虽然这些发现令大多数科学家感到震惊，但医学研究员约翰·约阿尼迪斯（John Ioannidis）在 2005 年发表的令人震惊的论文《为什么大多数发表的研究结果都是错误的》（Why Most Published Research Results Are False）中就预见到了这个问题。他的一个令人震惊的结论是:"在当前的许多科学领域,所谓的研究结果往往只是对普遍偏见的准确衡量。"[62] 当时,他的论文几乎没有什么影响,但现在,可重复性危机已经如此广为人知,科学家们对此进行了深刻的反思。

图 11.1 《科学殿堂摇摇欲坠》

注:本图发表于 2015 年 9 月 1 日的《自然》杂志,经艺术家大卫·珀金斯(David Perkins)授权许可使用。

科学机构本身也负有部分责任。正如《自然》杂志上的一篇评论所说:

> 研究机构为这些反常的激励机制做出了贡献,并从中受益。它们分享其研究人员的荣誉,大肆宣扬发表在顶尖期刊上的突破性研究,对媒体和捐赠者吹嘘其成就。一些研究机构通过奖励制度来激励研究人员发表研究论文,要求研究人员通过争取研究资金的方式来维持自己的工资。

与大学和评估研究的官方机构一样,期刊也是这个体系的有机组成部分。正如长期担任《柳叶刀》编辑的理查德·霍顿(Richard Horton)

在 2015 年所指出的那样：

> 期刊编辑也应该受到批评。我们推动和教唆了最坏的行为。我们对影响因子的默认助长了一种不健康的、要在少数几份期刊上赢得一席之地的竞争。对于"显著性"的过度追求，导致科学文献中充斥着许多统计上的虚构。我们有时会拒绝关键的实验证实。不仅仅是学术期刊存在这样的问题。由于大学需要不断争夺有限的资金和人才，这导致了一些大学采用简化的度量标准，其中之一是追求在高影响力期刊上发表的研究。像研究卓越框架（Research Excellence Framework）这样的国家评估程序在一定程度上鼓励了不当的研究实践。包括最资深的领导者在内的个别科学家对改变一种偶尔接近不端行为的研究文化几乎无所作为。[63]

考虑到发表论文是职业发展的主要决定因素，而不是更深入的理解或者有益的实际结果，对有问题的研究实践的激励使得这种行为成为那些想要取得成功的人的理性选择。2016 年英国皇家学会发表的一个进化模型显示："糟糕的方法之所以能够持续存在，部分原因是受到了有利的激励，从而导致了对糟糕科学的自然选择。"[64]

认识到改革的必要性

在 2014 年《美国国家科学院院刊》（*Proceedings of the National Academy of Sciences*）的一篇文章中，美国生物医学研究机构的几位资深人士讨论了该体系中的一些系统性缺陷，并提出了可能有助于解决这些问题的改革建议。

他们强调的一个问题是这样一个假设，即研究事业将继续扩张，提供更多的资金和就业机会。但这种情况并没有发生，现实情况是拥有博士学位的年轻科学家大量过剩，远远超过了大学和研究机构的需求。正如他们指出的那样："这种不平衡造成了一种竞争激烈的氛围，在这种氛围中，科学生产力下降，有前途的职业受到威胁。"[65] 得到资助的拨款申请越来越少，结果是科学家们"花了太多的时间来撰写和修改拨款申请，从事科学思考和实验的时间太少了。……年轻的研究人员被劝告不要过分远离博士后工作的研究方向，而实际上，他们应该提出新问题并创造新方法"[66]。许多受过良好训练的、成功的年轻科学家正在离开研究领域，"因为他们对未来学术界的生活感到气馁"。

由于这些和其他原因，这几位资深人士建议对政策进行一些改变。第一，减少博士生的数量。第二，创造更多高薪工作，减少研究团队对博士生和低薪博士后研究员的依赖。第三，改进同行评议制度，"使更多富有想象力的长期建议得到资助，使科学事业有一个更稳定的进程"[67]。他们承认这些改革将是缓慢的。

还有一场日益壮大的开放科学运动，寻求让科学出版物和数据免费提供，而不是被牟取暴利的出版商囤积在防火墙之外。[68] 现在有一些非法网站可以免费阅读科学期刊上的论文。科学出版商一直试图关闭这些网站，因此它们有时会消失，但在另一个国家又会不断出现。[69]

一些科学家正在抵制那些试图从他们的研究中获利的出版商，而大学也越来越多地抵制那些收取过高费用的科学出版商。例如，2019年2月，拥有10个校区的加州大学宣布取消订阅爱思唯尔出版的期刊，因为爱思唯尔拒绝降低费用，并拒绝向全球读者免费提供加州大学研究人员发表的所有文章。[70]

然而，这些改革的价值将是有限的，除非评估科学家和机构的文献计量系统可以改变。讽刺的是，这个系统创造了一种客观性的幻觉。论文发表的数量和发表论文的期刊的影响因子是可量化的事实，看起来是客观的。相反，有必要改进评判标准，"将项目的质量、新颖性和长期目标放在更高的优先级上"[71]。这种评价将不可避免地依赖于对价值的主观判断。

将怀疑主义作为武器

从事研究的科学家们很清楚自己所从事研究的局限性和模糊性，因此很少声称已经获得了准确的结果，而且他们经常要接受同行评审。怀疑主义是科学的重要组成部分，但是它很容易变成攻击对手的武器。例如，否认进化论的神创论者使用批判性思维的技巧来突出进化论的问题，并暴露证据中的弱点，如化石记录中存在的空白。这是因为他们在寻求真理吗？答案是否定的。他们坚信自己所知道的就是真相。怀疑主义是通过攻击对手来捍卫自己信仰的武器。

多年来，有组织的怀疑者团体一直使用同样的技术来攻击心灵研究、超心理学和替代医学。他们的动机主要是意识形态上的，他们也相信自己已经知道了真相——心灵现象是虚幻的，机械论医学是唯一真正有效的（见第九章和第十章）。

怀疑主义也是捍卫商业私利的重要武器。1964年，美国卫生局局长发表了《吸烟与健康》的报告，该报告基于对7 000多项科学研究的回顾，明确指出吸烟会导致肺癌，并增加罹患肺气肿（由肺组织破坏引起）、支气管炎和心脏病的风险。烟草业为此成立了烟草研究委员会，为100多家医院、大学和研究实验室的项目提供资金。在这些研究中，有许多都在寻找使问题复杂化的因素来搅浑水。正如布朗和威廉姆森（Brown and Williamson）烟草公司的一位高管在1969年所说的那样："怀疑就是我们的产品，因为它是与存在于公众心中的'事实主体'竞争的最佳手段。"

到了20世纪70年代末，美国烟草业面临数十起因吸烟造成人身伤害的诉讼。1979年，在一次烟草公司的高管会议上，雷诺（R. J. Reynolds）烟草公司前董事长科林·斯托克斯（Colin Stokes）汇报了这方面的情况。他对听众说，对吸烟的抨击所基于的研究要么是"不完整的，要么依赖于可疑的方法、假设和错误的解释"。烟草业资助的研究将提供新的假设和解释，以"形成强有力的科学数据或观点体系，为烟草产品辩护"。最重要的是,它将提供能够在法庭上做证的专家证人。

这一策略在过去是有效的,没有理由认为它在未来不会奏效。斯托克斯夸口说:"由于有了有利的科学证据,在声称吸烟导致肺癌或心血管疾病的诉讼中,没有一个原告会从任何一家烟草公司拿到一分钱的赔偿。"[72] 最终,斯托克斯的策略失败了,但它避免了法律诉讼,并将反吸烟立法推迟了数年。

烟草行业的这种策略被许多其他行业采用,以便为有毒化学品辩护,如铅、汞、氯乙烯、铬、苯、镍等。大卫·迈克尔斯(David Michaels)曾在20世纪90年代末担任美国能源部负责环境、安全与健康的助理部长,他目睹了企业利益是如何挫败对铍的监管的。铍是一种化学元素,最初用于提高核爆炸的当量,后来被用于制造电子产品和其他消费品。在20世纪40年代铍被发现会损伤肺组织后,原子能委员会将每立方米空气中2微克的暴露量确定为安全水平。但是,到了20世纪90年代,人们发现暴露量远低于此的环境也会让人患病。当联邦政府开始着手修订接触限值时,美国主要的铍生产商布拉什·威尔曼(Brush Wellman)用一系列报告予以回击,这些报告表明,铍颗粒的物理性质可能会影响其毒性。因此,在这些因素能够被更精确地计算出来之前,不应该采取任何行动。通过"制造的不确定性",布拉什·威尔曼规避了用来挽救生命的法规。[73]

代表大企业强调不确定性,这本身已经成为一个大企业。专门为某些产品辩护的公司日益歪曲科学文献,制造和放大科学的不确定性,并影响政府决策,使其有利于污染者和危险产品制造商。事实上,无论证据多么有力,任何公共卫生或环境法规背后的科学依据现在几乎总是受到质疑。将主流科学家的研究斥为"垃圾科学"、将产品辩护专家的研究提升为"可靠科学"的策略制造了混乱,破坏了公众对科学解决公共健康和环境问题能力的信心。[74]

在涉及气候变化时,所有这些问题都获得了全球性的意义。1989年,乔治·马歇尔研究所(George C.Marshall Institute)发表了一份攻击气候科学的报告，开始有组织地诋毁日益增长的科学共识。这个研究所最初成立于1984年，目的是为里根总统的战略防御计划（"星球大战"）辩护，抵御其他科学家的攻击。乔治·马歇尔研究所的这份报告将全球变暖归咎于太阳活动的增加，否认温室气体的影响。这里不是回顾这场正在进行的争论的地方，但乔治·马歇尔研究所和石油工业资助的科学家们一直在混淆视听。[75]

在一个新的转折中，可复制危机正在美国引发一场新的关于环境法规的政治辩论。一方主要是民主党人，认为政府应该出台更严格的环境法规。另一方主要是共和党人，希望政府减少对商业的限制。2015年，共和党占多数的众议院通过了《秘密科学改革法》（Secret Science Reform Act），以防止环境保护局制定任何"基于不透明或不可复制的科学"的法规。但是，正如许多科学协会和大学指出的那样，公共卫生领域的科学研究往往涉及长期的纵向研究，这些研究实际上是无法复制的。研究科学政策的丹尼尔·萨雷维茨（Daniel Sarewitz）指出，这个问题主要不是与科学相关，而是与政治相关，不是与事实相关，而是与价值相关：

> 共和党人正在使用一种狭隘的、理想化的科学形象——它产生了清晰的、可重复的发现——作为削弱私营部门环境和公共卫生监管的武器。但是，许多科学家、环保主义者和民主党人长期以来一直用类似的描述来为同样的规定辩护，并在共和党人不同意的时候抨击他们是反科学的。[76]

在实践中，怀疑主义的目标不是发现真理，而是揭露别人的错误。它在科学、宗教、学术、商业、新闻、政治、法律制度和常识方面发挥着至关重要的作用。但我们需要记住，它往往是一种为信仰或私利服务的武器。

事实和价值

科学客观性的幻觉是由事实与价值的错误分离所维持的，而制度科学从一开始就建立在这种分离的基础上。弗朗西斯·培根区分了两种知识，一种是上帝在亚当堕落之前赐予他的纯粹的自然知识，一种是造成这种堕落的关于善恶或价值的认识。但是，在这个问题上，培根是不诚实的。他还提出了"知识就是力量"的口号，从那以后，科学家们就以此为依据向政府和商业公司寻求研究资金。很少有科学研究的赞助人会对单纯的知识本身感兴趣。当科学家提交拨款申请时，他们几乎总是声称他们的研究将是有用的。他们希望自己的发现能够在国防、对抗疾病、提高作物产量、改善航海技术、提高国家声望等方面发挥作用和价值。他们所期望的价值高于事实。他们所承诺的价值使其研究得到资助，使事实得以确立。[77]

科学已经改变了人类的生活条件，但是作为科学基础的神话和意识形态已经变成了无意识的思维习惯，创造了无益的幻想，禁锢了科学探索，助长了偏见和教条主义。在最后一章中，我建议最好的前进方向是承认科学、自然和观点的多样性。

对物质主义者的问题

众所周知，实验者的期望会影响心理学和医学研究的结果，这就是为什么研究人员经常使用盲法。你认为实验者效应也可能在其他科学领域发挥作用吗？

你认为科学家和理科生在他们的报告中应该用被动语态还是用主动语态？

你如何看待可复制危机？

科学家应该如何应对出于意识形态、政治或商业动机的怀疑主义？

总　结

　　科学家常常被想象成达到了超人的客观水平。这种信念是由离身知识的理想所支撑的，不受野心、希望、恐惧和其他情绪的影响。在洞穴的寓言中，科学家们冒险进入客观真理之光，并将他们的发现带回来，造福仍然被困在一个由观点、自我利益和幻想组成的世界里的普通人。通过使用被动语态（"试管被拿走了"），而不是用主动语态（"我拿了试管"），科学家们试图强调他们的客观性，但现在许多人已经放弃了这种伪装。

　　当然，科学家也是人，会受到个性、政治、同侪压力、潮流和资助需求的限制。在医学、实验心理学和超心理学领域，大多数研究人员都认识到，他们的预期可能会影响他们的结果，这就是他们经常使用盲法或双盲法的原因。在所谓的硬科学中，大多数研究人员认为盲法是不必要的。

　　科学生涯现在主要由在科学期刊上发表的论文数量和发表论文的期刊的影响因子决定。这让科学家、他们所在的机构和期刊本身有强烈的动机来发表正面的结果。在大多数科学领域，研究人员只发表他们数据的一小部分，这给了他们很大的选择性。科学期刊不愿意发表负面的研究结果，也不愿意重复先前的研究，这带来了更多的偏见。许多期刊现在为国际出版公司所有，而这些公司的主要动机是盈利。科学领域的欺诈和欺骗很少被同行评议系统发现，通常是被人举报才曝光的。很明显，自 2015 年左右以来，科学期刊上大多数论文中报告的发现无法被复制，从而引发了一场"可重复性危机"。

　　怀疑主义是正常科学的健康组成部分，但经常被用作捍卫政治或意识形态驱动的观点的武器，或被用来规避对有毒化学品的监管。事实和价值的分离在实践中通常是不可能的，许多科学家会为了获得资助而夸大他们研究的价值。虽然科学的客观性是一种崇高的理想，但通过承认科学家的人性及其局限性，而不是假装科学有通往真理的独特途径，实现这一理想的希望更大。

第十二章
科学的未来

科学正在进入一个新的阶段。自19世纪以来一直占据支配地位的物质主义意识形态已经过时了。它的十大教条都已被淘汰。科学的权威主义结构、客观性的幻想和无所不知的幻想也都已经过时了。

科学必须改变还有另一个原因：它们现在是全球性的。机械论科学和物质主义思想兴起于欧洲，并受到17世纪以来困扰欧洲人的宗教争端的强烈影响。但这些与世界上许多其他地区的文化和传统格格不入。

2017年，全球科技研发支出超过2万亿美元，其中中国投入4 960亿美元，美国投入5 630亿美元。[1] 亚洲国家现在培养了大量的科学、技术、工程和数学（STEM）领域的毕业生，特别是中国和印度。2016年，中国的STEM毕业生人数为470万，印度为260万，美国为56.8万。[2] 此外，许多在美国和欧洲学习的学生来自其他国家。2013年，在美国获得STEM学科博士学位的毕业生中，近40%是外国人，其中大多数来自印度、中国和韩国。[3]

然而，亚洲、非洲和其他地方教授的科学仍然被一种由欧洲过去形成的意识形态所包装。物质主义从科学的技术应用中获得了说服力，但是这些技术应用的成功并不能证明这种意识形态是正确的。如果科学家的眼界能更加开阔，青霉素将继续杀死细菌，喷气式飞机将继续飞行，移动电话也将继续发挥作用。

没有人能预见各门科学将如何发展，但是我相信，认识到"科学"不是将促进它们的发展的单一的事物。单数意义上的科学已经让位于复数意义上的科学。通过超越物理主义，物理学的地位发生了变化。将科学从物质主义的意识形态中解放出来，可以开辟辩论和对话的新机会，以及新的研究可能。

从单数的科学到复数的科学

机械论科学似乎提供了一种简单而统一的自然观。一切都是由物质的终极粒子组成的，它们的性质和运动受永恒的数学定律支配。理论物理学家仍在努力建立一个数学的万有理论（Theory of Everything），并希望有一个统一的公式可以用亚原子粒子的性质和影响它们的力来解释所有的现实（见第一章）。一切最终都可以归结为物理。正如李·斯莫林所表达的传统物质主义观点所述，"我们只需要 12 种粒子和 4 种力就能解释已知世界的一切"[4]。

这种天真的、老式的还原论信仰与科学的真实性毫无关系。生理学家并不从亚原子粒子的角度来解释血压，而是通过心脏的泵送活动、动脉壁的弹性等等来解释。语言学家分析语言时，不是研究声音通过空气中的分子中的亚原子粒子的运动，而是研究单词、语法和意义。植物学家研究花的进化时不是研究花中的原子，而是比较它们的结构和它们与现存物种和灭绝物种的关系。正如物理学家约翰·齐曼（John Ziman）所说的那样：

> 从基本粒子和化学分子，到单细胞和多细胞生物，再到有自我意识的人类及其文化机构，随着复杂性不断增加，我们发现系统遵循着全新的原则。这类系统的行为不能从其组成部分的属性中预测

出来，因此需要用不同的"语言"来科学地描述它们。因此，科学的多元性是我们所生活的宇宙的一个不可简化的特征。[5]

有许多科学和许多自然。因此，并非只有一种"科学方法"，而是不同的科学使用不同的方法。[6] 研究岩石的地质学家所做的观察，与用射电望远镜研究遥远星系的天文学家、研究蛋白质分子性质的生物化学家、研究热带雨林的生态学家所做的观察不同。有些科学涉及实验，有些则不然。天文学家无法通过操纵一颗恒星来观察它的反应，古生物学家也无法回到过去改变海洋中沉积物形成的方式。有些科学是高度数学化的，比如理论物理，有些则不然，比如蜻蜓的分类学。

"科学"是一个抽象概念。科学家只在某一专业领域内工作，而学生会学习一种或多种科学。在大学里，他们必须在众多的可能性中做出选择。例如，2019年，就读于剑桥大学的一名自然科学二年级学生必须选修以下课程中的三门：[7]

生物化学与分子生物学

疾病生物学

细胞与发育生物学

化学A（偏理论）

化学B（无机化学、有机化学和生物化学）

地球科学A（地表环境）

地球科学B（地下过程）

生态学、进化与保护

进化和动物多样性

实验心理学

科学史和科学哲学

材料科学

数学

神经生物学

药理学

物理学A（偏量子物理学）

物理学B（偏力学、电磁学和热力学）

生理学

植物和微生物科学

这里的每一门课程都有广泛的基础，涵盖了一系列的专业。例如，在进化和动物多样性课程中，有关于行为进化、基因和基因组学、宏观进化和多样性以及适应的内容，特别是关于昆虫的。没有人学习"科学"，这些剑桥大学学生中只有不到20%的人学习历史。

学生们从隐含的假设或科学普及者的著作中吸收关于现实本质的一般观点。物质主义学说没有被明确地教授，许多学生和科学家没有意识到它们在塑造他们领域的实践和假设方面的影响。例如，大多数神经科学家理所当然地认为，思想存在于大脑中，记忆是以物质痕迹的形式存储的。这些假设不被视为自然哲学的一个方面，也不被视为需要讨论和检验的假设。它们是正统范式或共识现实的一部分，受到反对越轨思维的禁忌的保护。

具有讽刺意味的是，科学分裂成不同的学科正是创造"科学家"这个词的刺激因素。1833年，在英国科学促进会（British Association for the Advancement of Science）第三届年会上，代表们表示需要一个概括性的术语来涵盖他们不同的兴趣。数学天文学家威廉·惠威尔（William Whewell）建议用"科学家"一词。这个词在美国立即风靡开来。在英国，科学研究在很大程度上仍然是有闲阶层的一项昂贵的职业，"科学家"一词取代"科学人士""博物学家"或"实验哲学家"等老术语的速度很慢。[8]

但是，随着研究的增多和教育的扩大，参与科学事业的机会越来越多，科学家逐渐成为有报酬的专业人士。随着科学力量和声望的增长，维护其地位和权威的需求也在增长。科学史学家帕特里夏·法拉（Patricia Fara）这样总结 19 世纪的情况：

> 渴望声望的科学家们希望权威机构宣布他们是绝对正确的，他们在实验室中得出的知识是绝对正确的。新的专业被发明出来，但并不是所有的专业都被认为值得贴上科学的标签。科学正在分裂成不同的学科——但是学科既意味着教学，也意味着控制。就像巡逻国界的警察一样，科学家们规定哪些话题应该在他们统治的大领域内，哪些应该被禁止。[9]

现在有数百个科学专业，它们都有自己的专业协会、期刊和会议。众所周知，专家们对越来越少的东西知道得越来越多，而在科学领域，这一过程继续产生越来越碎片化的知识领域。到了 2012 年，大约有 28 000 种科学期刊。[10]

并不是所有这些专家都要去思考科学背后的哲学假设。历史学家和科学哲学家也会思考这些问题，但他们本身属于一个专门的领域，通常被认为对真正的科学事业无足轻重。在人们默认的情况下，旧的物质主义或物理主义思想几乎不受质疑地继续存在。其影响之一是将物理学置于科学金字塔的顶端，因为根据物质主义和物理主义的定义，一切事物最终都可以用物理学来解释。

物理主义和物理学

物理学是一种对自然简单、统一看法的源头，物理学家总喜欢认为他们的学科是最基本的，统一了所有的科学。诚然，所有物质体都是由量子粒子组成的，所有的物理过程都涉及能量的流动，所有的物理事件都发生在宇宙引力场的时空框架内。但物理学的这些方面忽略了我们可能想知道的几乎所有细节，如松树的生长、性激素的影响、蜜蜂的社会生活、印欧语言的演变或计算机软件的设计。

对于那些为了统一自然而想把一切归结为物理学的人来说，具有讽刺意味的是，物理学本身几十年来一直在抵制统一。作为它最基本的两个理论，量子力学和广义相对论是不相容的。广义相对论适用于宇宙的大尺度结构，即行星、恒星和星系，并描述了四种"基本力"之一的引力。量子力学描述了其他三种力（电磁力、强核力和弱核力），在原子和亚原子层面上是最准确的。但这两种理论基于不同的假设，多年来科学家试图统一它们的努力一直受阻。[11]

这样一来，超弦理论和 M 理论就有了用武之地，它们分别具有十维和十一维（见第三章）。但它们并没有给物理学带来新的统一，而是产生了大量的可能世界。统一的代价是宇宙失控式的扩散。除了我们所处的宇宙之外，其他所有的宇宙都是未被观察和不可观察的。这是一种什么样的统一呢？这看起来更像是终极的多元性。

在机械科学中，物理学在历史上是第一位的，它起源于中世纪大学对力学、天文学和光学的研究。物理学在声望方面也排在第一位，因为它声称处理最基本的现实，以及大爆炸中所有事物的起源。其实这种优先级是随意的。

其他专业团体可能会声称，它们所在领域的地位即使不比物理学更高，至少和物理学一样高。意识研究可以说是最重要的，因为物理学发生在人类的头脑中，完全依赖于人类的意识。麦克斯韦方程和超弦理论并不是作为独立的事实存在于头脑之外，而是一种心理构造。

这样一来，脑科学家可以宣称，没有神经生理学和脑化学，就不可能有人类的意识。语言学的支持者可能会争辩说，没有语言就没有人类文化。社会科学家可以宣称，没有社会就不会有物理学。而经济学家可以宣称，没有一个运转良好的经济，就没有人能够研究物理学。与此同时，生理学家可能会指出，大脑只是身体的一部分，它依赖于整个身体的协调功能，包括消化、呼吸、循环、四肢和感觉器官等等。胚胎学家可能会争辩说，没有胚胎学的发展就没有身体，也就不可能有生理学，因此也就没有物理学家。而遗传学家可能会争辩说，没有基因就没有胚胎学。

进化论者可能会指出人类的进化起源；生态学家可能会强调所有生命的相互依存；植物科学家可能会强调，人类和所有其他动物最终都依赖植物作为食物而依赖光合作用的生物化学；而此时物理学家可以重新加入进来，宣称如果没有太阳物理学和天文学，就不可能有光合作用；工程师和技术人员可能会争辩说，如果没有科学仪器就不可能进行精确的测量，如果没有现代通信技术和计算机，科学就无法运作。诸如此类。

没有人能声称自己绝对至高无上。一切都是相互联系的。没有什么是永恒的，没有什么与其他事物是完全隔绝的。所有的事物和各个层级的组织都是相互依存的。这听起来很像佛教的缘起学说，根据这个学说，所有的现象都是在一个相互依存的因果网络中发生的。

物质主义哲学和物理学的首要地位是密不可分的。所有现实的相互依存和科学的多元性也是如此。科学仍然需要统一的原则，但它们不必完全来自物理学。

统一原则

除了力、场和能量流等我们熟悉的物理学统一原则之外，还有嵌套层次结构中的组织原则。无论是系统、有机体和全子，还是每一级的形态单位，都是由部分组成的整体，而这些部分又是由部分组成的整体。晶体包含分子，分子包含原子，原子包含亚原子粒子。星系团包含星系，星系包含太阳系，太阳系包含行星。生物社会包含动物，动物包含器官，器官包含组织，组织包含细胞，细胞包含分子，分子包含原子，依此类推，无穷无尽（见第一章）。

形态共振假说提供了另一种可能的统一原则：所有的自组织系统都从同类相似系统中获得某种集体记忆（参见第三章、第六章和第七章）。

另一个统一原则是进化。一切都在随着时间而发展和变化。地质学揭示了19世纪初地球的演化过程。自19世纪中期以来，生物学一直以进化原理为基础。随着1966年大爆炸理论的出现，物理学开始认为整个宇宙都是不断演化的。即使是看起来与进化最无关的科学，比如化学，也显示出持续的变化。每年，大学、政府实验室和商业公司的化学家们都会合成数千种新化学物质。据我们所知，这些化学物质以前从未存在过。化学领域在不断扩大。如果我们回顾宇宙的历史，一定有一段时间出现了第一批锌原子、铁原子和汞原子。原子有从无到有的历史，分子和晶体也是如此。从形态共振的角度来看，所有这些进化过程都依赖于习惯和创造力的相互作用，都取决于自然选择。

但是，我们能发现一般原则，正是因为它们的普遍性掩盖了具体事物的细节。红杉、海藻和向日葵都由相同的化学元素组成，通过光合作用捕获光的能量，并有嵌套的组织层次结构。但是，这些相同的特点却无法解释为什么它们是不同的物种。

并且，所有特定的自组织系统都有其自由性、不确定性和独特性。一片土豆地里有成千上万种基因完全相同的植物，它们都是极为相似的。然而，虽然它们生长在同一片土地上，在同一时间种植，经历同样的天气，但每一株植物都与邻近的植物不同。每一棵植物的每一片叶子在细节上都与其他叶子不同。即使是同一片叶子的左右两边，也有不同的叶脉图案，形状也略有不同。

科学越一般化，对细节的解释就越少，反之亦然。科学需要既包括一般原理，又包括许多专门的研究领域，因为科学研究的系统十分多样化，从夸克到星系，从盐晶体到燕窝，从地衣到语言。

科学的权威

科学的强大权威意味着异议和辩论是危险的。维护权威的需要意味着分歧通常被隐藏起来。科学家们不愿意公开承认他们所谓的客观性可能会被打折扣。甚至托马斯·库恩关于科学革命是范式转变的理论也保留了既定权威的形象。在科学革命中，新的共识现实取代了旧的共识现实。曾经具有革命性的想法变成了新的正统观念，就像地质学中的大陆漂移或物理学中的量子理论一样。这些不同于那些罕见的、民主制度取代专制制度的革命，更像是一种一个独裁政权被另一个独裁政权所取代的革命。

在人类生活的几乎所有其他领域中，都存在着不止一种而是许多种观点。世界上有许多语言、文化、民族、哲学、宗教、教派、政党、商业和生活方式。只有在科学领域，我们才依然能找到罗马天主教会曾经拥有的那种垄断、普世性和绝对权威。在英文里，天主教一词也意味着"普世的"。在1517年开始的宗教改革运动中，罗马教会失去了在西欧的垄断地位。现在，许多其他的教会和意识形态与它共存，包括无神论。但现在仍然只有一种普遍的科学。

在17世纪和18世纪，当西欧因罗马天主教徒和新教徒之间的冲突而分裂时，科学和理性的理想作为超越宗派宗教争端的真理之路而光辉闪耀。启蒙运动产生于这种对科学和人类理性的尊重，伴随着对正统宗教的屈尊俯就。正如约翰·布鲁克（John Brooke）所说的那样：

> 科学之所以受到尊重，不仅是因为它的结果，还因为它是一种思维方式。它通过纠正过去的错误，特别是通过其推翻迷信的力量，提供了启蒙的前景。……但是，那些把科学和宗教对立起来的人的动机往往与获得研究自然的智识自由没有什么关系。通常不是自然哲学家（科学家），而是对社会或政治不满的思想家，在猛烈抨击宗教权力的同时，把科学转变为一种世俗化的力量。[12]

科学家被认为是通过客观观察世界来获得绝对真理的人。[13]在非黑即白的科学主义版本中，科学与所有其他人类活动是分开的。只有科学才能得出无懈可击的事实。[14]在这种理想化的图景中，科学家没有其他人的那些弱点。他们可以直接了解真相。只有他们是客观的。离身知识的神话和洞穴的寓言强化了这一形象。科学家神圣不可侵犯的威望、技术和现代医学的成就都增加了科学的权威。正如我们在前一章所看到的那样，这种客观性至少在某种程度上是虚幻的。

在与精神现象和替代医学有关的问题上，物质主义科学的权威主义心态最为明显（见第九章和第十章）。这些都被视为异端邪说，而不属于理性探究的范围。像怀疑调查委员会这样自封的调查机构试图确保这些领域不被主流媒体认真对待，得不到资助，并被排除在学校的教学大纲之外。

机械论医学是唯一真正有效的医学，这种信念具有深远的政治影响。机械论医学被贴上了"科学"的标签，并被赋予了国家支持的垄断权力、科学权威和财政支持，而其他形式的医学则被边缘化。与此同时，机械医学变得越来越让人负担不起。许多人发现，即使没有物质主义的认可，其他形式的医学也能发挥作用。

我们所知道的科学是建立在客观真理的理想基础上的，每次只允许一个理论取得成功。这就是为什么科学家们使用诸如"给生机论的棺材钉上最后一颗钉子"或"给稳态理论的棺材钉上最后一颗钉子"这样的说法，幸灾乐祸地为异端邪说被消灭而欢呼。科学的伪善很大程度上来自于它给自己披上了绝对真理的外衣，这是机械论科学诞生时绝对宗教和王权精神的遗留。当然，科学家之间也存在分歧，科学也在不断地变化和发展。但对真理的垄断仍然是一种理想。反对的声音仍然是异端。公平的公开辩论与科学文化格格不入。

对于18世纪的启蒙运动来说，科学是一条通往知识的道路，它将使人类变得更好。科学和理性走在了前列。这些曾经是、现在仍然是美好的理想，它们激励了一代又一代的科学家，也激励了我。我完全赞成科学和理性，如果它们是科学的、合理的。但我反对让科学家和物质主义世界观免于批判性的思考和调查。我们需要对启蒙运动的启蒙。[15]

科学辩论与对话

改革进程中的一个重要组成部分将是在科学机构中引入辩论。这可能看起来简单明了,但这样的争论目前非常罕见。今天,辩论还不是科学的文化的一部分。

本书大部分内容背后的一个潜在争论是生命和精神现象是否可以算作物理学的问题。许多生物学家认为是可以的,但是许多物理学家对此持怀疑态度。围绕"生命和心灵的现象可以用物理学来解释吗?"这一问题的辩论几乎会发生在每一所大学校园里。

另一个具有启发性的辩论主题是科学的客观性。大学和科研机构中有许多人相信,科学和理性是唯一一种客观的认识方式。许多人都认同瑞奇·热维斯的信念:"科学是谦逊的。它知道自己知道什么,也知道自己不知道什么。它的结论和信念都建立在确凿的证据之上。"[16] 许多大学也有历史学家、社会学家和科学哲学家,他们研究科学在实践中是如何运作的。他们可以就科学客观性的理想在多大程度上符合科学实践展开辩论。

本书第一章到第十章讨论了物质主义的十个基本教条,其中的每一个都可以成为辩论的好话题。我在所有这些章节的末尾都提出了几个问题,可以作为辩论或对话的主题。

如果科学辩论成为公共生活、大学生活和科学会议的一个特征,科学的文化就会改变。开放式问题将成为常态,而不是一方是正确的、另一方是异端。在民主政治中,我们习惯了多元化,没有一个政党可以垄断公众的支持。政治争论至少有两方。在一个民主国家,执政党不可能彻底消除反对意见,否则就会成为极权主义者,破坏民主原则。

但辩论也有其局限性,即一定会有赢家和输家。一方赢得选举,另一方就会输掉。同样,在法庭上,双方都会为自己辩护,但判决结果必然会有输有赢。在需要实际判决时,这一制度是非常宝贵的。法官和陪审团必须决定是否对被控犯罪的人定罪。议会或国会必须决定制定什么法律。必须有一部或另一部明确的法律，而不是模糊的法律泥潭。每辆车都必须靠右行驶（如在美国、法国和阿根廷）或靠左行驶（如在英国、印度和日本）。这个决定可能是武断的，但必须是靠左或靠右，而不是靠左和靠右。

在科学领域中，有些决策同样是必须做的，比如决定资助哪些研究领域，将科研经费批给谁，是否将一篇经过同行评审的论文发表在期刊上。这些决策通常是在私下进行的，但参与决策的人往往会进行一些讨论。

所有这些实际的辩论，无论是公开的还是私下的，都需要达成一致的决定。但大多数情况更加模棱两可。在科学研究的前沿，当答案尚不清楚时，不可避免地存在不确定性。是十维的弦理论正确，还是其他的弦理论和十一维的M理论正确？科学家无法就此达成共识。有几种不同的理论并存，都有各自的拥护者。在探索性或不确定的领域，最有效的方法不是辩论，而是对话。对话是一种思想或观点的交流，一种对话者共同参与的探索。不一定要有一方获胜。当然，在各行各业，包括科学家之间，对话一直在发生，但是如果公共对话能够成为科学生活的一个常态，这将鼓励一种开放的文化，那甚至比正式的辩论更有效。

根据我的经验，最有成效的对话是两三个人之间的对话。[17] 所谓的小组讨论是科学会议的标准特征，有5到10个参与者，但是很少能取得任何成果。在每个参与者都做了开场发言之后，通常已经没有时间进行讨论了，而且有这么多参与者，要想明确重点往往是不可能的。两三个人之间的对话可以更加深入和高效。

公众参与科学资助

无论是在君主制国家、共产主义国家还是自由民主国家，科学一直都是精英式的。但目前它正变得越来越等级化，而不是相反。在19世纪，查尔斯·达尔文是众多独立研究人员中的一员，他们不依赖资助，做出了许多极具启发性的原创工作。今天,这种自由和独立已经很少见了。科学资助委员会决定研究中可以做什么。这些委员会的权力集中在精通政治的老科学家、政府官员和大企业代表手中。

2000年,英国政府发起的一项公众对科学态度的调查显示,大多数人认为"科学是由商业驱动的——说到底,一切都与金钱有关"。超过四分之三的受访者认为,"拥有一些与商业无关的科学家很重要"。超过三分之二的人认为,"科学家应该更多地倾听普通人的想法"。由于担心公众对科学的疏离,英国政府试图让更多的公众参与"科学、决策者和公众之间的对话"[18]。在官方圈子里,以前的公众理解科学的政策转变为科学与社会的"参与"。公众理解政策建立在"知识赤字"模型之上,该模型将简单的事实教育视为关键。科学家应该告诉公众真相,而公众会感激地接受。问题是这项政策没有奏效。英国公众被告知疯牛病对人类没有威胁,然而事实并非如此。此后,他们被告知转基因作物对他们有好处,但许多人不相信。整个欧洲都出现了消费者对转基因食品的反感,而倡导公众理解科学的人却无力阻止。

"公众参与"科学被认为是答案。但是,这种话语上的改变在实践中几乎没有什么不同,对科学的资助也一如既往。公众的不信任也是如此。在21世纪头十年有几次组织良好的公众参与活动,但政策制定者通常都忽略了它们。[19]

少数几个有效参与的例子在医学领域,在这个领域,像艾滋病维权人士这样的患者维权团体已经对研究和治疗产生了重大影响。[20]患者群体有很多种。一些主要是互助组织,而另一些则高度政治化。研究这些群体的社会学家认为,它们表明了"科学公民"的出现。[21]然而,一些患者团体是由制药公司资助的,制药公司将从促使医疗服务提供者支付昂贵药物的活动中获益。但是,虽然这些组织利用了一些患者群体,但许多组织表明,非专业人士也能很好地参与技术讨论。

医学研究慈善机构可以通过资助对研究施加直接影响,如英国癌症研究中心、脑膜炎研究基金会和中风协会。在英国,有130个这样的慈善机构，[22]它们总共贡献了大约三分之一的医疗和健康研究公共支出。有些慈善机构是主要由非专业人士组成的董事会或委员会管理的。

患者维权团体和医疗慈善机构的兴趣仅限于特定疾病和残疾。对于没有这种强烈兴趣的人来说，目前从事科学研究的可能性很小。

我建议做一个能使更广泛的"公众参与"成为现实的实验，将科学预算的1%用于科学和医学领域以外的人真正感兴趣的研究。目前，资金是根据由权威科学家、企业高管和政府官员组成的委员会制定的议程进行分配的。在英国，这些官方资助机构包括医学研究委员会、生物技术和生物科学研究委员会以及工程和物理科学研究委员会。2018年，英国政府每年的科研预算约为47亿英镑，[23]其1%相当于每年约4 700万英镑。

公众感兴趣的是科学研究能够回答什么样的问题。最简单的方法就是征求建议。这些建议可能来自会员组织，如国民信托、英国养蜂人协会、全国分配和休闲园丁协会、乐施会、消费者协会、妇女研究所，以及地方当局和工会。潜在的研究主题将在这些组织的通信、专业杂志和在线论坛上进行讨论。他们的研究建议将提交给管理这1%基金的机构，该机构可以被称为开放研究中心（Open research Centre）。

这个中心将独立于科学机构，并由一个代表广泛利益的委员会管理，包括非政府组织和志愿协会。像一些医学研究慈善机构一样，它的大多数成员都不是科学家。根据所收到的建议，它将公布一份可获得拨款的研究领域清单，邀请专家对此提出建议，并照常进行评估。它不会资助已经被常规科研预算所涵盖的研究。

这种民主和公众参与的新尝试不需要额外的支出，但将对人们参与科学和创新产生重大影响。[24]我希望它能使科学对年轻人更有吸引力，激发公众对科学思考的兴趣，并有助于消除许多人对科学的沮丧疏离感。这将使科学家们自己能够更自由地思考。这样会更有趣。

此外，可能还有其他吸引人的资助科学项目的方法。一种可能是电视真人秀，将公众广泛感兴趣的研究提案提交给一个小组，类似于BBC

的电视节目《龙穴》(Dragons' Den)，在该节目中，企业家向一个由商业人士组成的小组寻求投资。这个小组包括科学家和非科学家，他们将提供切实的资助——比如每年 100 万英镑，而这笔钱将来自上文提到的 1% 的基金。

资金来源越多样，科学就越自由。幸运的是，已经有了一系列的非政府资金来源，包括企业和慈善基金会，其中一些已经资助了官方资助机构视为禁忌之地的研究领域。与政府资助机构相比，基金会可以更自由地适应新的环境，最适合促进新的研究领域的开拓。

向其他文化学习

在探讨意识的本质时，我们所了解的科学显得捉襟见肘。我们对玫瑰的气味或乐队的声音等品质的体验被剥夺了，只留下无味的分子结构和振动的物理原理。科学试图将自己局限于"我与它"的关系（即第三人称的世界观），努力忽略"我与你"的关系（即第二人称体验），以及我们的个人体验（即第一人称体验），我们的内心生活，包括我们的梦想、希望、爱、恨、痛苦、兴奋、意图、欢乐和悲伤，都被简化为脑电图中电极读数的图表，或者神经末梢化学物质水平的变化，或者电脑屏幕上的二维脑部扫描。就这样，心灵变成了我们口中的"它"，变成了一个客体。

但是，如果把所有的自组织系统都视为主体，而不是试图将心灵简化为客体呢？正如第四章所讨论的那样，一些哲学家建议从旧式唯物主义转向泛心论，这意味着像原子、分子、晶体、植物和动物这样的自组织系统都有观点、内在生命或主观体验。大多数养宠物的人理所当然地认为，他们的狗、猫、鹦鹉或马都有主观体验，比如情感、欲望和恐惧。那么蛇有吗？牡蛎有吗？植物有吗？我们可以试着想象它们的内心生活，但这很难做到。然而，在世界各地的传统狩猎采集社会中，与非人类生物交流的专家和各种动植物建立了联系。萨满通过他们的思想或精神将自己与动物和植物联系起来，并通过这样做找到有用的信息。据说他们知道在哪里可以找到动物，以此来帮助猎人。他们知道哪些植物有治疗作用，或者可以作为致幻的草药。

几个世纪以来，在西方的科学家和受过教育的人中间，萨满教的知识被认为是原始的、泛灵论的或迷信的。人类学家研究了萨满的社会角色，但他们中的大多数人认为，如果说萨满对自然界有任何有效的知识，那也不是萨满主观获得的，而是通过"正常"的基于感官的手段，或者通过反复尝试获得的。他们认为，如果萨满们发现了有效的草药，或者像死藤水这种亚马孙地区部分地区传统上使用的药水，那么萨满们是通过随机试验各种植物来实现的。但是萨满自己说这些知识来自"植物老师"。[25]

如果萨满真的有办法了解科学家完全不知道的植物和动物呢？如果他们几代人都在探索自然世界，发现通过主观而不是客观的方法能与周围的世界交流呢？巴西人类学家维维洛斯·德·卡斯特罗（Viveiros de Castro）总结了两者的区别：

> 这种认知方式的本质是客体化，将其他事物或者他人视为客体，而非主体。而美洲印第安人的萨满教是由相反的理想指导的。在这种认知方式中，了解他者意味着将其人格化，从他者的视角来理解和认知事物。萨满主义的知识追求的是某种有着主体性的存在，而不是简单的客体。我在这里定义的是过去人类学家所称的万物有灵论，这种态度远不止是一种无聊的形而上学信条，因为将灵魂归于动物和其他所谓的自然生物需要一种特殊的处理方式。[26]

在人类历史的大部分时间里，人们以狩猎采集的方式生活，他们之所以能幸存下来，是因为他们知道如何狩猎，并且对他们所捕猎的动物有深刻的了解。他们之所以能存活下来，是因为他们知道哪些植物是可食用的，以及何时何地可以找到它们。他们的知识是有效的。今天我们依然受益于他们的发现。我们大约70%的药物最终来源于植物（见第十章），而关于这些植物药用特性的大部分知识是在很久以前的前科学文化中发现的。

在20世纪的大部分时间里，心理学家试图通过研究可测量的行为和可量化的反应，从外部客观地了解人的思想。在典型的行为主义实验中，笼子里的老鼠学会了通过按杠杆来获得食物颗粒的奖励，或者避免像电击这样的惩罚。在最近的研究中，重点主要放在对大脑和大脑活动的计算机模型的研究上。在东方和西方的神秘传统中，人们通过长时间的冥想来探索心灵的本质，发现他们的心理过程是如何从内部运作的。相比之下，学院派心理学家和认知科学家通常用付费的研究对象进行研究，通常是本科生，他们没有接受过观察或报告心理过程的专业训练。正如佛教学者艾伦·华莱士（Alan Wallace）所说的那样：

> 通过把内省留给业余爱好者，科学家们保证了对心灵的直接观察仍然停留在民间心理学的水平上。……认知科学家已经接受了理解心理过程的挑战，但与所有其他自然科学家不同，他们在观察构成他们研究领域的现实方面没有接受过专业训练。[27]

今天有许多冥想老师，主要植根于印度教和佛教传统。一些科学家已经开始为自己探索自己的心灵。[28]

与此同时，在医学上，人们越来越深刻地认识到信仰对治疗的影响，正如安慰剂效应所表明的那样。使用生物反馈的研究表明，人们可以学会有意识地控制手指的血液流动和生理的其他方面，这些方面通常是无意识地调节的（见第十章）。但这些成就与印度瑜伽修行者的功力相比，都是微不足道的。印度瑜伽修行者对自己的消化和循环系统表现出了显著的自主影响。它们获得这些能力的方法之一是控制呼吸。呼吸是由自主神经系统和非自主神经系统控制的，瑜伽呼吸练习可以在两者之间架起一座桥梁。[29]

中国的传统气功同样强调呼吸练习，并在传统中医和武术中有许多应用。在英语中，印度传统中的"普拉那"和中国的"气"都被翻译为"能量"，但它们与机械生理学中的能量概念不同。关于生物体内能量守恒的标准科学信条存在严重的问题（见第二章），我们早就该对人类能量平衡重新进行审视了。在这个领域，我们有可能把这些不同的传统以一种新的、综合性的理解结合在一起。

在非洲和印度次大陆的许多地方，妇女用头顶重物，而且可以走很远的路。对东非妇女的研究表明，她们可以头顶相当于其体重20%的重量，而且与平时走路相比，不会额外消耗能量。她们还可以携带重量相当于其体重70%的物品，消耗的能量比美国军队新兵携带同样的重量时少50%。这项技能不是简单地把负荷放在头上的问题，而是涉及一种特殊的步态。[30] 一种特殊的步态是否足以解释这种非凡的效率呢？

她们的这种能力也提出了一个实际的问题：为什么世界各地的青少年在体育课上没有被教授这项技能呢？这种有效地承载负荷的能力是很有用的。在人生的某个阶段，现代人可能需要在比他们在机场遇到的更崎岖的地形上搬运货物。他们可能会发现自己身处无法使用带轮子的行李箱的地方。忽视这项技能的主要原因是社会地位的考量，因为那些头顶重物的人地位低下，而且生活在发展中国家。

傲慢和势利使大多数受过科学教育的现代人感到自己比所有前科学文化都优越，包括他们自己的文化。在19世纪后期，这些态度从进化和社会进步的角度得到了科学的解释。詹姆斯·弗雷泽（James Frazer，1854—1941）等人类学家认为，人类信仰的发展经历了三个阶段：万物有灵论、宗教和科学。原始社会是万物有灵论的、孩童般的，人们的思维方式是巫术式的。像基督教这样的宗教代表了进化的更高阶段，但仍然包含了许多原始元素。但万物有灵论和宗教都被人类思维的最高境界——科学所取代。

在这样的背景之下，为什么现代人要像没有受过教育的非洲和印度妇女一样，学习用头顶负重呢？为什么他们要从瑜伽和气功这样的前科学传统中学习一些东西呢？

第十二章　科学的未来

与宗教的新对话

随着科学被从唯物主义的束缚中解放出来,与宗教传统的对话有了许多新的可能。[31]

在意识研究领域,调查涉及宗教和精神领域,包括对濒死体验、意识改变状态、冥想、清醒梦和自发的神秘体验的研究。

也有许多关于宗教和精神实践对健康和幸福的影响的研究。[32]我在我最近的作品《科学与精神实践》[33]（*Science and Spiritual Practices*）、《超越的方法》（*Ways to Go Beyond*）以及《为什么它们有效》[34]（*Why They Work*）中总结了其中的一些方法。例如,统计研究表明,那些经常参加宗教仪式的人往往比那些不参加的人更长寿、更健康、更不容易患抑郁症。此外,祈祷和冥想通常有益于健康和长寿（见第十章）。这些作用是如何发生的呢？这些影响纯粹是心理学上的还是社会学上的呢？更强的治愈能力和幸福感是不是源自与一个更大的精神现实之间的联系呢？

如果复杂程度不同的有机体在某种意义上都有自己的目的,这就意味着地球、太阳系、我们的星系甚至所有的恒星都有自己的生命和目的。整个宇宙也是如此（见第一章）。宇宙进化过程可能有内在的目的性,宇宙可能有思想或意识。既然宇宙本身在进化和发展,那么宇宙的思想或意识也必然在进化和发展。这个宇宙心灵和上帝是一回事吗？是的——但前提是上帝在泛神论的精神中被认为是宇宙或自然的灵魂或心灵。在有神论传统中,这个宇宙心灵并不等同于上帝。例如,早期的基督教神学家奥利金（Origen,约184—253）认为宇宙心灵是逻各斯,它具有无限的创造力,产生了世界和其中的发展过程。逻各斯是上帝的一个面向,而不是上帝的全部,上帝的存在超越了宇宙。[35]与泛神论相反,在万有在神论（panentheism）的神学传统中,上帝在自然中,自然在上帝中。如果不是一个宇宙而是许多宇宙,那么这个神圣的存在将包括并超越所有宇宙。

宇宙在持续不断地进化，是一个生生不息的创造力的舞台。创造力并不像自然神论所认为的那样局限于宇宙的起源（见第一章），而是进化过程中不断进行的一部分，表现在自然的所有领域，包括人类社会、文化和思想。虽然在所有这些领域中表现出来的创造力可能最终都有一个神圣的来源，但没有必要认为上帝是一个外在的设计师。在犹太教和基督教的传统中，上帝也给自然世界注入了创造力，就像《创世记》第一章中所说的那样，上帝从大地和海洋中召唤出了生命（创世记 1：11，20，24）——这与创造机械宇宙的上帝的形象截然不同。在一个创造性的、不断进化的宇宙中，没有理由认为物质和能量的出现应该像标准的大爆炸理论那样仅限于最初的瞬间。事实上，一些宇宙学家提出，宇宙的持续膨胀是由宇宙引力场或"精质场"不断产生的"暗能量"所驱动的（见第二章）。

如果自然法则更像习惯，并且在自然世界中有一种固有的记忆（见第三章），那么这与印度教和佛教中的因果原理有什么关系呢？因果链暗示着自然中的一种记忆。在一些思想流派中，如在大乘佛教的《楞伽经》中，有一种宇宙或普遍的记忆。[36] 同样，如果生物遗传在很大程度上取决于形态共振和每个物种的集体记忆（见第六章），这与转世轮回的教义有什么关系呢？

如果意识不是以物质痕迹的形式储存在大脑中，而是依赖于一种共振过程，那么记忆本身可能不会在人死亡时消失，虽然通常用来获取记忆的身体会腐坏。这些记忆还能以其他方式继续发挥作用吗？某种离身的意识能在肉体死亡后幸存下来，并且像所有宗教所设想的那样，进入一个人的有意识或无意识记忆吗？

如果意识不局限于大脑，那么人类的意识如何与更高层次的组织系统的意识（比如太阳系、银河系、宇宙和上帝的意识）联系起来呢？神秘体验是否像它们看起来的那样，是人类意识和更大、更包容的意识之间的联系呢？

如果人类的意识，无论是个人的还是集体的，都能与更高层次的意识（包括上帝的终极意识）产生联系，那么它们能在多大程度上影响进化过程，或者被神的意志所影响呢？在一个进化的、有生命的宇宙中，人类仅仅是在一个孤立的星球上展开的过程的一部分，还是人类意识在宇宙进化中扮演着更大的角色，以某种方式与宇宙其他部分的意识联系在一起呢？

所有的宗教传统都是在前科学时代发展起来的。科学所揭示的自然世界比过去任何人所能想象的要多得多。例如，直到19世纪，人们才认识到生物进化的广泛和地质时间的悠久；直到20世纪，我们才发现了太阳系之外的星系，以及从大爆炸到现在的漫长时间。科学在发展，宗教也在发展。今天，没有一个宗教和它创始时一样。我们正在进入一个科学和宗教在共同探索中相互丰富的时代，而不是物质主义世界观带来的痛苦冲突和相互不信任充斥的时代。

开放性问题

随着物质主义的禁忌被削弱，人们可以提出新的科学问题，并有希望得到答案。

在这本书中，我提出了一系列新的研究可能性，例如，对腰痛、偏头痛和唇疱疹等疾病的传统和"替代"治疗方法的效果进行比较研究（见第十章）；对实验进行实验，以找出实验者的期望对"硬科学"实验结果的影响究竟有多大（见第十一章）；对现有数据的分析，以找出万有引力常数是如何变化的（见第三章）；开展群众参与的调查，以确定是否可以根据动物的预感来预测地震和海啸（见第九章）；设立一个有奖的挑战，以便发现替代能源技术和"超过单位装置"是否有效（见第二章）。

当然，现有的科学研究路线还将继续下去。当涉及大型机构、巨额资金和大量工作时，任何事情都不会很快发生变化：现在全世界有700多万科学研究人员，每年发表130万篇论文。[37] 我建议将这些资源的一小部分用于探索新的问题。如果我们敢于走出传统研究的老路，如果我们提出被教条和禁忌压制的问题，新的发现就更有可能发生。

科学已经回答了基本问题的错觉扼杀了探究的精神。科学家比其他人优越的错觉意味着他们没有什么可以向其他人学习的。他们需要其他人的经济支持，但他们不需要听任何比他们受科学教育程度低的人的话。作为对他们特权地位的回报，科学家将提供知识和战胜自然的力量，改变人类和地球。

物质主义的议程曾经是解放的，但现在却令人沮丧。那些相信它的人与自己的体验疏远了，也远离了所有的传统。因此，他们很容易产生一种疏离感和孤立感。与此同时，科学知识释放的力量正在造成其他物种的大规模灭绝，并危及我们自己。

认识到科学不知道基本的答案，带来的是谦逊而非傲慢，带来的是开放而非教条。

还有很多东西有待发现和重新发现，包括智慧。

注 释

初版序

1. Bacon (1951), p. 50.
2. Ibid., pp. 290–291.
3. Ibid., p. 298.
4. Fara (2009), p. 132.
5. Kealey (1996).
6. Dubos (1960), p. 146.
7. Kealey (1996).
8. Congressional Research Service, 28 June 2018, https://fas.org/sgp/crs/misc/ R44307.pdf; retrieved 23 December 2019.
9. Sarton (1955), p. 12.
10. Laplace (1819), p. 4.
11. Quoted in Bergson (1911), p. 40.
12. Chivers (2010).
13. Munovitz (2005), Chapter 7.
14. Chivers (2010).
15. Gould (1989).
16. Gleik (1988).
17. Malhotra et al. (2001).
18. Quoted in Horgan (1997b).
19. Ibid., p. 6.
20. Westfall (1980).
21. Burtt (1932).
22. Gould (1999).
23. Quoted in Burtt (1932), p. 9.
24. Kekreja (2009).
25. https://twitter.com/richarddawkins/status/507092728409522176?lang=en; retrieved 23 December 2019.
26. Gray (2007), pp. 266–267.
27. Gray (2002), p. xiii.
28. Kuhn (1970).
29. Latour (1987), pp. 184–185.
30. Gervais (2010).

作者前言

1. This work is reviewed in Sheldrake (1973).
2. Rubery and Sheldrake (1974).
3. Sheldrake and Moir (1970).
4. Sheldrake (1974).
5. Sheldrake (1984).
6. E.g., Sheldrake (1987).

作者导言

1. In Popper and Eccles (1997).
2. Ridley (2006), p. 208.
3. E.g., D'Espagnat (1976).
4. Hawking and Mlodinow (2010), p. 117.
5. Ibid., pp. 118–119.
6. Smolin (2006).
7. Carr (ed.) (2007); Greene (2011).
8. Ellis (2011).
9. Collins, in Carr (ed.) (2007), pp. 459–80.

第一章 自然是机械的吗？

1. Quoted in Brooke (1991), p. 120.
2. Ibid., p. 119.
3. Burtt (1932), p. 45.
4. Ibid., p. 120.
5. Quoted in Collins (1965), p. 81.
6. Burtt (1932), p. 73.
7. Wallace (trans.) (1911), p. 80.
8. Brooke (1991), pp. 128–129.
9. Descartes (1985), Vol. 1, p. 317.
10. Ibid., p. 139.
11. Ibid., p. 131.
12. Ibid., p. 141.
13. Dennett (1991), p. 43.
14. Kretzman and Stamp (1993).
15. Gilson (1984).
16. Gilbert (1600).
17. Sheldrake (1990), Chapter 4.
18. Lightman (2007), p. 188.
19. Burtt (1932).
20. Descartes (1985), Vol. 1, p. 101.
21. Kahn (1949).
22. E.g., Wiseman (2001), pp. 74, 77, 81, 93, 108, 128, 169.
23. 安东尼·格雷林（2011）在概述迈克尔·舍默的《有信仰者》(The Believing Brain)中的观点时，支持这些观点，并认为它们可能是"正确的看法"。
24. E.g., Shermer (2011).
25. Brooke (1991), p. 134.
26. Ibid., p. 146.
27. Paley (1802).
28. Quoted by Lightman (2007), p. 45.
29. Dembski (1998).

30. Brown et al. (1968), p. 11.
31. Schelling (1988).
32. Richard, in Cunningham and Jardine (eds) (1990), p. 131.
33. Wroe (2007).
34. Bowler (1984), p. 134.
35. Darwin (1794–1796).
36. Lamarck (1914), p. 122.
37. Ibid., p. 36.
38. Bowler (1984), p. 134.
39. Darwin (1875), pp. 7–8.
40. Darwin (1859), Chapter 3.
41. Particularly in Darwin (1875).
42. Monod (1972).
43. Partridge (1961), pp. 386–387.
44. Quoted in Driesch (1914), p. 119.
45. Huxley (1867).
46. Dawkins (1976), p. 22.
47. Ibid., p. 21.
48. Ibid., Preface.
49. Dawkins (1982), p. 15.
50. Smuts (1926).
51. Ibid., Chapter 12.
52. Ibid., p. 97.
53. Whitehead (1925), Chapter 6.
54. Koestler (1967), p. 385.
55. Capra (1996).
56. Mitchell (2009).
57. Filippini and Gramaccioli (1989).
58. Hume (2008), Part VII.
59. Thomson (1852).
60. Singh (2004).
61. Long (1983).

第二章　物质和能量的总量总是恒定的吗？

1. NASA, 2019, Dark Energy, Dark Matter: https://science.nasa.gov/astrophysics/focus areas/what-is-dark-energy/; retrieved 25 April 2019.
2. Burnet (1930).
3. Dijksterhuis (1961), p. 9.
4. Tarnas (1991).
5. Ibid., p. 437.
6. Newton (1730, reprinted 1952), Query 31, p. 400.
7. Popper and Eccles (1977), p. 5.
8. Ibid., p. 7.
9. Davies (1984), p. 5.
10. Munowitz (2005).
11. Coopersmith (2010), p. 23.
12. Ibid., p. 255.
13. Ibid., p. 265.
14. Kuhn (1959).
15. For an excellent history of concepts of energy, see Coopersmith (2010).
16. Harman (1982), p. 58.
17. Feynman (1964).
18. Sheldrake, McKenna and Abraham (2005).
19. Quoted in Singh (2004), p. 360.
20. William Bonner, quoted by Singh (2004), p. 361.
21. Singh (2004).

22. Quoted by Singh (2004), p. 418.
23. Singh (2004).
24. Ibid., p. 133.
25. E.g., Bekenstein (2004); Milgron and Chown (2014).
26. NASA, 2019, Dark Energy, Dark Matter: https://science.nasa.gov/astrophysics/focus areas/what-is-dark-energy/; retrieved 25 April 2019.
27. Belokov and Hooper (2010).
28. Coopersmith (2010), p. 20.
29. Ibid., p. 292.
30. Thomson (1852).
31. Quoted in Burtt (1932), p. 9.
32. Davies (2006), Chapter 6.
33. Ostriker and Steinhardt (2001).
34. Sobel (1998).
35. http://www.xprize.org/.
36. Coopersmith (2010), pp. 270–279.
37. Quoted by Coopersmith (2010), p. 329.
38. Frankenfield (2010).
39. Webb (1991).
40. Ibid.
41. Webb (1980).
42. Webb (1991).
43. Frankenfield (2010), p. 947.
44. Ibid., p. 1300.
45. Ibid., p. 1300.
46. Webb (1991).
47. Dasgupta (2010).
48. Thurston (1952).
49. Ibid., p. 377.
50. Ibid., p. 366.
51. Ibid., p. 384.

第三章　自然法则是固定不变的吗？

1. Tarnas (1991), p. 46.
2. Plato, The Republic, Book 7.
3. Tarnas (1991), p. 47.
4. Burtt (1932), p. 64.
5. Quoted in Pagels (1983), p. 336.
6. In Wilber (ed.) (1984), p. 185.
7. Ibid., p. 137.
8. Ibid., p. 51.
9. For data, see Sheldrake (1994), Chapter 6.
10. Mohr and Taylor (2001).
11. Schwarz et al. (1998).
12. References for measurements at different dates: Cohen and Taylor (1973); Holding et al. (1986); Cohen and Taylor (1988); Kiernan (1995); Schwarz et al. (1998); Grundlach and Merkowitz (2000); Reich (2010); Quinn et al., 2013; Gibney (2014); Schlamminger (2018).
13. Schwarz et al. (1998).
14. Stephenson (1967).
15. Anderson et al. (2015).
16. For a discussion, see Sheldrake (1994), Chapter 6.
17. Brooks (2009), Chapter 3.

18. Adam (2002).
19. Brooks (2010).
20. Barrow and Webb (2005).
21. Birge (1929), p. 68.
22. For data and references, see Sheldrake (1994), Chapter 6.
23. De Bray (1934).
24. Petley (1985), p. 294.
25. Davies (2006).
26. Ibid.
27. Hawking and Mlodinow (2010), p. 118.
28. Tegmark (2007), p. 118.
29. Rees (1997), p. 3.
30. Ibid., p. 262.
31. Woit (2007).
32. Smolin (2006).
33. Ibid.
34. Bojowald (2008).
35. Smolin (2010).
36. Robertson et al. (2010).
37. Quoted in Potters (1967), 190.
38. Ibid.
39. Nietzsche (1911).
40. In Murphy and Ballou (1961).
41. Whitehead (1954), p. 363.
42. Smolin (2014).
43. Smolin, L., "Think About Nature" Edge interview: https://www.edge.org/conversation/lee_smolin-think-aboutnature; retrieved 24 April 2019.
44. Ibid.
45. Sheldrake (1981, new edition 2009).
46. In Sheldrake (2009), Appendix B.
47. Bohm (1980), p. 177.
48. Goertzel (2010), Morphic pilot theory: http://goertzel.org/dynapsyc/MorphicPilot.pdf; retrieved 24 April 2019.
49. Cf. Laszlo (2007).
50. Cf. Carr (2008).
51. Woodard and McCrone (1975).
52. Ibid.
53. Holden and Singer (1961), pp. 80–81.
54. Ibid., p. 81.
55. Woodard and McCrone (1975).
56. Goho (2004).
57. Bernstein (2002), p. 90.
58. Quoted in Woodard and McCrone (1975).
59. Danckwerts (1982).
60. Sheldrake (2009).
61. Bergson (1946), p. 101.
62. Ibid., pp. 104–105.

第四章　物质是无意识的吗？

1. Dennett (1991), p. 37.
2. Crick (1994), p. 3.
3. Griffin (1998).
4. Huxley (1893), p. 240.
5. Ibid., p. 244.
6. 最新颖独到的关于幻觉意识出现

的进化论解释来自尼古拉斯·汉弗莱（2011）。

7. Searle (1992), p. 30.
8. Strawson (2006), p. 5.
9. Crick (1994), pp. 262–263.
10. Strawson (2006).
11. Ibid.
12. Ibid., p. 27.
13. Nagel (2012).
14. Chorost (2013).
15. Tononi and Koch (2015).
16. http://www.opensciences.org/about/manifesto-for-a post-materialist-science; retrieved 30 May 2019.
17. Searle (1997), pp. 43–50.
18. Spinoza (2004), Part III, propositions 6–7.
19. Hampshire (1951), p. 127.
20. Skrbina (2003).
21. Ibid., p. 20.
22. Ibid., p. 21.
23. Ibid., p. 21.
24. Ibid., p. 22.
25. Ibid., p. 25.
26. Ibid., p. 27.
27. Ibid., p. 28.
28. Ibid., p. 31.
29. Ibid., p. 32.
30. Ibid., p. 33.
31. Dennett (1991), pp. 173–174.
32. Griffin (1998), p. 49 note.
33. Ibid.
34. Ibid., p. 99.
35. De Quincey (2008).
36. Ibid.
37. Ibid., p. 99.
38. Libet et al. (1979), p. 202.
39. Libet (1999).
40. Wegner (2002).
41. Libet (2006).
42. Libet (2003), p. 27.
43. Feynman (1962).
44. Quoted by Dossey (1991), p. 12.
45. Dyson (1979), p. 249.

第五章　自然是没有目的的吗？

1. Dawkins (1976).
2. Haemmerling (1963).
3. Goodwin (1994), Chapter 4.
4. Hinde (1982).
5. Smith (1978).
6. Thom (1975, 1983). Note that Thom spells chreode "chreod", without the final "e". Chreode with an "e" is Waddingtons' original spelling.
7. Thom (1975).
8. Cramer (1986).
9. Aharonov et al. (2010).
10. Anfinsen and Scheraga (1975).
11. 在一系列由加利福尼亚州劳伦斯·利弗莫尔国家实验室（Lawrence Livermore National Laboratory）主办的蛋白质结构预测研讨会中，来自世界各地的团队尝试在不知道答案的情况下预测蛋白质的三维结构。这些评估被称为"蛋白质结构预测技术的关键评估"（Critical Assessment of Techniques for Protein Structure Prediction，简称 CASP）。最成功的预测基于对类似蛋白质的详细了解，即所谓的比较建模。CASP 比赛曾经包括一个"从头开始"类别，意味着预测从第一性原理出发。然而，在 2004 年的 CASP6 中，这一类别的名称被更改："这个名字意味着在构建模型时不依赖已知结构。但实际上，大多数用于此类目标的方法确实广泛使用了现有的结构信息，无论是在设计区分正确和错误预测的评分函数时，还是在选择用于模型的片段时。因此，该类别被重命名为'新折叠'。"（来源：www.prediction-center.org/casp6/doc/categories.html）

12. For a review, see Nemethy and Scheraga (1977).
13. Anfinsen and Scheraga (1975).
14. Cf. Elsasser's (1975) "principle of finite classes".
15. Sample (2018).
16. Hawking (1988), p. 60.
17. Smolin (2006).
18. Thom (1975), pp. 113–114, 141.
19. Ibid., Chapter 9.
20. For a general introduction, see Capra (1996).
21. Thom (1983), p. 141.
22. Nagel (2012), p. 123.
23. Penrose (2010).
24. Bergson (1911), p. 262.
25. Cohn (1957).
26. Bacon (1951).
27. Midgley (2002), Chapter 7.
28. Satprem (2000).

第六章　所有的生物遗传都是物质性的吗？

1. Needham (1959), p. 205.
2. Holder (1981).
3. Dawkins (1976).
4. Ibid., p. 23.
5. Ibid., p. 24.
6. Hodges (1983).
7. Carroll (2005), p. 106.
8. For accounts of the vitalist-mechanist controversies, see Nordenskiold (1928); Coleman (1977).
9. Venter (2007), p. 299.
10. Ibid., p. 300.
11. Ibid.
12. Quoted in Nature (2011).
13. Ibid.
14. Culotta (2005).
15. Manolio et al. (2009).
16. Khoury et al. (2010).
17. Green and Guyer (2011).
18. Latham (2011).
19. Makowsky et al. (2011).
20. Geddes (2019).

21. Wainschtein et al. (2019).
22. Peter Visscher, personal communication by email to Rupert Sheldrake, 9 May 2019.
23. Geddes (2019), p. 445.
24. Kim et al. (2017).
25. Plomin (2018), p. 113.
26. Nolte et al. (2017).
27. Plomin (2018), p. 134.
28. Ibid., p. 187.
29. Ibid., p. 150.
30. https://www.nationalbreastcancer.org/what-is-brca; retrieved 15 October 2019.
31. Ledford (2015).
32. Ibid., p. 129.
33. Wall Street Journal, 2 May 2004.
34. Pisano (2006), p. 184.
35. Ibid., p. 198.
36. https://www.investopedia.com/articles/fundamental analysis/11/primer-onbiotech-sector.asp; retrieved 29 May 2019.
37. Jaganathan et al. (2018).
38. Cohen (2019).
39. Howe and Rhee (2008).
40. Carroll et al. (2001).
41. Gerhart and Kirschner (1997).
42. Darwin (1859; 1975).
43. Mayr (1982), p. 356.
44. Ibid., Chapter 5.
45. Huxley (1959), p. 8.
46. Ibid., p. 489.
47. Medvedev (1969).
48. Wang et al. (2017).
49. Jablonka and Lamb (2014).
50. Anway et al. (2005).
51. Dias and Ressler (2013).
52. Remy (2010).
53. Weiss et al. (2015).
54. Young (2008).
55. Durrant (1962).
56. Holeski et al. (2012).
57. Petronis (2010).
58. Curry (2019).
59. Qiu (2006).
60. Liu (2008).
61. Wolpert (2009). The Edge Question Center, 2009; http://edge.org/q2009/q09_6.html#wolpert.
62. See the discussions of such experiments in Chapter 7, 11 and Appendix A in Sheldrake (2009); https://www.sheldrake.org/reactions/debates;retrieved 24 April, 2025.
63. Wolpert and Sheldrake (2009). See also Schnable (2009).
64. https://bet.fitzdares.com/sportsbook/SPECIALS/Genome-Wager/3114535/; retrieved 11 October 2019.
65. See the discussion of such experiments in Chapters 7 and 11 and Appendix A in Sheldrake (2009).
66. Quoted in Wright (1997), p. 17.
67. Ibid., p. 21.
68. Wright (1997), Chapter 2.
69. Iacono and McGue (2002).

70. Watson (1981).
71. Wright (1997), p. 42.
72. Dawkins (1976), p. 206.
73. E.g., Blackmore (1999).
74. Dawkins, in Blackmore (1999), p. ix.
75. Ibid.
76. E.g., Blackmore (1999), Dennett (2006).
77. Sheldrake (2011b).
78. Laland et al. (2015).
79. Jablonka and Lamb (2014).
80. Conniff (2006).
81. 道金斯（2006，第215页）写道，他得知《自私的基因》曾启发杰弗里·斯基林和其他欧洲高管后感到"羞愧"，并认为他们误解了他的观点。

第七章　记忆是以物质痕迹的形式储存的吗？

1. Rose (1986), p. 40.
2. Plotinus (1956), Ennead 4, Tractate 6.
3. Inge (1929), Vol. 1, pp. 226–228.
4. Wittgenstein (1967), pp. 105–107.
5. Bursen (1978).
6. Crick (1984).
7. Hunter (1964).
8. 例如，斯夸尔（Squire, 1986）提出了一些理论。有关一些临床案例的生动描述，可参见萨克斯（Sacks, 1985）。
9. Luria (1970; 1973); Gardner (1974).
10. Nahm et al. (2011).
11. Boakes (1984).
12. Lashley (1929), p. 14.
13. Lashley (1950), p. 479.
14. Pribram (1971); Wilber (ed.)(1982).
15. Boycott (1965), p. 48.
16. 此外，罗斯和哈丁（Rose and Harding, 1984）、罗斯和奇洛格（Rose and Csillag, 1985）、霍恩（Horn, 1986）、罗斯（1986）都进行了相关研究。在类似的小鸡实验中，详细研究表明，学习后突触中囊泡的数量发生了变化（Rose, 1986）。
17. Cipolla-Neto et al. (1982).
18. Kandel (2003).
19. Kitamura et al. (2017).
20. https://www.extremetech.com/extreme/123485-mitdiscovers-the-location-ofmemories-individual-neurons; retr. 25 June 2019.
21. Liu et al. (2012).
22. Ibid.
23. Sawangjit et al. (2018).
24. Grewe et al. (2017), p. 673.
25. Sanders (2018).
26. Poo et al. (2016).
27. Ibid.
28. Blackiston et al. (2008).
29. Shomrat and Levin (2013).
30. Blackiston et al.(2015).
31. Cook et al. (2019).
32. Ibid.

33. Portman (2019), p. 41.
34. Lu et al. (2009).
35. Lewin (1980).
36. Penfeld and Roberts (1959)
37. Quoted in Wold (1984), p.175.
38. Pribram (1979).
39. Bohm(1980).
40. Bohm in Weber (1986), p. 26.
41. Bohn in Sheldrake (2009), p. 302.
42. Frolich and McCormick (2010).
43. 我在《新生命科学》（2009年新版）中讨论了形态共振及其证据。此外，我在《过去的存在》（2011年新版）中探讨了其历史背景及更广泛的影响。
44. Jennings (1906).
45. Wood (1982).
46. Wood (1988).
47. Yong (2016).

48. Baluska and Gagliano (2018).
49. Gagliano et al. (2014).
50. Klein and Kandel (1978).
51. Jennings (1906)
52. Watkins et al. (2010).
53. Rizzolattie et al.(1999).
54. Agnew et al. (2007).
55. Ibid., p. 211.
56. Yates (1969).
57. E.g., Lorayne (1950).
58. 我在《新生命科学》（2009年新版）中详细讨论了这些实验，并引用了相关科学期刊的所有原始论文。
59. Flynn (2007).
60. Trahan et al. (2016).
61. Data from Horgan (1997a).
62. Flynn (2007), p. 176.
63. Summarised in Sheldrake (2009).

第八章　心智仅局限于大脑吗?

1. Piaget (1973), p. 280.
2. Wallace (2000), pp. 28–29.
3. Ibid., p. 49.
4. Crick (1994), p. 3.
5. Greenfield (2000), pp. 12–15.
6. 神经学家怀尔德·彭菲尔德发现，在脑部手术中刺激患者的大脑皮层，可以唤起生动的记忆片段。然而，尽管这种刺激可以唤起记忆，他并不认为这些记忆储存在所刺激的部位。他还得出结论，记忆"并不在大脑皮层"（1975）。

7. Duncan and Kennett (2001), p. 8.
8. 在对15项闭路电视注视研究的元分析中，大多数研究显示出积极的效果，总体上的积极效果在统计上具有显著性（施密特等，2004）。
9. Ibid., p. 202.
10. Kandel et al. (1995) p. 368.
11. Gray (2004), pp. 10, 25.
12. Lehar (2004).
13. Lehar (1999).
14. Winer et al. (2002).
15. Winer et al. (1996).

16. Winer and Cottrell (1996).
17. Ibid. (1996).
18. E.g. Bergson (1911); Burtt (1932).
19. James (1904), quoted in Velmans (2000).
20. Whitehead (1925), p. 54.
21. Velmans (2000), p. 109.
22. Ibid., pp. 113–114.
23. Gibson (1986).
24. Thompson et al. (1992).
25. Noë (2009), p. 183.
26. In Blackmore (2005), p. 164.
27. Bergson (1911), p. 7.
28. Ibid., pp. 37–38.
29. Sheldrake (2005b).
30. Braud et al. (1990); Sheldrake (1994); Cottrell et al. (1996).
31. Sheldrake (2003a).
32. Ibid.
33. Ibid.
34. Ibid.
35. Ibid.
36. Corbett (1986); Sheldrake (2003a).
37. Long (1919).
38. Cottrell et al. (1996).
39. Sheldrake (2003a).
40. Ibid.
41. Sheldrake (2005a).
42. The statistical significance was $p=10^{-376}$ (Sheldrake, 2005a).[Should 10^{-376} be 10^{-376}].
43. Ibid.
44. Sheldrake (2003a).
45. In a meta-analysis of fifteen CCTV staring studies, most showed positive effects and the overall positive effect was statistically significant (Schmidt et al., 2004).
46. Dyson (1979).
47. Ibid., p. 171.

第九章　心灵现象是虚幻的吗？

1. Quoted in Barrett (1904).
2. In Krippner and Friedman (eds) (2010).
3. Quoted in Auden (2009).
4. *New Penguin English Dictionary*, 1986.
5. For discussions, see Sheldrake (2003a, 2011) and Radin (1997, 2007).
6. Recordon et al. (1968).
7. 正如彼得斯所指出的那样，唯一可能的"正常"解释是，这位母亲通过电话以某种秘密或无意识的听觉编码向男孩传递了信息，但没有证据表明她这样做了。无论如何，彼得斯向任何感兴趣的人提供了录音，以便他们可以尝试自行检测是否存在提示。我听了这些录音，没有发现任何可能的编码痕迹，甚至专业魔术师也无法发现任何形式的作弊行为。
8. Sheldrake (2003a).

9. Radin (1997).
10. Ibid.
11. Ibid.
12. Ullman, Krippner and Vaughan (1973).
13. Storm et al. (2017).
14. Radin (1997).
15. Carter, in Krippner and Friedman (eds) (2010), Chapter 6.
16. 同上，第 12 章。多项元分析表明，结果具有高度显著性，唯一的例外是米尔顿和怀斯曼（Milton and Wiseman，1999 年）的怀疑性论文。该论文省略了一组正面结果，而这些结果改变了整体平衡，使其具有显著的正面效果（Milton，1999）。此外，米尔顿和怀斯曼使用了一种有缺陷的分析方法，未能考虑每项研究的样本量。当对其数据进行重新分析并纠正这一缺陷后，总体效果为正，并且在统计上具有显著性（Krippner and Friedman，2010）。
17. Dalton (1997); Broughton and Alexander (1997).
18. 我的妻子在一家二手书店发现了这本书。她立刻意识到我会对它感兴趣（事实确实如此），于是就买下了这本书。这本书现在已再版并重新上架，见朗（Long，2005）。
19. Sheldrake (1999a), Chapter 3.
20. Sheldrake and Smart (1998).
21. Sheldrake and Smart (2000a).
22. 在英国电视台播出了一项关于杰伊蒂的实验后，一些怀疑论者对杰伊蒂能够知道帕姆何时回家的能力提出质疑，并试图解释这些现象。我邀请了其中一位怀疑论者理查德·怀斯曼亲自进行测试。他是一名魔术师、心理学家以及美国超自然现象科学调查委员会的成员。他接受了我的邀请，帕姆和她的家人也热心协助了他的测试。在实验中，他的助手全程陪同帕姆离家，并在随机选定的时间通知她回家。怀斯曼则留在杰伊蒂身边进行录像。实验结果与我的测试非常相似，甚至效果更为显著。在怀斯曼的实验中，杰伊蒂在帕姆离家期间的时间段中有 4% 的时间在窗边，而当帕姆在回家路上时，这一比例上升到 78%（Sheldrake and Smart，2000a）。然而，怀斯曼和他的同事马修·史密斯（Matthew Smith）声称杰伊蒂并未通过测试，因为杰伊蒂在帕姆实际启程前就到了窗边，他们还忽略了自己的数据，这些数据表明杰伊蒂的等待行为与我的实验结果非常相似（Wiseman et al.，1998）。我对他们的主张进行了回应（Sheldrake，1999b），随后双方又进行了两轮辩论（Wiseman et al.，2000; Sheldrake，2000）。关于这场争议的总结，详见卡特（Carter，2010）和谢尔德雷克（Sheldrake，2011a）的文献。怀斯曼现在承认他的结果确实重复了我的实验结果，他表示：" 我的研究中的模式与鲁珀特的研究中的模式是相同的 "

(https://skeptiko.com/11-dr-richard-wise-man-on-rupert-sheldrakes-dogsthatknow/）。

23. Sheldrake and Smart (2000b).

24. Totals from Rupert Sheldrake's database in October 2019. For more details of this research see Sheldrake (2011a).

25. Sheldrake and Morgana (2003).

26. Van der Post (1962), pp. 236–237.

27. 女性受访者多于男性受访者，因此平均值92%并非96%和85%的平均值（Sheldrake, 2003a）。

28. Lobach and Biermn (2004); Schmidt et al. (2009).

29. Sheldrake and Smart (2003a, b).

30. Sheldrake and Smart (2003a, b).

31. Sheldrake (2003a).

32. Radin (2007).

33. Einstein, in Einstein and Born (1971).

34. Sheldrake and Smart (2005), Sheldrake and Avraamides (2009); Sheldrake, Avraamides and Novak (2009).

35. Sheldrake and Lambert (2007); Sheldrake and Beeharee (2009).

36. See the online experiments portal at www.sheldrake.org.

37. Sheldrake (2003a, 2011a).

38. Grant and Halliday (2010).

39. Sheldrake (2005c).

40. Sheldrake (2003a).

41. Sheldrake (2011a).

42. Rupert Sheldrake animal database, July 2018.

43. Saltmarsh (1938).

44. Ibid.

45. Dunne (1927).

46. Radin (1997).

47. Radin (1997), Chapter 7.

48. Bierman and Scholte (2002); Bierman and Ditzhuijzen (2006); Bem (2011).

49. 例如，英国著名怀疑论者理查德·怀斯曼承认，关于超感官知觉实验的数据"符合普通主张的通常标准，但不足以令人信服地支持一种非凡的主张"，引用自布罗德里克（Broderick）和戈策尔（Goertzel）主编的著作（2015，第27页）。

50. 关于怀疑论者态度的深度讨论，请参见格里芬（Griffin, 2000）；另见卡特（Carter, 2007）和麦克卢汉（McLuhan, 2010）。

51. French, in Henry (ed.) (2005), Chapter 5.

52. https://en.wikipedia.org/wiki/Parapsychology; retrieved 5 October 2019.

53. Dossey (2010).

54. Cardeña (2018).

55. Reber and Alcock (2019).

56. 关于怀疑论主张的批判性讨论，请参见www.skepticalinvestigations.org。

57. See the Appendix to Sheldrake (2011a) and the Controversies section

of my website, www.sheldrake.org.
58. Whitfield (2004).
59. http://www.skepticalinvestigations.org/New/Audio/telepathy.html.
60. http://www.skepticalinvestigations.org/controversies/Euroskep_2005.htm.

第十章　机械论医学是唯一真正有效的医学吗？

1. Sheldrake (2009), Chapter 1.
2. Jones and Dangl (2006).
3. Elgert (2009).
4. Ibid.
5. Le Fanu (2000).
6. Ibid.
7. Ibid., pp. 177–178.
8. Weil (2004).
9. Ibid.
10. Le Fanu (2000).
11. Boseley (2002).
12. Goldacre (2010).
13. Ibid.
14. Wikipedia entry on "Pharmaceutical lobby", http://en.wikipedia.org/wiki/Pharmaceutical_lobby.
15. Goldacre (2009).
16. Stier (2010).
17. Ibid.
18. LeFanu (2018).
19. Ibid., pp. 7–8.
20. Mussachia (1995).
21. Rosenthal (1976).
22. Roberts et al. (1993).
23. Evans (2003).
24. Kirsch (2010).
25. Kirsch (2009).
26. Ibid.
27. Kaptchuck (1998).
28. Evans (2003).
29. Weil (2004).
30. Dossey (1991).
31. Moerman (2002).
32. Ibid.
33. Singh and Ernst (2009), p. 300.
34. Silverman (2009).
35. Reiche et al. (2005).
36. E.G., Pattie (1941); Stevenson (1997), p. 16.
37. Weil (2004), Chapter 21.
38. Freedman (1991).
39. Time (1952).
40. Mason (1955).
41. Weil (2004), Chapter 21.
42. Burns (1992).
43. Le Fanu (2000).
44. Source: US Centers for Disease Control and Prevention: http://www.cdc.gov/obesity/childhood/index.html.
45. Kreitzer and Riff (2011).
46. Sheldrake (1999), Chapter 5.
47. Koenig (2008).
48. Ibid., Chapter 9.
49. Ibid., p. 143.

50. Sheldrake (2017, 2019).
51. Crow (2011), p. 571.
52. Ibid.
53. Ibid.
54. UK Government (2010).
55. Le Fanu (2000), p. 400.
56. E.g., Singh and Ernst (2005).
57. World Health Organization (2003).
58. Singh and Ernst (2005).
59. Ibid.
60. Goldacre (2013), p. 186.
61. Wieseler et al. (2019).
62. Whipple (2019).
63. Moncrieff (2009).
64. Kirsch (2009), p. 158.
65. https://www.alcor.org; retrieved 15 October 2019.
66. https://www.cryonics.org/resources/pet-cryopreservation; retrieved 15 October 2019.
67. Quoted by Willis (2009).
68. https://transcend.me/blogs/supplementation/whatsupplements-does-raykurzweil-take-and-why; retrieved 15 October 2019.
69. Hamilton (2005).
70. Source: American Medical Association: http://www.ama-assn.org/amed-news/2009/08/24/prsa0824.htm.
71. Zhang et al. (2009).
72. Temel et al. (2010).

第十一章　客观性的错觉

1. Lear (1965), p. 89.
2. Ibid., p. 114.
3. Meri (2005), pp. 138–139.
4. Lear (1965), pp. 103–104.
5. Ibid., Introduction.
6. Descartes (translation, 1985), Vol.1, p. 127.
7. Zajonc (1993).
8. D'Espagnat (1976), p. 286.
9. Latour (2009), pp. 10–11.
10. Latour (1987); Collins and Pinch (1998).
11. Collins and Pinch (1998), p. 111.
12. Ibid., p. 42.
13. See the discussion in Chapter 4.
14. Sheldrake (2001).
15. Sheldrake (2004a).
16. Sheldrake (2001).
17. 阿利斯泰尔·卡斯伯特森（Alistair Cuthbertson）在2010年11月通过个人交流进行了一项调查，调查对象是威尔士亲王教学研究院（Prince of Wales' Teaching Institute）科学教师会议上来自公立学校的33位科学负责人。
18. Sheldrake (2004a).
19. Medawar (1990).
20. Rosenthal (1976).
21. Rosenthal (1976), Chapter 10.
22. Sheldrake (1999c).

23. Watt and Nagtegaal (2004).
24. Sheldrake (1998b).
25. Sheldrake (1999c).
26. MacCoun and Perlmutter (2015).
27. Sheldrake (1994), Chapter 7.
28. Sheldrake (1998b).
29. Sheldrake (1998c).
30. Sheldrake (1999d).
31. Wiseman and Watt (1999).
32. Enz (2009).
33. 例如，雷丁（Radin，2007）在其元分析中计算了需要多少未发表的负面数据来抵消已发表的正面结果，结果发现文件抽屉效应无法合理解释超心理学研究中整体的正面结果。
34. Goldacre (2011).
35. Stephan et al. (2017).
36. https://www.relx.com/~/media/Files/R/RELX-Group/documents/reports/annualreports/2018-annual-report.pdf; retrieved 14 September 2019.
37. https://www.springernature.com/gp/products/journals; retrieved 14 September 2019.
38. Buranyi (2017).
39. https://www.relx.com/~/media/Files/R/RELX-Group/documents/reports/annualreports/2018-annual-report.pdf; retrieved 14 September 2019.
40. Giglio and Luiz (2017).
41. Goldacre (2013), pp. 369–370.
42. Wicherts et al. (2006).
43. Broad and Wade (1985).
44. Ibid.
45. Dennett (2006).
46. Cassuto (2002).
47. Nature (2010).
48. Daily Telegraph (2010).
49. Bhattercharjee (2013).
50. Cyranoski (2012).
51. Clark (2017).
52. Ibid.
53. Hettinger (2010).
54. Rennie (2016).
55. Allison et al. (2016).
56. Prinz et al. (2011).
57. Begley and Ellis (2012).
58. Open Science Collaboration (2015).
59. Abbott (2013).
60. Achenbach (2018).
61. Baker (2016).
62. Ioannidis (2005).
63. Horton (2015).
64. Smaldino and McElreath (2016).
65. Alberts et al. (2014).
66. Ibid., p. 5774.
67. Ibid., p. 5775.
68. See for example https://osf.io; retrieved 23 October 2019.
69. See for example https://scihub.tw, which on 23 October 2019 was nominally based in Taiwan.
70. https://www.sciencemag.org/news/2019/02/universitycalifornia-boycottspublishing-giant-elsevierover-

journal-costs-and-open; retrieved 23 October 2019.

71. Alberts et al. (2014), p. 5776.

72. Oreskes and Conway (2010), Chapter 1.

73. Michaels (2005).

74. Ibid.

75. Oreskes and Conway (2010).

76. Sarewitz (2015).

77. For a stimulating discussion of these questions, see Latour (2009), Chapter 3.

第十二章　科学的未来

1. http://data.uis.unesco.org/Index.aspx?DataSetCode=SCN_DS&lang=en; retrieved 15 October 2019.

2. https://ffles.eric.ed.gov/fulltext/ED570660.pdf; retrieved 15 October 2019.

3. Ibid.

4. Smolin (2006).

5. Ziman (2003).

6. Feyerabend (2010).

7. http://www.cam.ac.uk/admissions/undergraduate/couses/natsci/part1b.html; accessed June 2011.

8. Fara (2009), pp. 191–196.

9. Ibid., pp. 194, 196.

10. https://www.stm-assoc.org/2012_12_11_STM_Report_2012.pdf; retrieved 15 October 2019.

11. Carr (2007).

12. Brooke (1991), p. 155.

13. Fara (2009), p. 197.

14. Ibid., p. xv.

15. Krönig (1992), p. 155.

16. Gervais (2010).

17. 我有幸参与了许多科学和哲学对话，这些经历是我人生中最开阔思维的体验之一。举几个例子，我与量子物理学家大卫·玻姆和汉斯－彼得·杜尔（Hans-Peter Dürr）讨论了现代物理学与形态发生场之间的可能关系。我与神学家马修·福克斯（Matthew Fox）探索了科学与灵性之间的新联系；我们的一些讨论被发表在我们的书籍《自然恩典》（*Natural Grace*, 1996）和《天使物理学》（*The Physics of Angels*, 1996）中。在一系列年度对话中，我与安德鲁·魏尔（Andrew Weil）讨论了科学研究、整合医学和意识研究之间的联系，这些对话都可以在我的网站（www.sheldrake.org）上以流媒体音频形式在线获取。在一系列持续十五年的三方对话（或称三人对谈）中，混沌理论领域的开创性数学家拉尔夫·亚伯拉罕（Ralph Abraham）、研究萨满教使用迷幻植物的特伦斯·麦肯纳（Terence McKenna）和我共同探讨了广泛的主题。其中一些对话被发表在我们的书籍《混沌、创造力与宇宙意识》(Chaos, Creativity and Cosmic Consciousness, 2001)和《进化中的心灵》(The Evolutionary Mind, 2005)中，大部分内容都可以在我的网站上以流媒体音频形式获取。

18. UK Office of Science and Technology (2000).

19. Hansen (2010).

20. https://www.nat.org.uk/we-need-you/get-involved/hiv-activists; retrieved 23 December, 2019.

21. Akrich et al. (2008).

22. Source: The Association of Medical Research Charities: https://www.amrc.org.uk/our-members_memberProffles; retrieved 16 October 2019.

23. https://assets.publishing.service.gov.uk/government/uploads/system/uploads/attachment_data/file/505308/bis-16-160-allocationscience-research-funding2016-17-2019-20.pdf; retrieved 15 October 2019.

24. 我与英国政府和反对派的主要政治家讨论了这个想法，发现多数人对此可能性持开放态度。随后，我在《自然》(Nature, 2004b)和《纽约时报》(New York Times, 2003c)上发表了相关内容，并被政策智库 Demos 所采纳（Wilsdon et al., 2005）。然而，实际上什么也没有发生，因为保持现状更简单，而科学资助体系的改变并不是一个能吸引选票的大议题。但这仍然是一个开放的可能性。

25. Shannon (2002).

26. Viveiros de Castro (2004).

27. Wallace (2009), pp. 24–25.

28. Horgan (2003).

29. Weil (2004).

30. Heglund et al. (1995).

31. 例如，参见我与神学家马修·福克斯的探讨（Sheldrake and Fox, 1996; Fox and Sheldrake, 1996）。

32. Koenig et al. (2012).

33. Sheldrake (2017).

34. Sheldrake (2019).

35. Tarnas (1991), Chapter 3.

36. Suzuki (1998).

37. https://en.unesco.org/unesco_science_report/figures; retrieved 15 October 2019.

参考文献

Abbott, A. (2013), 'Disputed results a fresh blow for social psychology', *Nature*, 497, 16.

Achenbach, J. (2018), 'Researchers replicate just 13 of 21 social science experiments published in top journals', *Washington Post*, 27 August.

Adam, D. (2002), 'Flickering light raises possibility of changing "constant"', *Nature*, 412, 757.

Agnew, Z. K., Bhakoo, K. K. and Puri, B. K. (2007), 'The human mirror system: a motor resonance theory of mind-reading', *Brain Research Reviews*, 54, 286-93.

Aharonov, Y., Popescu, S. and Tollaksen, J. (2010), 'A time-symmetric formulation of quantum mechanics', *Physics Today*, November, 27-32.

Akrich, M., Nunes, J., Paterson, F. and Rabeharisoa, V. (2008), *The Dynamics of Patient Organizations in Europe*, Presses des Mines, Paris.

Alberts, B., Kirschner, M. W., Tilghman, S. and Varmus, H. (2014), 'Rescuing US biomedical research from its systemic flaws', *Proceedings of the National Academy of Sciences*, 111, 5773-7.

Allison, D., Brown, A. W., George, B. J. and Kaiser, K. A. (2016), 'A tragedy of errors', *Nature*, 530, 28-9.

Anfinsen, C. B. and Scheraga, H. A. (1975), 'Experimental and theoretical aspects of protein folding', *Advances in Protein Chemistry*, 29, 205-300.

Anway, M. D., Cupp, A. S., Uzumcu, M. and Skinner, M. K. (2005), 'Epigenetic transgenerational actions of endocrine disruptors and male fertility', *Science*, 308, 1466-9.

Auden, W. H. (2009), *The Selected Writings of Sydney Smith*, Faber & Faber, London.

Bacon, F. (1951), *The Advancement of Learning and New Atlantis*, Oxford University Press, London.

Baker, N. (2016), 'Is there a reproducibility crisis?', *Nature*, 533, 452–4.

Baluska, F. and Gagliano, M. (2018), *Memory and Learning in Plants*, Springer, Cham.

Banks, R. D., Blake, C. C. F., Evans, P. R., Haser, R., Rice, D. W., Hardy, G. W., Merrett, M. and Phillips, A. W. (1979), 'Sequence, structure and activities of phosphoglycerate kinase', *Nature*, 279, 773–7.

Barnett, S. A. (1981), *Modern Ethology*, Oxford University Press, Oxford.

Barrett, W. (1904), Address by the President, *Proceedings of the Society for Psychical Research*, 18, 323–50.

Barrow, J. D. and Webb, J. K. (2005), 'Inconstant constants: do the inner workings of nature change with time?', *Scientific American*, June, 32–9.

Begley, C. G. and Ellis, L. M. (2012), 'Raise standards for preclinical cancer research', *Nature*, 483, 531–3.

Bekenstein, J. (2004), 'Relativistic gravitation theory for the modified Newtonian dynamics paradigm', *Physical Review D*, 70, Issue 8, 083509.

Belokov, A. V. and Hooper, D. (2010), 'Contribution of inverse Compton scattering to the diffuse extragalactic gamma-ray background from annihilating dark matter', *Physical Review* D, 81, 043505.

Bem, D. (2011), 'Feeling the future: experimental evidence for anomalous retroactive influences on cognition and aff ect', *Journal of Personality and Social Psychology*, 100, 407–25.

Bergson, H. (1911), *Creative Evolution*, Macmillan, London.

Bergson, H. (1946), *The Creative Mind*, Philosophical Library, New York.

Bernstein, J. (2002), *Polymorphism in Molecular Crystals*, Clarendon Press, Oxford.

Bhattacharjee, Y. (2013), 'The mind of a con man', *New York Times*, 26 April.

Bierman, D. and Ditzhuijzen, J. (2006), 'Anomalous slow cortical components in a slot-machine task', *Proceedings of the 49th Annual Parapsychological Association*, 5–19.

Bierman, D. and Scholte, H. (2002), 'Anomalous anticipatory brain activation preceding exposure of emotional and neutral pictures', *Journal of International Society of Life Information Science*, 380–8.

Birge, W. T. (1929), 'Probable values of the general physical constants', *Reviews of Modern Physics*, 33, 233–9.

Blackiston, D. J., Casey, E. S. and Weiss, M. R. (2008), 'Retention of memory through metamorphosis: can a moth remember what it learned as a caterpillar?' *PLoS ONE*, 3 (3), e1736.

Blackiston, D. J., Shomrat, T. and Levin, M. (2015), 'The stability of memories during brain remodeling: a perspective', *Communicative & Integrative Biology*, 8, e1073424.

Blackmore, S. (1999), *The Meme Machine*, Oxford University Press, Oxford.

Blackmore, S. (2005), *Conversations on Consciousness*, Oxford University Press, Oxford.

Boakes, R. (1984), *From Darwin to Behaviourism*, Cambridge University Press, Cambridge.

Bohm, D. (1980), *Wholeness and the Implicate Order*, Routledge & Kegan Paul, London.

Bojowald, M. (2008), 'Big bang or big bounce? New theory on the universe's birth', *Scientific American*, October.

Boseley, S. (2002), 'Scandal of scientists who take money for papers ghostwritten by drug companies', *Guardian*, 7 February.

Bowler, P. J. (1984), *Evolution: The History of an Idea*, University of California Press, Berkeley.

Boycott, B. B. (1965), 'Learning in the octopus', *Scientific American*, 212 (3), 42–50.

Braud, W., Shafer, D. and Andrews, S. (1990), 'Electrodermal correlates of remote attention: autonomic reactions to an unseen gaze', *Proceedings of Presented Papers, Parapsychology Association 33rd Annual Convention*, Chevy Chase, MD, 14–28.

Broad, W. and Wade, N. (1985), *Betrayers of the Truth: Fraud and Deceit in Science*, Oxford University Press, Oxford.

Broderick, D. and Goertzel, B. (eds) (2015), *Evidence for Psi: Th irteen Empirical Research Reports*, MacFarland and Company, Jeff erson, NC.

Brooke, J. H. (1991), *Science and Religion: Some Historical Perspectives*, Cambridge University Press, Cambridge.

Brooks, M. (2009), *13 Things That Don't Make Sense*, Profile Books, London.

Brooks, M. (2010), 'Operation alpha', *New Scientist*, 23 October, 33–5.

Broughton, R. S. and Alexander, C. M. (1997), 'Auroganzfeld II: an attempted replication of the PRL research', *Journal of Parapsychology*, 61, 209–226.

Brown, R. E., Fitzmyer, J. A. and Murphy, R. E. (1968), *The Jerome Bible Commentary*, Prentice-Hall, Englewood Cliffs, NJ.

Buranyi, S. (2017), 'Is the staggeringly profitable business of Scientific publishing bad for science?', *Guardian*, 27 June.

Burnet, J. (1930), *Early Greek Philosophy*, A&C Black, London.

Burns, D. A. (1992), ' "Warts and all" – the history and folklore of warts: a review', *Journal of the Royal Society of Medicine*, 85, 37–40.

Bursen, H. A. (1978), *Dismantling the Memory Machine*, Reidel, Dordrecht.

Burtt, E. A. (1932), *The Metaphysical Foundations of Modern Physical Science*, Kegan Paul, Trench & Trubner, London.

Byrne, J. (2019), 'We need to talk about systematic fraud', *Nature*, 566, 9.

Capra, F. (1996), *The Web of Life: A New Synthesis of Mind and Matter*, HarperCollins, London.

Cardeña, E. (2018), 'The experimental evidence for psi phenomena: a review', *American Psychologist*, 73, 663–77.

Carr, B. (ed.) (2007), *Universe or Multiverse?* Cambridge University Press, Cambridge.

Carr, B. (2008), 'Worlds apart? Can psychical research bridge the gap between matter and minds?', *Proceedings of the Society for Psychical Research*, 59, 1–96.

Carroll, S. B. (2005), *Endless Forms Most Beautiful*, Quercus, London.

Carroll, S. B., Grenier, J. K. and Weatherbee, S. D. (2001), *From DNA to Diversity: Molecular Genetics and the Evolution of Animal Design*, Blackwell, Oxford.

Carter, C. (2007), *Parapsychology and the Skeptics*, Sterling House, Pittsburgh, PA.

Carter, C. (2010), ' "Heads I lose, Tails you win", or, How Richard Wiseman nullifies positive results and what to do about it', *Journal of the Society for Psychical Research*, 74, 156–67.

Cassuto, L. (2002), 'Big trouble in the world of "Big Physics" ', *Guardian*, 18 September.

Chivers, T. (2010), 'Neuroscience, free will and determinism: "I'm just a machine"', *Daily Telegraph*, 12 October.

Chorost, M. (2013), 'Where Thomas Nagel went wrong', *The Chronicle Review*, 13 May.

Cipolla-Neto, J., Horn, G. and McCabe, B. J. (1982), 'Hemispheric asymmetry and imprinting: the effect of sequential lesions to the Hyperstriatum ventrale', *Experimental Brain Research*, 48, 22–7.

Clark, T. D. (2017), 'Science, lies and video-taped experiments', *Nature*, 542, 139.

Cohen, E. R. and Taylor, B. N. (1973), 'The 1973 least-squares adjustment of the fundamental constants', *Journal of Physical and Chemical Reference Data*, 2, 663–735.

Cohen, E. R. and Taylor, B. N. (1986), 'The 1986 CODATA recommended values of the fundamental physical constants', *Journal of Physical and Chemical Reference Data*, 17, 1795–803.

Cohen, J. (2019), 'Primeediting promises to be a cut above CRISPR', Science, 366, 406.

Cohn, N. (1957), *The Pursuit of the Millennium*, Secker & Warburg, London.

Cole, F. J. (1930), *Early Theories of Sexual Generation*, Clarendon Press, Oxford.

Coleman, W. (1977), *Biology in the Nineteenth Century*, Cambridge University Press, Cambridge.

Collins, H. and Pinch, T. (1998), *The Golem: What You Should Know About Science*, 2ndedn, Cambridge University Press, Cambridge.

Collins, J. (1965), *A History of Modern European Philosophy*, Bruce Publishing, Milwaukee, WI.

Conniff, R. (2006), 'Animal instincts', *Guardian*, 27 May.

Connor, S. (2011), 'For the love of God: scientists in uproar at £1 million religion prize', *Independent*, 7 April.

Cook, S. J. et al. (2019), 'Whole-animal connectomes of both *Caenorhabditis elegans* sexes', *Nature*, 517, 63–71.

Cooper, D. and Goodenough, L. (2010), 'Dark matter annihilation in the galactic center as seen by the Fermi gamma ray space telescope', http://arxiv.org/abs/1010.2752.

Coopersmith, J. (2010), *Energy – the Subtle Concept: The Discovery of Feynman's Blocks from Leibniz to Einstein*, Oxford University Press, Oxford.

Corbett, J. (1986), *Jim Corbett's India*, Oxford University Press, Oxford.

Cottrell, J. E., Winer, G. A. and Smith, M. C. (1996), 'Beliefs of children and adults about feeling stares of unseen others', *Developmental Psychology*, 32, 50–61.

Cramer, J. (1986), 'The transactional interpretation of quantum mechanics', *Reviews of Modern Physics*, 58, 647–88.

Crick, F. (1966), *Of Molecules and Men*, University of Washington Press, Seattle.

Crick, F. (1984), 'Memory and molecular turnover', *Nature*, 312, 101.

Crick, F. (1994), *The Astonishing Hypothesis: The Scientific Search for the Soul*, Simon & Schuster, London.

Crow, M. M. (2011), 'Time to rethink the NIH', *Nature*, 471, 569–71.

Culotta, E. (2005), 'Chimp genome catalogs differences with humans', *Science*, 309, 1468–9.

Cunningham, A. and Jardine, N. (eds) (1990), *Romanticism and the Sciences*, Cambridge University Press, Cambridge.

Curry, A. (2019), 'A painful legacy', *Science*, 365, 212–15.

Cyranoski, D. (2012), 'Retraction records rocks community', *Nature*, 489, 346–7.

D'Espagnat, B. (1976), *Conceptual Foundations of Quantum Mechanics*, Benjamin, Reading, MA.

Daily Telegraph (2010), '"Atheists just as ethical as churchgoers", new research shows', *Daily Telegraph*, 9 February.

Dalton, K. (1997), 'Exploring the links: creativity and psi in the ganzfeld', *Proceedings of the Parapsychological Association 40th Annual Convention*, 119–31.

Danckwerts, P. V. (1982), Letter, *New Scientist*, 11 November, 380–1.

Darwin, C. (1859), *The Origin of Species*, Murray, London.

Darwin, C. (1875), *The Variation of Animals and Plants Under Domestication*, Murray, London.

Darwin, E. (1794–6; reprinted 1974), *Zoonomia*, 2 vols, AMS Press, New York.

Dasgupta, M. (2010), 'DIPAS concludes observational study on "Mataji"', *Hindu*, 10 May.

Davies, P. (1984), *Superforce*, Heinemann, London.

Davies, P. (2006), *The Goldilocks Enigma: Why is the Universe Just Right For Life?*, Allen Lane, London.

Dawkins, R. (1976), *The Selfish Gene*, Oxford University Press, Oxford.

Dawkins, R. (1982), *The Extended Phenotype*, Oxford University Press, Oxford.

Dawkins, R. (2006), *The God Delusion*, Bantam, London.

De Bray, E. J. C. (1934), 'Velocity of light', *Nature*, 133, 948.

De Quincey, C. (2008), 'Reality bubbles', *Journal of Consciousness Studies*, 15, 94–101.

Dembski, W. (1998), *The Design Inference*, Cambridge University Press, Cambridge.

Dennett, D. (1991), *Consciousness Explained*, Little, Brown, Boston.

Dennett, D. (2006), *Breaking the Spell: Religion as a Natural Phenomenon*, Viking, New York, NY.

Descartes, R. (1985), *The Philosophical Writings of Descartes*, Cambridge University Press, Cambridge.

Dias, B. G. and Ressler, K. J. (2013), 'Parental olfactory experience influences behavior and neural structure in subsequent generations', *Nature Neuroscience*, 17, 89–96.

Dijksterhuis, E. J. (1961), *The Mechanization of the World Picture*, Oxford University Press, Oxford.

Dossey, L. (1991), *Meaning and Medicine*, Bantam Books, New York.

Driesch, H. (1914), *The History and Theory of Vitalism*, Macmillan, London.

Dubos, R. (1960), *Pasteur and Modern Science*, Anchor Books, New York.

Duncan, T. and Kennett, H. (2001), GCSE *Physics*, Murray, London.

Dunne, J. W. (1927), *An Experiment With Time*, Faber & Faber, London.

Dürr, H.-P. and Gottwald, F.-T. (eds) (1997), *Rupert Sheldrake in der Diskussion: Das Wagnis einer neuen Wissenschaft des Lebens*, Scherz Verlag, Bern.

Durrant, A. (1962), 'The environmental induction of heritable change in *Linum*', *Heredity*, 17, 27–61.

Dyson, F. (1979), *Disturbing the Universe*, Harper & Row, New York.

Einstein, A. and Born, M. (1971), *The Born–Einstein Letters*, Walker, New York.

Elgert, K. D. (2009), *Immunology: Understanding the Immune System*, Wiley, Hoboken, NJ.

Ellis, G. (2011), 'The untestable multiverse', *Nature*, 469, 294–5.

Elsasser, W. M. (1975), *The Chief Abstractions of Biology*, North Holland, Amsterdam.

Enz, C. P. (2009), 'Rational and irrational features in Wolfgang Pauli's life', in *Of Matter and Spirit: Selected Essays by Charles P. Enz*, World Scientific, Hackensack, NJ.

Evans, D. (2003), *Placebo: The Belief Effect*, HarperCollins, London.

Fara, P. (2009), *Science: A Four Thousand Year History*, Oxford University Press, Oxford.

Feyerabend, P. (2010), *Against Method*, 4Thedn, Verso, London.

Feynman, R. (1962), *Quantum Electrodynamics*, Addison–Wesley, Reading, MA.

Feynman, R. (1964), *The Feynman Lectures on Physics*, Vol. 1, Addison–Wesley, Reading, MA.

Filippini, G. and Gramaccioli, C. M. (1989), 'Benzene crystals at low temperature: a harmonic lattice–dynamical calculation', *Acta Crystallographica*, A45, 261–3.

Flew, A. (ed.) (1979), *A Dictionary of Philosophy*, Macmillan, London.

Flynn, J. (2007), *What is Intelligence?*, Cambridge University Press, Cambridge.

Forster, J. R. (1778), *Observations Made During a Voyage Around the World*, Robinson, London.

Fox, M. and Sheldrake, R. (1996), *The Physics of Angels: Exploring the Realm Where Science and Spirit Meet*, Harper, San Francisco.

Frankenfield, D. C. (2010), 'On heat, respiration and calorimetry', *Nutrition*, 26, 939–50.

Freedman, R. R. (1991), 'Physiological mechanisms of temperature biofeedback', *Applied Psychophysiology and Biofeedback*, 16, 95–115.

Fröhlich, F. and McCormick, D. A. (2010), 'Endogenous electric fi elds may guide neocortical network activity', *Neuron*, 67, 129–43.

Gagliano, M., Renton, M., Depcznski, M. and Mancuso, S. (2014), 'Experience teaches plants to learn faster and forget slower in environments where it matters', *Oecologia*, 175, 63–72.

Galton, F. (1875), 'The history of twins as a criterion of the relative powers of nature and nurture', *Fraser's Magazine*, 12, 566–76.

Gardner, H. (1974), *The Shattered Mind*, Vintage Books, New York.

Geddes, L. (2019), 'Height's "missing heritability" found', *Nature*, 568, 444–5.

Gerhart, J. and Kirschner, M. (1997), *Cells, Embryos and Evolution*, Blackwell Science, Oxford.

Gershteyn, M. L., Gershteyn, L. I., Gershteyn, A. and Karagioz, O. V. (2002), 'Experimental evidence that the gravitational constant varies with orientation', http://arxiv.org/pdf/physics/0202058v2.

Gervais, R. (2010), 'Why I'm an atheist', *Wall Street Journal*, 19 December.

Gibson, J. J. (1986), *The Ecological Approach to Visual Perception*, Lawrence Erlbaum Associates, Hillsdale, NJ.

Giglio, V. J. and Luiz, O. J. (2017), 'Predatory journals: fortify the defences', *Nature*, 544, 416.

Gilbert, W. (1600; reprinted 1991), *De Magnete, Dover Books*, New York.

Gilson, E. (1984), *From Aristotle to Darwin and Back Again*, University of Notre Dame Press, Notre Dame, IN.

Gleik, J. (1988), *Chaos: Making a New Science*, Heinemann, London.

Goho, A. (2004), 'The crystal form of a drug can be the secret of its success', *Science News*, 166, 122–4.

Goldacre, B. (2009), 'Dithering over statins': side-effects label fi nally ends', *Guardian*, 21 November.

Goldacre, B. (2010), 'Medical ghostwriters who build a brand', *Guardian*, 18 September.

Goldacre, B. (2011), 'Backwards step on looking into the future', *Guardian*, 23 April.

Goldacre, B. (2013), *Bad Pharma: How Medicine is Broken, and How We Can Fix It*, FourThestate, London.

Goodwin, B. (1994), *How the Leopard Changed its Spots*, Weidenfeld & Nicolson, London.

Gould, S. J. (1989), *Wonderful Life: The Burgess Shale and the Nature of History*, Hutchinson, London.

Gould, S. J. (1999), *Rock of Ages: Science and Religion in the Fullness of Life*, Ballantine, New York.

Grant, R. and Halliday, T. (2010), 'Predicting the unpredictable: evidence of pre-seismic anticipatory behaviour in the common toad', *Journal of Zoology*, 281, 263–71.

Gray, Jeff rey (2004), *Consciousness: Creeping Up on the Hard Problem*, Oxford University Press, Oxford.

Gray, John (2002), *Straw Dogs: Thoughts on Humans and Other Animals*, Granta Books, London.

Gray, John (2007), *Black Mass: Apocalyptic Religion and the Death of Utopia*, Allen Lane, London.

Gray, John (2011), *The Immortalization Commission: The Strange Quest to Cheat Death*, Allen Lane, London.

Grayling, A. C. (2011), 'Psychology: how we form beliefs', *Nature* 474, 446–7.

Green, E. D. and Guyer, M. S. (2011), 'Charting a course for genomic medicine from base pairs to bedside', *Nature*, 470, 204–13.

Greene, B. (2011), *The Hidden Reality: Parallel Universes and the Deep Laws of the Cosmos*, Allen Lane, London.

Greenfield, S. (2000), *Brain Story: Unlocking Our Inner World of Emotions, Memories, Ideas and Desires*, BBC, London.

Griffin, D. R. (1998), *Unsnarling the World-Knot: Consciousness, Freedom and the Mind-Body Problem*, Wipf & Stock, Eugene, OR.

Griffin, D. R. (2000), *Religion and Scientific Naturalism: Overcoming the Conflicts*, State University of New York Press, Albany, NY.

Grundlach, J. H. and Merkowitz, S. M. (2000), 'Measurement of Newton's constant using a torsion balance with acceleration feedback', *Physical Review Letters*, 85, 2869–72.

Haemmerling, J. (1963), 'Nucleo-cytoplasmic interactions in Acetabularia and other cells', *Annual Reviews of Plant Physiology*, 14, 65–92.

Hamilton, C. (2005), 'Chasing immortality: the technology of eternal life', *What Is Enlightenment?*, 30, 16–19.

Hampshire, S. (1951), *Spinoza*, Penguin, Harmondsworth.

Hansen, J. (2010), *Biotechnology and Public Engagement in Europe*, Palgrave Macmillan, London.

Harman, P. M. (1982), *Energy, Force and Matter: The Conceptual Development of Nineteenth-Century Physics*, Cambridge University Press, Cambridge.

Hawking, S. (1988), *Is the End in Sight for Theoretical Physics?*, Cambridge University Press, Cambridge.

Hawking, S. and Mlodinow, L. (2010), *The Grand Design: New Answers to the Ultimate Questions of Life*, Bantam Press, London.

Hazen, R. (1989), 'Battle of the supermen', *Guardian*, 15 April.

Heglund, N. C., Willems, P. A., Penta, M. and Cavagna, G. A. (1995), 'Energy-saving gait mechanics with head-supported loads', *Nature*, 375, 52–4.

Henry, J. (ed.) (2005), *Parapsychology: Research on Exceptional Experiences*, Routledge, Hove.

Hettinger, T. P. (2010), 'Misconduct: don't assume science is self-correcting', *Nature*, 466, 1040.

Hinde, R. A. (1982), *Ethology*, Fontana, London.

Hodges, A. (1983), *Alan Turing: The Enigma of Intelligence*, Hutchinson, London.

Holden, A. and Singer, P. (1961), *Crystals and Crystal Growing*, Heinemann, London.

Holder, N. (1981), 'Regeneration and compensatory growth', *British Medical Bulletin*, 37, 227–32.

Holding, S. C., Stacey, F. D. and Tuck, G. J. (1986), 'Gravity in mines – an investigation of Newton's law', *Physics Review Letters D*, 33, 3487–94.

Holeski, L. M., Jander, G. and Agrawal, A. A. (2012), 'Transgenerational defense induction and epigenetic inheritance in plants', *Trends in Ecology and Evolution*, 27, 618–26.

Horgan, J. (1997a), 'Get smart, take a test: a long term rise in IQ scores baffles intelligence experts', *Scientific American*, November, 10–11.

Horgan, J. (1997b), *The End of Science: Facing the Limits of Knowledge in the Twilight of the Scientific Age*, Little, Brown, London.

Horgan, J. (2003), *Rational Mysticism: Dispatches from the Border Between Science and Spirituality*, Houghton Mifflin, Boston.

Horn, G. (1986), *Memory, Imprinting and the Brain: An Inquiry into Mechanisms*, Clarendon Press, Oxford.

Horton, R. (2015), 'What is medicine's 5 sigma?', *The Lancet*, 385, 1380.

Howe, D. and Rhee, S. Y. (2008), 'The future of biocuration', *Nature*, 455, 47–8.

Hume, D. (2008), *Dialogues Concerning Natural Religion*, Oxford University Press, Oxford.

Humphrey, N. (2011), *Soul Dust: The Magic of Consciousness*, Quercus, London.

Hunter, I. M. L. (1964), *Memory*, Penguin, Harmondsworth.

Huxley, F. (1959), 'Charles Darwin: life and habit', *American Scholar* (Fall/Winter), 1–19.

Huxley, T. H. (1867), *Hardwicke's Science Gossip*, 3, 74.

Huxley, T. H. (1893), *Methods and Results*, Macmillan, London.

Iacono, W. G. and McGue, M. (2002), 'Minnesota Twin Family Study', *Twin Studies*, 5, 482–7.

Inge, W. R. (1929), *The Philosophy of Plotinus*, Longmans, London.

Jennings, H. S. (1906), *Behavior of the Lower Organisms*, Columbia University Press, New York.

Ionnidis, J. (2005), 'Why most published research findings are false', *PLoS Medicine* 2(8), e124, DOI: 10.1371/journal.pmed.0020124; retrieved 24 September 2019.

Jablonka, E. and Lamb, M. J. (2014), *Evolution in Four Dimensions: Genetic, Epigenetic, Behavioral and Symbolic Variation in the History of Life* (revisededition), MIT Press, Cambridge, MA.

Jaganathan, D., Ramasamy, K., Sellamuthu, G., Jayabalan, S. and Venkataraman, G. (2018), 'CRISPR for crop improvement: a review', *Frontiers in Plant Sciences*, 9, 985.

Jones, J. D. G. and Dangl, J. L. (2006), 'The plant immune system', *Nature*, 444, 323–9.

Kahn, F. (1949), *The Secret of Life: The Human Machine and How It Works*, Odhams, London.

Kandel, E. R. (2003), 'The molecular biology of memory storage: a dialogue between genes and synapses', in Jornvall, H. (ed) *Nobel Lectures, Physiology or Medicine* 1995–2000, World Scientific, Singapore.

Kandel, E. R., Schwartz, J. H. and Jessell, T. M. (1995), *Essentials of Neuroscience and Behavior*, Appleton & Lang, Norwalk, CT.

Kaptchuck, T. J. (1998), 'Intentional ignorance: a history of blind assessment in medicine', *Bulletin of the History of Medicine*, 72, 389–443.

Kealey, T. (1996), *The Economic Laws of Scientific Research*, Macmillan, London.

Kekreja, L. M. (2009), 'Calls to counter science scepticism are irrelevant in India', *Nature*, 459, 321.

Khoury, M. J., Evans, J. and Burke, W. (2010), 'A reality check for personalized medicine', *Nature*, 464, 680.

Kiernan, V. (1995), 'Gravitational constant is up in the air', *New Scientist*, 29

April, 18.

Kim, H., Grueneburg, A., Vazquez, A. I., Hsu, S. and de los Campos, G. (2017), 'Will big data close the missing heritability gap?', *Genetics*, 207, 1135–45.

Kirsch, I. (2009), *The Emperor's New Drugs: Exploding the Antidepressant Myth*, Bodley Head, London.

Kirsch, I. (2010), 'Not all placebos are born equal', *New Scientist*, 11 December, 30–3.

Kitamura, T., Ogawa, S. K., Roy, D. S., Okuyama, T., Morrissey, M. D., Smith, L. M., Redondo, R. L. and Tonegawa, S. (2017), 'Engrams and circuits crucial for systems consolidation of memory', *Science*, 356, 73–8.

Klein, M. and Kandel, E. R. (1978), 'Presynaptic modulation of voltage-dependent Ca^{2+} current: mechanism for behavioral sensitization in *Aplysia californica*', *Proceedings of the National Academy of Sciences USA*, 75, 3512–16.

Koenig, H. (2008), *Medicine, Religion and Health: Where Science and Spirituality Meet*, Templeton Foundation Press, West Conshohocken, PA.

Koenig, H., King, D. E. and Carson, V. B. (2011), H*andbook of Religion and Health* (2ndedn), Oxford University Press, Oxford.

Koestler, A. (1967), *The Ghost in the Machine*, Hutchinson, London.

Kreitzer, M. J. and Riff, K. (2011), 'Spirituality and heart health', in Devries, S. and Dalen, J. E. (eds), *Integrative Cardiology*, Oxford University Press, New York.

Kretzman, N. and Stump, E. (eds) (1993), *The Cambridge Companion to Aquinas*, Cambridge University Press, Cambridge.

Krippner, S. and Friedman, H. L. (eds) (2010), *Debating Psychic Experience: Human Potential or Human Illusion*, Praeger, Santa Barbara, CA.

Krönig, J. (1992), *Spuren*, Zweitausendeins, Frankfurt.

Kuhn, T. S. (1959), 'Energy conservation as an example of simultaneous discovery', in Clagett, M. (ed.), *Critical Problems in the History of Science*, University of Wisconsin Press, Madison, WI.

Kuhn, T. S. (1970), *The Structure of Scientific Revolutions*, 2nd edn, University of Chicago Press, Chicago.

Lamarck, J.-B. (1914), *Zoological Philosophy*, Macmillan, London.

Laplace, P. S. (1819; reprinted 1951), *A Philosophical Essay on Probabilities*, Dover, New York.

Lashley, K. S. (1929), *Brain Mechanisms and Intelligence*, Chicago University Press, Chicago.

Lashley, K. S. (1950), 'In search of the engram', *Symposium of the Society for Experimental Biology*, 4, 454–83.

Laszlo, E. (2007), *Science and the Akashic Field*, Inner Traditions, Rochester, VT.

Latham, J. (2011), 'The failure of the genome', *Guardian*, 18 April.

Latour, B. (1987), *Science in Action: How to Follow Scientists and Engineers Through Society*, Harvard University Press, Cambridge, MA.

Latour, B. (2009), *Politics of Nature: How to Bring the Sciences into Democracy*, Harvard University Press, Cambridge, MA.

Lear, J. (1965), *Kepler's Dream*, University of California Press, Berkeley.

Le Fanu, J. (2000), *The Rise and Fall of Modern Medicine*, Abacus, London. Ledford, H. (2012), 'Investment relief for biotech sector', *Nature*, 491, 316. Ledford, H. (2015), 'End of cancer-genome project prompts rethink', *Nature*, 517, 128–9.

Lehar, S. (1999), 'Gestalt isomorphism and the quantification of spatial perception', *Gestalt Theory*, 21, 122–39.

Lehar, S. (2004), 'Gestalt isomorphism and the primacy of subjective conscious experience', *Behavioral and Brain Sciences*, 26, 375–444.

Lewin, R. (1980), 'Is your brain really necessary?', *Science*, 210, 1232.

Libet, B. (1999), 'Do we have free will?', *Journal of Consciousness Studies*, 6, 47–57.

Libet, B. (2003), 'Can conscious experience affect brain activity?', *Journal of Consciousness Studies*, 10, 24–8.

Libet, B. (2006), 'Reflections on the interaction of the mind and brain', *Progress in Neurobiology*, 78, 322–6.

Libet, B., Elwood, W., Feinstein, B. and Pearl, D. K. (1979), 'Subjective referral of the timing for a conscious sensory experience', *Brain*, 102, 193–224.

Lightman, B. V. (2007), *Victorian Popularizers of Science: Designing Nature for New Audiences*, University of Chicago Press, Chicago.

Lindberg, D. C. (1981), *Theories of Vision from Al-Kindi to Kepler*, Chicago University Press, Chicago.

Liu, Y. (2008), 'A new perspective on Darwin's Pangenesis', *Biological Reviews*,

83, 141–9.

Lobach, E. and Bierman, D. J. (2004), 'Who's calling at this hour? Local sidereal time and telephone telepathy', in *Proceedings of the 47th Parapsychological Association Annual Convention* (pp. 91–7), Vienna.

Long, C. H. (1983), *Alpha: The Myths of Creation*, Oxford University Press, New York.

Long, W. (1919, Harper, New York; reprinted 2005), *How Animals Talk*, Park Street Press, Rochester, VT.

Lorayne, H. (1950), *How to Develop a Super-Power Memory*, Thomas, Preston.

Lu, J., Tapia, J. C., White, O. L. and Lichtman, J. W. (2009), 'The interscutularis muscle connectome' *Public Library of Science Biology*, e 1000032, doi:10.1371/journal.pbio.1000032.

Lui, X., Ramirez, S., Pano, P. Y., Puryear, C. B., Govindarajan, A., Deisseroth, K. and Tonagawa, S. (2012), 'Optogenetic stimulation of a hippocampal engram activates fear memory recall', *Nature*, 484, 381–5.

Luria, A. R. (1970), 'The functional organization of the brain', *Scientific American*, 222(3), 66–78.

Luria, A. R. (1973), *The Working Brain*, Penguin, Harmondsworth.

MacCoun, R. and Perlmutter, S. (2015), 'Hide results to seek the truth', *Nature*, 526, 187–8.

Maddox, J. (1981), 'A book for burning?', *Nature*, 293, 245–6.

Makowsky, R., Paieweski, N. M., Klimentidis, Y. C., Vazquez, A. I., Duarte, C. W., Allison, D. B. and de los Campos, G. (2011), 'Beyond missing heritability: prediction of complex traits', *PLoS Genetics*, 7(4), e1002051.

Malhotra, R., Holman, M. and Ito, T. (2001), 'Chaos and stability of the solar system', *Proceedings of the National Academy of Sciences US*, 98, 12342–3.

Manolio, T. A., Collins, F. S. and twenty-five others (2009), 'Finding the missing heritability of complex diseases', *Nature*, 461, 747–53.

Mason, A. A. (1955), 'Ichthyosis and hypnosis', *British Medical Journal*, 2 July, 57–8.

Mayr, E. (1982), *The Growth of Biological Thought*, Harvard University Press, Cambridge, MA.

McLaren, A. (1999), 'Too late for the midwife toad: stress, variability and Hsp90',

Trends in Genetics, 15, 169–71.

McLuhan, R. (2010), *Randi's Prize: What Skeptics Say About the Paranormal, Why They Are Wrong and Why It Matters, Matador*, Leicester.

Medawar, P. B. (1990), *The Threat and the Glory: Reflections on Science and Scientists*, HarperCollins, London.

Medvedev, Z. A. (1969), *The Rise and Fall of T. D. Lysenko*, Columbia University Press, New York.

Meri, J. W. (2005), *Medieval Islam Civilization: An Encyclopedia, Routledge*, London.

Michaels, D. (2005), 'Doubt is their product', *Scientific American*, June.

Midgley, M. (2002), *Evolution as a Religion*, Routledge, London.

Milton, J. (1999), 'Should ganzfeld research continue to be crucial in the search for a replicable psi effect?', *Journal of Parapsychology*, 63, 309–33.

Milton, J. and Wiseman R. (1999), 'Does psi exist? Lack of replication of an anomalous process of information transfer', *Psychological Bulletin*, 125, 387–391.

Mitchell, M. (2009), *Complexity: A Guided Tour*, Oxford University Press, New York.

Moerman, D. E. (2002), *Meaning, Medicine and the Placebo Effect*, Cambridge University Press, Cambridge.

Mohr, P. J. and Taylor, B. N. (2001), 'Adjusting the values of the fundamental constants', *Physics Today*, 54, 29.

Moncrieff, J. (2009), *The Myth of the Chemical Cure: A Critique of Psychiatric Drug Treatment*, Palgrave Macmillan, London.

Monod, J. (1972), *Chance and Necessity*, Collins, London.

Munowitz, M. (2005), *Knowing: The Nature of Physical Law*, Oxford University Press, Oxford.

Murphy, G. and Ballou, R. O. (eds) (1961), *William James on Psychical Research*, Chatto and Windus, London.

Mussachia, M. (1995), 'Objectivity and repeatability in science', *Skeptical Inquirer*, 19 (6), 33–5, 56.

Nagel, T. (2012), *Mind and Cosmos: Why the Materialist Neo-Darwinian Conception of Nature is Almost Certainly False*, Oxford University Press, New York.

National Science Board (2010), *Science and Engineering Indicators 2010*, National

Science Foundation, Washington.

Nature (2010), 'News briefi ng', *Nature*, 467, 11.

Nature (2011), Editorial, 'Best is yet to come', *Nature*, 470, 140.

Needham, J. (1959), *A History of Embryology*, Cambridge University Press, Cambridge.

Nemethy, G. and Scheraga, H. A. (1977), 'Protein folding', *Quarterly Review of Biophysics*, 10, 239–352.

Newton, I. (1704; reprinted 1952), *Opticks*, Dover Publications, New York.

Nietzsche, F. W. (1911), 'Eternal recurrence: the doctrine expounded and substantiated', in *The Complete Works of Friedrich Nietzsche*, Vol. 16, ed. O. Levy, Foulis, Edinburgh.

Noble, D. (2006), *The Music of Life: Biology Beyond the Genome*, Oxford University Press, Oxford.

Noë, A. (2009), *Out of Our Heads: Why You Are Not Your Brain and Other Lessons from the Biology of Consciousness*, Hill & Wang, New York.

Nolte, I. M. et al. (2017), 'Missing heritability: is the gap closing? An analysis of 32 complex traits in the Lifelines Cohort Study', *European Journal of Human Genetics*, 25, 877–85.

Nordenskiold, E. (1928), *The History of Biology*, Tudor, New York.

Olsen, M. V. and Varki, A. (2004), 'The chimpanzee genome – a bittersweet celebration', *Science*, 305, 191–2.

Open Science Collaboration (2015), 'Estimating the reproducibility of psychological science', *Science*, 349, 943.

Oreskes, N. and Conway, E. K. (2010), *Merchants of Doubt: How a Handful of Scientists Obscured the Truth on Issues from Tobacco Smoke to Global Warming*, Bloomsbury Press, New York.

Ostriker, J. P. and Steinhardt, P. J. (2001), 'The quintessential universe', *Scientific American*, January, 46–53.

Pagels, H. R. (1983), *The Cosmic Code*, Michael Joseph, London.

Paley, W. (1802), *Natural Theology*, J. Vincent, Oxford.

Partridge, E. (1961), Origins, Routledge & Kegan Paul, London.

Pattie, F. (1941), 'The production of blisters by hypnotic suggestion: a review', *Journal of Abnormal and Social Psychology*, 36, 62–72.

Pauli, W. and Jung, C. G. (2001), *Atom and Archetype: The Pauli/Jung Letters 1932–1958*, Princeton University Press, Princeton.

Penfield, W. (1975), *The Mystery of the Mind*, Princeton University Press, Princeton.

Penfield, W. and Roberts L. (1959), *Speech and Brain Mechanisms*, Princeton University Press, Princeton.

Penrose, R. (2010), *Cycles of Time: An Extraordinary New View of the Universe*, Bodley Head, London.

Petley, B. W. (1985), *The Fundamental Physical Constants and the Frontiers of Metrology*, Adam Hilger, Bristol.

Petronis, A. (2010), 'Epigenetics as a unifying principle in the aetiology of complex traits and diseases', *Nature*, 465, 721–7.

Piaget, J. (1973), *The Child's Conception of the World*, Granada, London.

Pisano, G. P. (2006), *Science Business: The Promise, the Reality and the Future of Biotech*, Harvard Business School, Boston, MA.

Plato (2000, trans. B. Jowett), *The Republic*, Dover Books, New York.

Plomin, R. (2018), *Blueprint: How DNA Makes Us Who We Are*, Allen Lane, London.

Plotinus, trans. MacKenna, S. (1956), *The Enneads*, Faber & Faber, London.

Popper, K. R. and Eccles, J. C. (1977), *The Self and Its Brain*, Springer International, Berlin.

Portman, D.S. (2019), 'The minds of two worms', *Nature*, 571, 40–2.

Potters, V. G. (1967), *C. S. Peirce on Norms and Ideals*, University of Massachusetts, Worcester, MA.

Pribram, K. H. (1971), *Languages of the Brain*, Prentice Hall, Englewood Cliffs, NJ.

Pribram, K. H. (1979), 'Transcending the mind–brain problem', *Zygon*, 14, 103–24.

Prinz, F., Schlange, T. and Asadullah, K. (2011), 'Believe it or not: how much can we rely on published data on potential drug targets?', *Nature Reviews Drug Discovery*, 10, 712.

Qiu, J. (2006), 'Unfinished symphony', *Nature*, 441, 143–5.

Queitsch, C., Sangster, T. A. and Lindquist, S. (2002), 'Hsp90 as a capacitor of phenotypic variation', *Nature*, 417, 618–24.

Radin, D. (1997), *The Conscious Universe: The Scientific Truth of Psychic Phenomena*, HarperCollins, San Francisco.

Radin, D. (2007), *Entangled Minds: Extrasensory Experiences in a Quantum Reality*, Paraview Pocket Books, New York.

Reber, A. S and Alcock, J. E. (2019), 'Searching for the impossible: parapsychology's elusive quest', *American Psychologist*, doi: 10.1037/ amp0000486.

Recordon, E. G., Stratton, F. J. M. and Peters, R. A. (1968), 'Some trials in a case of alleged telepathy', *Journal of the Society for Psychical Research*, 44, 390–9.

Rees, M. (1997), *Before the Beginning: Our Universe and Others*, Simon & Schuster, London.

Rees, M. (2004), *Our Final Century: The 50/50 Threat to Humanity's Survival*, Arrow, London.

Reich, E. S. (2010), 'G-whizzes disagree over gravity', *Nature*, 466, 1030.

Reiche, E. M. V., Nunes, S. O. V. and Morimoto, H. K. (2005), 'Stress, depression, the immune system and cancer', *Lancet Oncology*, 5, 617–25.

Remy, J. (2010), 'Stable inheritance of an acquired behavior in *Caenorhabditis elegans*', *Current Biology*, 20, R877–R878.

Rennie, D. (2016), 'Make peer review Scientific', *Nature*, 535, 31–3.

Rizzolatti, G., Fadiga, L., Fogassi, L. and Gallese, V. (1999), 'Resonance behaviors and mirror neurons', *Archives Italiennes de Biologie*, 137, 85–100.

Roberts, A. H., Kewman, D. G., Mercier, L. and Hovell, H. (1993), 'The power of nonspecific effects in healing: implications for psychosocial and biological treatments', *Clinical Psychology Review*, 13, 375–91.

Robertson, B. E., Ellis, R. S., Dunlop, J. S., McLure, R. J. and Stark, D. P. (2010), 'Early star-forming galaxies and the reionization of the universe', *Nature*, 468, 49–55.

Rose, S. P. R. (1986), 'Memories and molecules', *New Scientist*, 112 (27 November), 40–4.

Rose, S. P. R. and Csillag, A. (1985), 'Passive avoidance training results in lasting changes in deoxyglucose metabolism in left hemisphere regions of chick brain', *Behavioural and Neural Biology*, 44, 315–24.

Rose, S. P. R. and Harding, S. (1984), 'Training increases 3H fucose incorporation in chick brain only if followed by memory storage', *Neuroscience*, 12, 663–7.

Rosenthal, R. (1976), *Experimenter Effects in Behavioral Research*, John Wiley, New York.

Royal Society (2005), *A Degree of Concern? UK First Degrees in Science, Technology and Mathematics*, Royal Society Policy Document 32/06, London.

Royal Society (2011), *Knowledge, Networks and Nations: Global Scientific Collaboration in the 21st Century*, Royal Society Policy Document 03/11, London.

Rubery, P. H. and Sheldrake, R. (1974), 'Carrier-mediated auxin transport', *Planta*, 118, 101-210.

Russell, E. S. (1945), *The Directiveness of Organic Activities*, Cambridge University Press, Cambridge.

Rutherford, S. L. and Henikoff, S. (2003), 'Quantitative epigenetics', *Nature Genetics*, 33, 6-8.

Rutherford, S. L. and Lindquist, S. (1998), 'Hsp90 as a capacitor for morphological evolution', *Nature*, 396, 336-42.

Sacks, O. (1985), *The Man Who Mistook His Wife for a Hat*, Duckworth, London.

Saltmarsh, F. H. (1938), *Foreknowledge*, Bell, London.

Sample, I. (2010), 'Spending review spares science budget from deep cuts', *Guardian*, 19 October.

Sample, I. (2018), "Google's DeepMind predicts 3D shapes of proteins', *Guardian*, 2 December.

Sarewitz, D. (2015), 'Reproducibility will not cure what ails science', *Nature*, 525, 159.

Sarton, G. (1955), Introductory essay, in J. Needham, ed., *Science, Religion and Reality*, Braziller, New York.

Satprem (2000), *Sri Aurobindo or the Adventure of Consciousness*, Mira Aditi Centre, Mysore.

Schelling, F. von (1988), *Ideas for a Philosophy of Nature*, Cambridge University Press, Cambridge.

Schmalhausen, I.I. (1949), *Factors of Evolution: The Theory of Stabilizing Selection*, trans. from Russian by I. Dordic, Blakiston, Philadelphia.

Schmidt, S., Erath, D., Ivanova, V. and Walach, H. (2009), 'Do you know who is calling? Experiments on anomalous cognition in phone call receivers', *Open Psychology Journal*, 2, 12-18.

Schmidt, S., Schneider, R., Utts, J. and Walach, H. (2004), 'Distant intentionality and the feeling of being stared at: two meta-analyses', *British Journal of Psychology*,

95, 235–47.

Schnabel, U. (2009), 'Ein Portwein auf die Gene', *Die Zeit*, 9 July.

Schwarz, J. P., Robertson, D. S., Niebauer, T. M. and Fuller, J. E. (1998), 'A free–fall determination of the Newtonian constant of gravity', *Science*, 282, 2230–4.

Searle, J. (1992), *The Rediscovery of the Mind*, MIT, Cambridge, MA.

Searle, J. (1997), 'Consciousness and the philosophers', *New York Review of Books*, 6 March, 43–50.

Shannon, B. (2002), *Antipodes of the Mind: Charting the Phenomenology of the Ayahuasca Experience*, Oxford University Press, Oxford.

Sheldrake, R. (1973), 'The production of hormones in higher plants', *Biological Reviews*, 48, 509–99.

Sheldrake, R. (1974), 'The ageing, growth and death of cells', *Nature*, 250, 381–50.

Sheldrake, R. (1981; second edn, 1985), *A New Science of Life: The Hypothesis of Formative Causation*, Blond & Briggs, London.

Sheldrake, R. (1984), 'Pigeon pea physiology', in *The Physiology of Tropical Crops* (ed. P. H. Goldsworthy), Blackwell, Oxford.

Sheldrake, R. (1987), 'A perennial cropping system for pigeonpea grown in post-rainy season', *Indian Journal of Agricultural Sciences*, 57, 895–9.

Sheldrake, R. (1988a), *The Presence of the Past: Morphic Resonance and the Habits of Nature*, Collins, London.

Sheldrake, R. (1988b), 'Cattle fooled by phoney grids', *New Scientist*, 11 February, 65.

Sheldrake, R. (1990), *The Rebirth of Nature: The Greening of Science and God*, Century, London.

Sheldrake, R. (1992a), 'An experimental test of the hypothesis of formative causation', *Biology Forum*, 85, 431–43.

Sheldrake, R. (1992b), 'Rose refuted', *Biology Forum*, 85, 455–60.

Sheldrake, R. (1994), *Seven Experiments That Could Change the World: A Do-It-Yourself Guide to Revolutionary Science*, FourThestate, London.

Sheldrake, R. (1998a), 'Perceptive pets with puzzling powers: three surveys', *International Society for Anthrozoology Newsletter*, 15, 2–5.

Sheldrake, R. (1998b), 'Experimenter effects in scientific research: how widely are they neglected?' *Journal of Scientific Exploration*, 12, 73–8.

Sheldrake, R. (1998c), 'Could experimenter effects occur in the physical and biological sciences?', *Skeptical Inquirer*, 22, 57–8.

Sheldrake, R. (1999a), *Dogs That Know When Their Owners Are Coming Home, and Other Unexplained Powers of Animals*, Hutchinson, London.

Sheldrake, R. (1999b), 'Commentary on a paper by Wiseman, Smith and Milton on the "psychic pet" phenomenon', *Journal of the Society for Psychical Research*, 63, 306–11.

Sheldrake, R. (1999c), 'How widely is blind assessment used in Scientificresearch?', *Alternative Therapies*, 5, 88–91.

Sheldrake, R. (1999d), 'Blind belief', *Skeptic*, 12 (2), 7–8.

Sheldrake, R. (2000), 'The "psychic pet" phenomenon', *Journal of the Society for Psychical Research*, 64, 126–8.

Sheldrake, R. (2001), 'Personally speaking', *New Scientist*, 19 July.

Sheldrake, R. (2003a), *The Sense of Being Stared At, and Other Aspects of the Extended Mind*, Crown, New York.

Sheldrake, R. (2003b), 'Set them free', *New Scientist*, 19 April.

Sheldrake, R. (2003c), 'Really popular science', *New York Times*, 4 January.

Sheldrake, R. (2004a), 'Are we active? Or should the passive be used?', *School Science Review*, 86, 8–10.

Sheldrake, R. (2004b), 'Public participation: let the public pick projects', *Nature*, 432, 271.

Sheldrake, R. (2005a), 'The sense of being stared at – Part 1: Is it real or illusory?', *Journal of Consciousness Studies*, 12, 10–31.

Sheldrake, R. (2005b), 'The sense of being stared at – Part 2: Its implications for theories of vision', *Journal of Consciousness Studies*, 12, 32–49.

Sheldrake, R. (2005c), 'Why did so many animals escape December's tsunami?', *Ecologist*, March.

Sheldrake, R. (2009), *A New Science of Life* (3rd edn), Icon Books, London.

Sheldrake, R. (2011a), *Dogs That Know When Their Owners Are Coming Home, and Other Unexplained Powers of Animals* (2nd edn), Th ree Rivers Press, New York.

Sheldrake, R. (2011b), *The Presence of the Past: Morphic Resonance and the Habits of Nature* (2nd edn), Icon Books, London.

Sheldrake, R. (2017), *Science and Spiritual Practices*, Coronet, London.

Sheldrake, R. (2019), *Ways to Go Beyond, and Why They Work: Spiritual Practices in a Scientific Age*, Coronet, London.

Sheldrake, R. and Avraamides, L. (2009), 'An automated test for telepathy in connection wiThemails', *Journal of Scientific Exploration*, 23, 29–36.

Sheldrake, R. and Beeharee, A. (2009), 'A rapid online telepathy test', *Psychological Perspectives*, 104, 957–70.

Sheldrake, R. and Fox, M. (1996), *Natural Grace: Dialogues on Science and Spirituality*, Bloomsbury, London.

Sheldrake, R. and Lambert, M. (2007), 'An automated online telepathy test', *Journal of Scientific Exploration*, 21, 511–22.

Sheldrake, R. and Moir, G. F. J. (1970), 'A cellulase in *Hevea* later,' *Physiologia Plantarum*, 23, 267–77.

Sheldrake, R. and Morgana, A. (2003), 'Testing a language-using parrot for telepathy', *Journal of Scientific Exploration*, 17, 601–15.

Sheldrake, R. and Smart, P. (1998), 'A dog that seems to know when his owner is returning: preliminary investigations', *Journal of the Society for Psychical Research*, 62, 220–32.

Sheldrake, R. and Smart, P. (2000a), 'A dog that seems to know when his owner is coming home: videotaped experiments and observations', *Journal of Scientific Exploration*, 14, 233–55.

Sheldrake, R. and Smart, P. (2000b), 'Testing a return-anticipating dog, Kane', *Anthrozoos*, 13, 203–12.

Sheldrake, R. and Smart, P. (2003a), 'Experimental tests for telephone telepathy', *Journal of the Society for Psychical Research*, 67, 174–99.

Sheldrake, R. and Smart, P. (2003b), 'Videotaped experiments on telephone telepathy', *Journal of Parapsychology*, 67, 147–66.

Sheldrake, R. and Smart, P. (2005), 'Testing for telepathy in connection wiThemails', *Perceptual and Motor Skills*, 101, 771–86.

Sheldrake, R., Avraamides, L. and Novak, M. (2009), 'Sensing the sending of SMS messages: an automated test', *Explore: The Journal of Science and Healing*, 5, 272–6.

Sheldrake, R., McKenna, T. and Abraham, R. (2002), *Chaos, Creativity and Cosmic Consciousness*, Part Street Press, Rochester, VT.

Sheldrake, R., McKenna, T. and Abraham, R. (2005), *The Evolutionary Mind: Conversations on Science, Imagination and Spirit*, Monkfish Books, Rhinebeck, NY.

Shermer, M. (2011), *The Believing Brain: From Ghosts and Gods to Politics and Conspiracies – How We Construct Beliefs and Reinforce them as Truths*, Times Books, New York.

Shomrat, T. and Levin, M. (2013), 'An automated training paradigm reveals long-term memory in planarians and its persistence through head regeneration', *Journal of Experimental Biology*, 216, 3799-810.

Silverman, S, (2009), 'Placebos are getting more Effective: drugmakers are desperate to know why', *Wired Magazine*, 24 August.

Sinclair, U. (1930), *Mental Radio*, Werner Laurie, London.

Singh, S. (2004), *Big Bang*, FourThestate, London.

Singh, S. and Ernst, E. (2009), *Trick or Treatment? Alternative Medicine on Trial*, Corgi Books, London.

Skrbina, D. (2003), 'Panpsychism as an underlying theme in Western philosophy', *Journal of Consciousness Studies*, 10, 4-46.

Smaldino, P. E. and McElreath, R. (2016), 'The natural selection of bad science', *Royal Society Open Science*, 21 September, DOI: 10.1098/ rsos.160384.

Smith, A. P. (1978), 'An investigation of the mechanisms underlying nest construction in the mud wasp Paralastor sp.', *Animal Behaviour*, 26, 232-40.

Smolin, L. (2006), *The Trouble With Physics: The Rise of String Theory, The Fall of a Science, and What Comes Next*, Allen Lane, London.

Smolin, L. (2010), 'Space-time turnaround', *Nature*, 467, 1034-5.

Smuts, J. C. (1926), *Holism and Evolution*, Macmillan, London.

Sobel, D. (1998), *Longitude: The True Story of a Scientific Genius Who Solved the Greatest Scientific Problem of His Time*, FourThestate, London.

Sollars, V., Lu, X., Xiao, L., Wang, X., Garfinkel, M.D. and Ruden, D.M. (2003), 'Evidence for an epigenetic mechanism by which Hsp90 acts as a capacitor for morphological evolution', *Nature Genetics*, 33, 70-4.

Spinoza, B. (2004), *Ethics*, Penguin Classics, London.

Squire, L. R. (1986), 'Mechanisms of memory', *Science*, 232, 1612-19.

Stephan, P., Veugelers, R. and Wang, J. (2017), 'Blinkered by bibliometrics, *Nature*,

544, 411-12.

Stephenson, L. M. (1967), 'A possible annual variation of the gravitational constant', *Proceedings of the Physical Society*, 90, 601-4.

Stevenson, I. (1997), *Where Reincarnation and Biology Intersect*, Praeger, Westport, CT.

Stier, K. (2010), 'Curbing drug-company abuses: are fi nes enough?', *Time*, 30 May http://www.time.com/time/business/article/ 0,8599,1990910,00. html.

Storm, L., Sherwood, S. J., Roe, C. A., Tressoldi, P. E., Rock, A. J. and Di Riso, L. (2017), 'On the correspondence between dream content and target material under laboratory conditions: a meta-analysis of dream-ESP studies, 1966-2016', *International Journal of Dream Research*, 10, 120-40.

Strawson, G. (2006), 'Realistic monism: why physicalism entails panpsychism', *Journal of Consciousness Studies*, 13, 3-31.

Suzuki, D. T. (1998), *Studies in the Lakavatara Sutra*, Munshiram Manoharlal Publishers, New Delhi.

Tarnas, R. (1991), *The Passion of the Western Mind*, Harmony Books, New York.

Tegmark, M. (2007), 'The multiverse hierarchy', in Carr (ed.) (2007).

Temel, J. S., Greer, J. A., Muzikansky, A., Gallagher, E. R., Admane, A., Jackson, V. A., Dahlin, C. M., Blinderman, C. D., Jacobsen, J., Pirl, W. F., Billings, J. A. and Lynch, T. J. (2010), 'Early palliative care for patients with metastatic non-small-cell lung cancer', *New England Journal of Medicine*, 363, 733-42.

Thom, R. (1975), *Structural Stability and Morphogenesis*, Benjamin, Reading, MA.

Thom, R. (1983), *Mathematical Models of Morphogenesis*, Ellis Horwood, Chichester.

Thompson, E., Palacios, A. and Varela, F. J. (1992), 'Ways of coloring: comparative color vision as a case study for cognitive science', *Behavioral and Brain Sciences*, 15, 1-26.

Thomson, W. (1852), 'On a universal tendency in nature to the dissipation of mechanical energy', *Proceedings of the Royal Society of Edinburgh*, 19 April.

Thurston, H. (1952), *The Physical Phenomena of Mysticism*, Burns & Oates, London.

Time (1952), 'Medicine: entranced skin', *Time*, 1 September.

Tononi, G. and Koch, C. (2015), 'Consciousness: here, there and everywhere?', *Philosophical Transactions of the Royal Society* B, 370, 20140167.

Trachtman, P. (2000), 'Redefi ning robots', *Smithsonian Magazine*, February, 97-

112.

Trahan, L. H., Stuebing, K. K., Jack, M. and Hiscock, M. (2016), 'The Flynn effect: a meta-analysis', *Psychological Bulletin*, 140, 1332-60.

UK Government (2010), *Healthy Lives, Healthy People*, HM Stationery Offi ce, London.

UK Office of Science and Technology (2000), *Science and the Public: A Review of Science Communication and Public Attitudes to Science in Britain*, UK Department of Trade and Industry, London.

Ullman, M., Krippner, S. and Vaughan, A. (1973), *Dream Telepathy Experiments in Nocturnal ESP*, Macmillan, New York.

Van der Post, L. (1962), *The Lost World of the Kalahari*, Penguin, London.

Velmans, M. (2000), *Understanding Consciousness*, Routledge, London.

Venter, C. (2007), *A Life Decoded*, Allen Lane, London.

Viveiros de Castro, E. B. (2004), 'Exchanging perspectives: the transformation of objects into subjects in Amerindian ontologies', *Common Knowledge*, 10, 463-84.

Waddington, C. H. (1957), *The Strategy of the Genes*, Allen and Unwin, London.

Wainschtein, P. et al. (2019), 'Recovery of trait heritability from whole genome sequence data', https://www.biorxiv.org/content /10.1101 / 588020v1; retrieved 20 May 2019.

Wallace, B. A. (2000), *The Taboo of Subjectivity*, Oxford University Press, Oxford.

Wallace, B. A. (2009), *Mind in the Balance: Meditation in Science, Buddhism and Christianity*, Columbia University Press, New York.

Wallace, W. (1911), 'Descartes', *Encyclopaedia Britannica* (11Thedn), Cambridge University Press, Cambridge.

Wang, Y., Liu, H. and Sun, Z. (2017), 'Lamarck rises from his grave: parental environment-induced epigenetic inheritance in model organisms and humans', *Biological Reviews*, 92, 2084-111.

Watkins, A. J., Goldstein, D. A., Lee, L. C., Pepino, C. J., Tillett, S. L., Ross, F. E., Wilder, E. M., Zachary, V. A. and Wright, W. G. (2010), 'Lobster Attack Induces Sensitization in the Sea Hare, *Aplysia californica*', *Journal of Neuroscience*, 30, 11028-31.

Watson, J. D. and Crick, F. H. C. (1953), 'A structure for deoxyribose nucleic acid',

Nature, 171, 737–8.

Watson, P. (1981), *Twins: An Investigation into the Strange Coincidences in the Lives of Separated Twins*, Hutchinson, London.

Watt, C. and Nagtegaal, M. (2004), 'Reporting of blind methods: an interdisciplinary survey', *Journal of the Society for Psychical Research*, 68, 105–14.

Webb, P. (1980), 'The measurement of energy exchange in man: an analysis', *American Journal of Clinical Nutrition*, 33, 1299–1310.

Webb P. (1991), 'The measurement of energy expenditure', *Journal of Nutrition*, 121, 1897–1901.

Weber, R. (1986), *Dialogues with Scientists and Sages: The Search for Unity*, Routledge & Kegan Paul, London.

Wegner, D. (2002), *The Illusion of Conscious Will*, MIT, Cambridge, MA.

Weil, A. (2004), *Health and Healing: The Philosophy of Integrative Medicine*, Houghton Miffl in, Boston, MA.

Weiss, L. C., Leimann, J. and Tollrian, R. (2015), Predator-induced defences in *Daphnia longicephala*: location of kairomone receptors and timeline of sensitive phases to trait formation', *Journal of Experimental Biology*, 218, 2918–26.

Weiss, P. (1939), *Principles of Development*, Holt, New York.

Westfall, R. S. (1980), *Never at Rest: A Biography of Isaac Newton*, Cambridge University Press, Cambridge.

Whitehead, A. N. (1925), *Science and the Modern World*, Macmillan, New York.

Whitehead, A. N. (1954), *Dialogues of Alfred North Whitehead*, Little, Brown, Boston.

Whitehead, A. N. (1978), *Process and Reality: An Essay in Cosmology*, Free Press, New York.

Whitfield, J. (2004), 'Telepathy charm seduces audience at paranormal debate', *Nature*, 427, 277.

Wicherts, J. M., Borsboom, D., Kats, J. and Molenaar, D. (2006), 'The poor availability of psychological research data for reanalysis', *American Psychologist*, 61, 726–8.

Wieseler, B., McGauran, N. and Kaiser, T. (2019), 'New drugs: where did we go wrong and how can we do better?', *British Medical Journal*, 366, l4340.

Wilber, K. (ed.) (1982), *The Holographic Paradigm and Other Paradoxes*, Shambala, Boulder.

Wilber, K., (ed.) (1984), *Quantum Questions*, Shambala, Boulder.

Will, C. (1971), 'Relativistic gravity in the solar system II: Anisotropy in the Newtonian gravitational constant', *Astrophysical Journal*, 169, 141–55.

Willis, A. (2009), 'Immortality only 20 years away says scientist', *Daily Telegraph*, 22 September.

Wilsdon, J., Wynne, B. and Stilgoe, J. (2005), *The Public Value of Science: Or How to Ensure That Science Really Matters*, Demos, London.

Winer, G. A. and Cottrell, J. E. (1996), 'Does anything leave the eye when we see?', *Current Directions in Psychological Science*, 5, 137–42.

Winer, G. A., Cottrell, J. E., Gregg, V. A., Fournier, J. S. and Bica, L. A. (2002), 'Fundamentally misunderstanding visual perception: adults' beliefs in visual emissions', *American Psychologist*, 57, 417–24.

Winer, G. A., Cottrell, J. E., Karefilaki, K. D. and Gregg, V. A. (1996), 'Images, words and questions: variables that influence beliefs about vision in children and adults', *Journal of Experimental Child Psychology*, 63, 499–525.

Wiseman, R. (2011), *Paranormality: Why We See What Isn't There*, Macmillan, London.

Wiseman, R. and Watt, C. (1999), 'Rupert Sheldrake and the objectivity of science', *Skeptical Inquirer*, 23 (5), 61–2.

Wiseman, R., Smith, M. and Milton, J. (1998), 'Can animals detect when their owners are returning home? An experimental test of the "psychic pet" phenomenon', *British Journal of Psychology*, 89, 453–62.

Wiseman, R., Smith, M. and Milton, J. (2000), 'The "psychic pet" phenomenon: a reply to Rupert Sheldrake', *Journal of the Society for Psychical Research*, 64, 46–9.

Woit, P. (2007), *Not Even Wrong: The Failure of String Theory and the Continuing Challenge to Unify the Laws of Physics*, Basic Books, New York.

Wolf, F. A. (1984), *Star Wave*, Macmillan, New York.

Wolpert, L. and Sheldrake, R. (2009), 'What can DNA tell us? Place your bets now', *New Scientist*, 8 July.

Wood, D. C. (1982), 'Membrane permeabilities determining resting, action and mechanoreceptor potentials in *Stentor coeruleus*', *Journal of Comparative Physiology*, 146, 537–50.

Wood, D. C. (1988), 'Habituation in Stentor produced by mechanoreceptor channel modifi cation', *Journal of Neuroscience*, 8, 2254–8.

Woodard, G. D. and McCrone, W. C. (1975), 'Unusual crystallization behavior', *Journal of Applied Crystallography*, 8, 342.

World Health Organization (2003), *Acupuncture: Review and Analysis of Reports on Controlled Clinical Trials*, World Health Organization, Geneva.

Wright, L. (1997), *Twins: Genes, Environment and the Mystery of Identity*, Weidenfeld & Nicolson, London.

Wroe, A. (2007), *Being Shelley: The Poet's Search for Himself*, Vintage Books, London.

Yates, F. A. (1969), *The Art of Memory*, Penguin, Harmondsworth.

Yong, E. (2016), 'A brainless slime that shares memories by fusing', The Atlantic, 21 December; https://www.theatlantic.com/science/archive / 2016 / 12 / the-brainless-slime-that-can-learn-by-fusing / 511295 / ?utm _ source = eb; retrieved 21 June 2019.

Young, E. (2008), 'Rewriting Darwin: the new non-genetic inheritance', *New Scientist*, 9 July.

Zajonc, A. (1993), *Catching the Light: The Entwined History of Light and Mind*, Bantam Books, New York.

Zhang, B., Wright, A. A., Huskamp, H. A., Nilsson, M. E., Maciejewski, M. L., Earle, C. E., Block, S. D., Maciejewski, P. K. and Prigerson, H. G. (2009), 'Healthcare costs in the last week of life', *Annals of Internal Medicine*, 169, 480–8.

Ziman, J. (2003), 'Emerging out of nature into history: the plurality of the sciences', *Philosophical Transactions of the Royal Society A*, 361, 1617–33.

THE SCIENCE DELUSION (second edition) by Rupert Sheldrake
Copyright © 2012, 2020 by Rupert Sheldrake
All rights reserved.

版权所有，侵权必究。
禁止将本书内容用于人工智能训练，违者必究。

北京市版权局著作权合同登记号：图字01-2021-4549号

图书在版编目（CIP）数据

科学的错觉 / (英)鲁珀特·谢尔德雷克 (Rupert Sheldrake) 著；马百亮译. -- 北京：华夏出版社有限公司, 2025. -- ISBN 978-7-5222-0862-6

Ⅰ. N02

中国国家版本馆CIP数据核字第2025QU2920号

科学的错觉

作　　者	[英]鲁珀特·谢尔德雷克　著
译　　者	马百亮
责任编辑	陈　迪
出版发行	华夏出版社有限公司
经　　销	新华书店
印　　刷	三河市少明印务有限公司
装　　订	三河市少明印务有限公司
版　　次	2025年10月北京第1版　2025年10月北京第1次印刷
开　　本	710×1000　1/16开
印　　张	25.5
字　　数	300千字
定　　价	69.00元

华夏出版社有限公司　网址：www.hxph.com.cn　地址：北京市东直门外香河园北里4号　邮编：100028
若发现本版图书有印装质量问题，请与我社营销中心联系调换。电话：（010）64663331（转）